“十三五”职业教育国家规划教材
高职高专食品生物类专业教材系列

生物工程概论

（第三版·增订版）

廖湘萍　主　编
汪晓雪　副主编

科学出版社

北京

内 容 简 介

本书用通俗易懂的文字全面介绍了生物工程的概念、原理、发展方向及应用领域。全书共分为九章，内容包括生物学基础、基因工程、酶工程、发酵工程、细胞工程、蛋白质工程，以及生物技术在工业、医药、农业、能源及环境保护等方面的应用与发展。

本书既可作为高职高专院校生物类专业的入门课程和非生物技术类学生素质教育的教材，也可供相关专业的科技人员参考使用。

图书在版编目(CIP)数据

生物工程概论/廖湘萍主编. —3 版. —北京：科学出版社，2017.1
（"十三五"职业教育国家规划教材·高职高专食品生物类专业教材系列）
ISBN 978-7-03-051094-5

Ⅰ. ①生… Ⅱ. ①廖… Ⅲ. ①生物工程-职业教育-教材 Ⅳ. ①Q81

中国版本图书馆 CIP 数据核字（2016）第 305260 号

责任编辑：沈力匀／责任校对：刘玉靖
责任印制：吕春珉／封面设计：耕者设计工作室

科学出版社 出版
北京东黄城根北街 16 号
邮政编码：100717
http://www.sciencep.com
天津翔远印刷有限公司 印刷
科学出版社发行 各地新华书店经销

*

2004 年 9 月第 一 版 2022 年 6 月第九次印刷
2010 年 9 月第 二 版 开本：787×1092 1/16
2017 年 1 月第 三 版 印张：17
2020 年 3 月第三版增订版 字数：400 000
定价：51.00 元
（如有印装质量问题，我社负责调换〈翔远〉）

销售部电话 010-62136230 编辑部电话 010-62135235（VB04）

第三版增订版前言

本书是按照《国务院关于〈中国教育改革和发展纲要〉的实施意见》规定的职业培养目标编写而成的，以全面素质为基础，以能力提升为导向，为培养实用型生物技术类专业方面的人才的任务服务；是高职高专生物技术类专业第一循环专业课程的专业教材。其目的是使学生在学习第二循环专业课程前，整体了解生物工程的框架体系，掌握生物技术的基本知识、原理及应用领域的基本概况，激发学生对专业课程的学习热情，深刻理解并自觉践行职业精神和职业规范，增强职业责任感和开拓创新的职业品格；同时也可以作为高职学院非生物技术类学生的素质教育教材。

本书根据高职高专教育的特点，紧密围绕"十三五"职业教育国家规划教材的目标，在《生物工程概论》第三版的基础上进行了修改，力求突出实用性、简约性和先进性；修订后教材内容丰富注重内容与实际相联系；在编写中每个领域都有应用实例，突出高职教育的特点；突出"新"，介绍了基础前沿热点、新兴的生物能源、生物材料、生物武器等前沿的科学技术；着重培养学生的科学精神、分析问题和解决问题的能力以及科技报国的家国情怀和使命担当；紧跟国家政策导向，目前生物安全已成为全球社会普遍关注的热点，我国近几年特别重视和强调"生物安全法律法规"。

本书内容丰富，覆盖生物工程的各个应用领域，每一章节都有知识目标、能力目标和知识导入，并有一定数量的复习题，可供学生课外复习和自学使用。在教学中各院校可根据各自教学方向、教学时数和实际需要，进行取舍。

全书共分九章。其中，第一章为绪论，介绍生物工程的产生、发展和前景；第二章为生物学基础，简要地介绍了生物细胞、糖、蛋白质、酶、核酸的有关基本知识；第三～七章主要介绍基因工程、酶工程、发酵工程、细胞工程、蛋白质工程的发展、原理和应用实例；第八章介绍生物技术在工业、医药、农业、能源及环境保护等方面的应用与发展。鉴于生物技术发展的特殊性，在第九章中对生物安全性的有关问题进行了介绍。

本书由湖北轻工职业技术学院廖湘萍担任主编。其中，第一章和第五章的第一节、第三～五节由廖湘萍编写；第四章、第六章、第九章由张素霞编写；第三章、第七章由江苏食品药品职业技术学院朱玉洁编写；第八章的第四节和第五节由四川工商职业技术学院邓林编写；第二章、第五章的第二节和第八章的第二节由湖北轻工职业技术学院汪晓雪编写；第八章的第一节和第三节由湖北轻工职业技术学院赵锦编写。全书由廖湘萍、汪晓雪统稿。

本书经教育部生物技术职业教育教学指导委员会组织审定。在编写过程中，得到了科学出版社的大力支持，并参考了其他作者的许多文献、资料，包括大量网上资料，在此一并感谢。

由于编者水平有限，不足之处在所难免，欢迎读者批评指正，我们将万分感谢。

第一版前言

为认真贯彻落实教育部《关于全面提高高等职业教育教学质量的若干意见》中提出"加大课程建设与改革的力度，增强学生的职业能力"的要求，适应我国职业教育课程改革的趋势，我们根据生物工程行业各技术领域和职业岗位（群）的任职要求，以"工学结合"为切入点，以真实生产任务或（和）工作过程为导向，以相关职业资格标准基本工作要求为依据，重新构建了职业技术（技能）和职业素质基础知识培养两个课程系统。在不断总结近年来课程建设与改革经验的基础上，组织开发、编写了高等职业教育食品生物类专业教材系列，以满足各院校食品生物类专业建设和相关课程改革的需要，提高课程教学质量。

本书的编写是按照《国务院关于〈中国教育改革和发展纲要〉的实施意见》规定的职业培养目标，以全面素质为基础，以能力为本位精神，为培养实用型生物类专业方面的人才任务服务，是高职高专生物类专业第一循环专业课程的专业教材，其目的是使学生在进入第二循环专业课前，整体了解生物工程的框架体系，掌握生物技术的基本知识、原理及应用领域的基本概况，激发学生对专业课程学习热情。同时也可以作为高职学院非生物类学生的素质教育教材。

在编写中，我们力求突出实用性、简约性、先进性。修订后教材内容丰富，注重内容与实际相联系；在编写中每一领域都有应用举例，突出高职教育的特点。编写中突出"新"字，不仅介绍了人类基因组计划、新兴的生物能源、生物材料、生物武器等前沿的科学技术，着重培养学生的科学精神、分析问题和解决问题的能力以及科技报国的家国情怀和使命担当；紧跟国家政策导向，目前生物安全已成为全球普遍关注的热点，我国近几年特别重视和强调"生物安全法律法规"。全书共分为 9 章，1~7 章为生物工程的原理，8~9 章为生物工程应用。

本书内容丰富，覆盖生物工程各个应用领域，每一章节都列出知识目标和能力目标，并有一定数量的复习题，可供学生课外复习和自学使用。在教学中可根据实际教学方向、教学时数进行取舍。

第一章绪论，介绍了生物工程的产生、发展和前景；第二章生物学基础，简要地介绍了生物细胞、糖、蛋白质、酶、核酸的有关基本知识；第三章至第七章主要介绍发酵工程、酶工程、细胞工程、基因工程、蛋白质工程的发展、原理和应用实例；第八章介绍生物技术在农业、医药、工业、环境保护、能源等方面的应用。鉴于生物技术发展的特殊性，在第九章中对生物安全性有关问题进行了介绍。

本书由湖北轻工职业技术学院廖湘萍主编，并完成了第一、五、六、九章，第八章二、三节的内容。其他编写分工如下：广东轻工职业技术学院阳元娥第七章、第八章五节；漯河职业技术学院张素霞第四章，第八章一、四节；湖北轻工职业技术学院徐勤第二章，第五章二节；四川成都纺织高等专科学校刁家杰第三章。

　　本书经教育部高职高专食品类专业教学指导委员会组织审定。在编写过程中，得到教育部高职高专食品类专业教学指导委员会、中国轻工职业技能鉴定指导中心的悉心指导，以及科学出版社的大力支持，谨此表示感谢。在编写过程中，参考了许多文献、资料，包括大量网上资料，难以一一鸣谢，在此一并感谢。

　　由于编者水平有限，不足之处在所难免，欢迎读者批评指正，我们将万分感谢。

编　者

目　　录

第一章 绪 论

☞ **知识目标**

1. 掌握生物工程的定义。
2. 掌握生物工程在现代化建设中的作用。
3. 了解生物工程的发展史及各阶段的特征。

☞ **能力目标**

通过本章的学习，对生物工程的框架有初步的了解，为以后的学习打好基础。

☞ **课前沟通**

什么是生物工程？为什么说生物工程是21世纪科技发展最富魅力的高新技术？

知 识 导 入

生物工程是一门迅速发展的边缘学科，它吸收并综合了近代生物学、生物化学、分子生物学、遗传学和化学工程等领域的最新成就。生物工程操纵生物的基因、细胞组织和系统，以造福于人类为目标，为人类展现了一幅过去所梦想不到的美妙前景。

生物工程是20世纪后期国际上突飞猛进的技术领域之一，现已广泛应用于医学、人类保健、农牧业、轻工业、环保及精细化工等各个领域，已产生了巨大的经济和社会效益，并且日益影响和改变着人们的生产和生活方式，因此受到世界各国的普遍关注，它将是21世纪高技术革命的核心内容及支柱产业。

第一节 生物工程的基本内容

一、生物工程的产生及定义

生物工程（或生物技术）一词是由匈牙利农业经济学家艾里基（K.Ereky）于1917年提出的。当时他提出的生物技术是指用甜菜作为饲料进行大规模养猪（图1-1），以生物机体为原料，无论用何种生产方法进行产品生产的技术都属于生物技术。显然此定义太

图 1-1　大规模养猪

宽泛，因此未被人们所重视。而人类有意识地利用酵母进行大规模发酵生产是在 19 世纪，当时进行大规模生产的发酵产品有酒精、面包酵母、柠檬酸和蛋白质酶等初级代谢产品。1928 年发现了青霉素，以获取细菌的次级代谢产物——抗生素为主要特征的抗生素工业成为生物技术的支柱产业。20 世纪 50 年代氨基酸发酵工业成为生物工程的一个新成员，到 20 世纪 60 年代在生物工程产业中又增加了酶制剂工业这一新成员。在 20 世纪和 21 世纪相交之际，人类基因组测序、酵母基因组测序、水稻基因组测序先后基本或全部完成，使生物技术发生了巨大的革命，逐步形成了以基因工程为核心的现代生物技术。

鉴于生物工程的迅速发展，1982 年国际合作及发展组织对生物工程进行了定义：生物工程是应用自然科学及工程学的原理，依靠微生物、动物、植物体作为反应器将物料进行加工以提供产品来为社会服务的技术。生物工程逐步成为与微生物学、生物化学、化学工程等多学科密切相关的综合性边缘学科。

随着基因工程的崛起，生物工程的定义也不断地得到发展和充实，我国国家科学技术委员会制定《中国生物技术政策纲要》时，将生物工程描述为人们以现代生命科学为基础结合先进的工程技术方法和其他基础学科的科学原理，按照预先的设计改造生物体或加工生物原料，为人类生产出所需的产品或达到某种目的的新技术，即现代生物工程技术。改造生物体是指获得优良品质的动物、植物或微生物品系。生物原料是指生物体的某一部分或生物生长过程中所能利用的物质，如淀粉、纤维等有机物和无机物。为人类生产出所需的产品包括药品、食品化工原料、能源等各种产品；达到的某种目的则包括病症的预防、诊断与治疗，环境污染的检测与治理等。

二、生物工程的种类及相互关系

生物工程包括所有具备产业化条件的生物技术。按照操作对象分类，生物工程主要包括基因工程、细胞工程、发酵工程、酶工程、蛋白质工程五个方面；按照应用的生产部门分类，有农业、环境、食品、医药等多个方面。

1. 基因工程

基因工程（gene engineering）也叫基因操作、遗传工程或重组 DNA（脱氧核糖核酸）技术，是 20 世纪 70 年代以后兴起的一门新技术。它是指在基因水平上操作并改变生物遗传特性的技术，即按照人们的需要，用类似工程设计的方法将不同来源的基因（DNA 分子）在体外构建成杂种 DNA 分子，然后导入受体细胞，并在受体细胞内复制、转录和表达的操作。因此，由该技术构建的且具有新遗传性状的生物称为基因工程生物或转基因生物。

目前，基因工程主要在细菌方面取得了较大的成功，如利用微生物生产动物蛋白质、人体生长激素、干扰素等。在食品工业上，细菌和真菌的改良菌株已影响到传统的面包焙烤和干酪的制备，并对发酵食品的风味和组分进行控制；在农业上，基因工程已用于品种改良，如培育出玉米新品种（高直链淀粉含量、低胶凝温度以及无脂肪的甜玉米）和番茄新品种（高固体含量、强风味）等。

2. 细胞工程

细胞工程（cell engineering）是指在细胞水平上的遗传工程，即应用细胞生物学、分子生物学的方法，对细胞进行遗传操作，如细胞培养、细胞融合、细胞诱变、细胞重组、细胞遗传物质转移和生殖工程等，以获得所期望遗传组成的细胞或生物体，从而达到改良生物品种或创造新品种，加速繁育动植物个体，或利用细胞培养产生某种有用物质的过程。它包括动植物细胞的体外培养技术、细胞融合（也称细胞杂交技术）、细胞器移植技术等。

目前，利用细胞融合技术可以培育番茄、马铃薯、烟草和矮牵牛等杂种植株；利用植物细胞培养可以获得许多特殊的产物，如生物碱类、色素、激素、抗肿瘤药物等；动物细胞培养可以用来大规模地生产贵重药品，如干扰素、人体激素、疫苗、单克隆抗体等。

3. 发酵工程

发酵工程（fomentation engineering）是利用生物生命活动产生的酶，对无机原料或有机原料进行酶加工（生物化学反应过程），为人类生产有用的产品，或直接把微生物应用于工业生产过程的一种新工程技术。其主体是利用微生物进行反应的工程。

根据发展进程，发酵工程应包括传统发酵工程（如某些食品和酒类等的生产）、近代发酵工程（如酒精、乳酸、丙酮-丁醇等）及目前新兴的如抗生素、有机酸、氨基酸、酶制剂、核苷酸、生理活性物质、单细胞蛋白等发酵生产。

4. 酶工程

酶的生产和应用的技术过程称为酶工程（enzyme engineering）。它是利用酶、细胞器或细胞所具有的特异催化功能，或对酶进行修饰改造，并借助生物反应器和工艺过程来生产人类所需产品的一项技术，主要内容包括酶的发酵生产、酶的分离纯化、酶的应用等方面。酶工程的主要任务是通过预先设计，经过人工操作控制而获得大量所需的酶，并通过各种方法使其发挥最大的催化功能。

5. 蛋白质工程

蛋白质工程（protein engineering）是 20 世纪 80 年代初诞生的一个新兴生物工程领域。它的主要内容和基本目的是以蛋白质分子的结构规律及其与生物功能的关系为基础，通过有控制的基因修饰和基因合成，对现有蛋白质加以定向改造、设计、构建，并最终生产出性能比自然界存在的蛋白质更加优良、更加符合社会需要的新型蛋白质。

基因工程与蛋白质工程紧密联系，是实现蛋白质工程的技术方法之一，但二者在对生命现象的研究上又具有本质的不同。基因工程原则上只生产自然界中已经存在的蛋白质，即通过重组 DNA 技术，人们可以分离出编码自然界中的任何蛋白质的基因，并将其在特定的宿主中进行表达，再纯化出产品。蛋白质工程能对现有蛋白质进行改造，进而设计和创造出自然界所没有的而又具有优良性状的全新的蛋白质。可以说，蛋白质工程是以改造现有蛋白质和制造新型蛋白质为目的的基因工程，是第二代基因工程。

上述五个方面的技术是构成当今生物工程的主要分学科。这五个方面的技术并不是各自独立的，它们彼此之间是互相联系、互相渗透的。其中，基因工程是核心技术，能带动其他技术的发展。发酵工程是生物工程的主要终端，绝大多数生物技术的目标是通过发酵工程来实现的。例如，通过基因工程对细菌或细胞改造后获得工程菌或细胞，然后通过发酵工程或细胞工程来生产有用的物质。可以说，基因工程和细胞工程是生物工程的基础，蛋白质工程、重组 DNA 技术和酶固定化技术是生物工程最富有特色和潜力的技术，而发酵工程与细胞和组织培养技术是目前较为成熟并广泛应用的技术。它们的相互关系如图 1-2 所示。

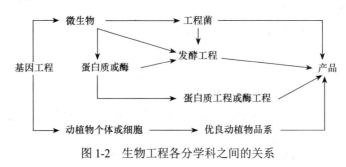

图 1-2　生物工程各分学科之间的关系

第二节　生物工程的发展进程

生物工程不是一门新学科，在地球上诞生生命时就有发酵现象的存在；但是生物工程作为工业产品却只有近百年的历史，按照其发展过程可分为 3 个阶段。

一、远古时代——第一代生物工程产品

原始人早在从以一种靠狩猎为生，逐水草而聚居的部落游牧生活，走向定居靠务农而生存的时候，他们学会饲养和驯化他们喜爱的动物，发现和栽种野生植物，学会挑选优良的植物种子，使植物的生长速度更快且结的果实更大。这种农业生产使原始人的粮食有了富余，于是他们想到要储存粮食，甚至想到要转化一些收获物，于是就产生了现今的发酵生产技术。公元前 6000 年，苏米尔人即古代巴比伦人就已掌握了酿造啤酒的技术；公元前 4000 年，埃及人学会发酵面包。

我国人民在殷商时期，即公元前 16～前 11 世纪时，就已经掌握制酱的技术，周朝时就有制醋的技术。在这些产品制作中，总是离不开利用微生物菌种，这就是传统概念中的生物工程，即自然发酵。因为在那个时期内，人类社会还不清楚微生物与发酵的关系，一切全凭经验手艺，还没有上升到科学的水平。第一代生物产品有啤酒、发酵面包、

苹果酒，产品的附加值低或中等。

二、巴斯德时代——第二代生物工程产品

生物工程的"发酵产品"是利用微生物产生的，所以要了解其本质、首先最基本的问题是要去发现微生物。1680 年，荷兰博物学家安东尼·列文虎克（Antoni Van Leeuwenhoek，1632~1723 年）发明了显微镜（放大 275 倍）。人们利用这种放大镜在水中发现了微小生物——红细胞、霉菌、酵母菌以及细菌，为微生物的存在提供了有力的证据（图 1-3）。19 世纪中叶，法国科学家路易斯·巴斯德（Louis Pasteur，1812~1895 年）以著名的 Pasteur 实验，证明发酵原理，指出发酵现象是微小生命体进行的化学反应。其后他连续对乳酸发酵、酒精发酵、葡萄酒酿造等各种发酵现象进行研究，明确了这些发酵是由不同的微生物所引起的，指出酒精发酵是由于酵母的作用，葡萄酒的酸败是由于酵母以外的另一种更小的微生物（醋酸菌）的第二次发酵作用所引起的。

(a) 安东尼·列文虎克　　　　　　　　　　　　(b) 显微镜

图 1-3　最早发明的显微镜

1865 年巴斯德用实验证实，微生物能利用胺和糖生物合成蛋白质类的物质。今天的单细胞蛋白工业就是当初巴斯德预见到的工业化生产。为使发酵能正常进行，巴斯德用蒜汁灭菌消毒，在 1877 年他就曾指出过把炭疽菌跟普通细菌放在一起培养时，由于受到培养物产生出来的某些物质的影响，炭疽菌的致病力丧失了。由此认为，这种现象有可能应用到治疗疾病的方面，不久就出现了"抗生作用（antibiosis）"这个词。

由此可见，把传统概念中的生物工程提高到有一定科学依据，即从凭经验手工艺，到凭借当时为止发展起来的物理学、化学和遗传学的初步分析，这都归功于巴斯德的不朽贡献。因此，巴斯德被人们誉为"发酵之父"。

1872 年，布雷菲尔德（Brefeld）创建了霉菌纯粹培养法，德国罗伯特·柯赫（Robert Koch，1843~1910 年）等完成了细菌纯粹培养技术，建立了一套分离、培养、接种、染色等微生物技术，一直沿用至今，他也因此获得了 1905 年的诺贝尔奖。此外，1879 年丹麦的汉森（Hansen）建立了啤酒酵母的培养方法，从而确立了单种微生物的分离和纯粹培养技术，使发酵技术从天然发酵转变为纯粹培养发酵，实现了第一个技术进步。从而人类开始了人为控制微生物的发酵进程，使发酵的生产技术得到了巨大的改良，提高了产品的稳定性。

1897 年，法国的布赫纳（Buchner，1860~1917 年）以制药为目的，将酵母和砂混

合磨碎，为了防腐添加糖，放置一段时间后发现此细胞萃取液同样能产生酒精发酵现象，证明了任何生物都有引起发酵的物质（酶），产生了生物化学。

第一次世界大战时，需要大量制造炸药的原料硝化甘油，自此甘油发酵进入工业化。英国无烟火药的发现使韦茨曼（Weitzman）发明了丙酮–丁醇发酵，并实现了工业化。第二次世界大战中日本为补充燃料不足，由藤弁三郎发明了用砂糖发酵制取正丁醇，再通过化学反应生成异辛烷的方法，并发展成工业化生产。

1929 年，英国的 A.弗莱明（A. Fleming）发现了青霉素（图 1-4），在 1940 年，英国的 H. 弗洛里（H. Florey）及 E. B. 钱恩（E. B. Chain）精制分离出了青霉素。1941 年，美、英两国合作对青霉素进行了更深一步的研究和开发，从而推进了青霉素的工业化生产，发展了以青霉素为先锋的庞大的抗生素发酵工业。

图 1-4　A. 弗莱明

1969 年由 N. 格罗勃霍佛（N.Grubhofer）和 L. 希莱思（L.Schleith）提出了固定化酶及固定化细胞的技术。1969 年，日本田边制药会社成功地利用固定化酶催化技术连续拆分 *D,L*-氨基酸，生产 *L*-氨基酸和乙酰–*D*–氨基酸，乙酰–*D*–氨基酸用化学消旋后再在固定化酶柱上拆分大量生产 *L*-苯丙氨酸、缬氨酸、甲硫氨酸、色氨酸和丙氨酸，从此进入了酶工程科学技术领域。

第二代生物工程产品有抗生素、单细胞蛋白质、酶、乙醇、丁醇、维生素、生物杀虫剂，产品的附加值中或者高等，与第一代生物工程产品比较起来，无论价值还是品种，都有很大的进步。

三、现代生物工程的崛起——第三代生物工程产品

1. 现代工业生物工程的起源

20 世纪 70 年代初，由于微电子学的兴起、计算机的应用、工业产品的工艺流程中自动化程度的提高，工农业的生产率获得了空前的发展。随着生产率的飞速发展，能源消耗也以惊人的速度在增长。据推算，传统能源消耗量每 20 年增加 1 倍，而核能消耗的铀甚至比石油消耗的速度还要快。

工农业生产高速发展带来的另一个后果是，环境受到了严重污染。许多污染物是呈指数增长的。例如，矿物燃料燃烧时释放出来的 CO_2 在全球达到 2000 亿 t，每年按 0.2%

的比例增长，此外还有 SO_2、CO、烃类等大量的有害气体排入大气中。

水的情况也一样，地球 70%的表面积覆盖了 14 亿 km^3 的水体，其中海水占 96.5%。全世界可利用的淡水储量只占水资源的十万分之三，有 100 万 km^3 的水受到了不同程度的污染，水中含有某些剧毒物质和化学污染物。

此外，人口膨胀，耕地面积、耕作层日益减少，土地沙化，森林、草原面积缩小，这些都超出了自然界生态所能容许的限度，生物圈良性循环变成了恶性循环。

人们终于认识到，过去依靠物理学、化学的基本原理建立起来的工业繁荣，其后果是资源、能源的日益减少。由于环境受到污染，适宜人类生存的空间将一天天地缩小。于是人们努力探索一条更为合理的生产工艺，能在 24h 内把消耗掉的能源又在同一时间内产生出来；使用的原料是取之不尽、用之不竭的可再生的廉价生物原料；能源消耗少，带来的污染少或无污染。科学家们为了实现这一理想，开始在生命科学中探寻解决这些问题的方法，于是产生了第三代生物工程产品也称现代生物工程。

2. 现代生物工程发展的过程

1911 年，美国科学家摩尔根（Morgan）和他的助手第一次将代表某一些特定性状的基因同某一特定的染色体联系了起来，创立了遗传的染色体理论。Morgan 特别指出：物质必须由某些独立的要素组成，人们将这些要素称为基因，也称遗传因子。

1944 年，艾弗里（Avery）等阐明了 DNA 是遗传信息的携带者。1953 年，美国的沃森（Watson）和英国的克里克（Crick）建立了遗传的物质基础——核酸结构，阐明了 DNA 的半保留复制模式，揭开了生命秘密的探索之路，从而开辟了分子生物学研究的新纪元，生物的研究由细胞水平进入分子水平，由定性研究进入定量研究，其后十年内，科学家破译了生命遗传密码。1960 年完成了生物通用遗传密码"辞典"。1971 年，美国的保罗·伯格（Paul Berg）用一种限制性内切酶打开了环状 DNA 分子，第一次把两种不同的 DNA 连接在一起，实现了 DNA 体外重组技术，标志着生物技术的核心技术——基因工程技术的开始。它向人们提供了一种全新的技术方法，使人们按照意愿在试管内切割 DNA，分离基因并经重组后导入细菌，由细菌生产大量的有用的蛋白质，或作为药物，或作为疫苗，也可以直接导入人体内进行基因治疗。这样迅速完成了从传统生物技术向现代生物技术的飞跃转变，生物工程从原来一项鲜为人知的传统产业一跃而成为代表 21 世纪的发展方向且具有远大发展前景的新兴学科和产业。

由此可见，现代生物工程是一个复杂的技术群，基因工程、染色体工程、细胞工程、组织工程和器官培养、数量遗传工程等都属于现代生物工程的范畴。为现代生物工程服务的一些工艺体系，如发酵工程、酶工程、生物反应器工程同样被纳入了现代生物工程的系统。

当今，现代生物工程技术与信息技术、新材料技术、新能源技术、海洋技术构成了新技术革命的主力，给人类的社会生活带来深刻的变革。现代生物工程技术将带来一次新的工业革命，使医药、食品、发酵、化学、能源、采矿等工业部门的生产效率提高百倍、千倍乃至万倍。现代生物工程产品有基因工程药物、基因治疗、转基因植物、克隆动物、诊断试剂、DNA 芯片、生物传感器等，涉及工、农、医、信息和基础生物学的各个方面。生物工程各阶段代表产品，如表 1-1 所示。

表1-1　生物工程分期产品

时　期	名　称	采　用　技　术	附　加　价　值
第一代生物工程产品	啤酒、苹果酒、发酵面包、醋	自然发酵	低、中
第二代生物工程产品	抗生素、单细胞蛋白质、酶、乙醇、丙酮、维生素、氨基酸	初步的物理、化学遗传分析，细胞杂交，物理化学，诱变育种	中、高
第三代生物工程产品	涉及工、农、医、信息和基础生物学的各个方面，如基因药品、DNA 芯片、生物传感器	基因工程、细胞工程	高、很高

3. 现代生物工程与传统生物工程的区别

现代生物工程是在传统生物工程的基础上发展起来的。它与传统生物工程或近代生物工程既有联系，但又有质的区别。传统生物工程或近代生物工程只是利用现有的生物或机能为人类服务，现代生物工程则是按照人们的意愿和需要创造全新的生物类型和生物机能，或者改造现有的生物类型和生物机能（包括改造人类自身），从而造福于人类。它是人类在建立实用生物技术中从"必然王国"走向"自由王国"，从等待大自然的恩赐转向主动索取的质的飞跃。生物工程进展过程如图1-5所示。

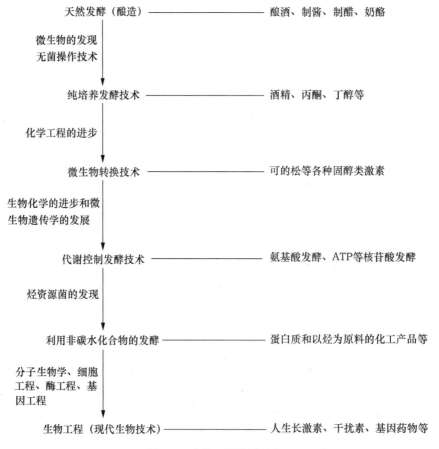

图1-5　生物工程进展过程

第三节 生物工程的应用领域与发展趋势

一、生物工程的应用领域

被誉为第四次科技革命浪潮的生物经济是一个与农业经济、工业经济、信息经济相对应的新经济形态。美国、英国、法国、德国、日本等发达国家均把发展生物经济提到了国家战略的高度，生物技术产业的研发力度不断加大，产业化能力不断增强。全球生物技术产业的销售额约每 5 年翻一番，增长率高达 25%～30%，是世界经济增长率的 10 倍左右。我国也在《中华人民共和国国民经济和社会发展第十三个五年规划纲要》（简称"十三五"规划）中提出要推动重点领域新发展，要加速推动生物产业成为国民经济的支柱产业。

生物工程应用的第一、二次浪潮是在医药和农业领域，并已取得初步成效。因此，目前生物工程最具有代表性的应用领域是生物医药和农业。

1. 生物医药

生物医药产业是一项高投入、高风险、高利润的产业。其利润率高达 17.6%，是信息产业的两倍。目前，有 60%以上的生物技术成果集中应用于医药产业，用于开发特色新药或对传统医药进行改良，由此引起了医药产业的重大变革。随着人类基因组计划的提前完成，在未来，科学家将能够阐明重大疾病的机理，并提供预防和治疗方法；干细胞研究的重大突破，将可能使更换人体器官像修理汽车一样方便，这将保证人类更加健康、长寿。生物药品是以微生物、寄生虫、动物毒素、生物组织为原始材料，采用生物学工艺或分离纯化技术制备，并以生物学技术和分析技术控制中间产物和成品质量而制成的生物活化制剂，包括菌苗、疫苗、毒素、类毒素、血清、血液制品、免疫制剂、细胞因子、抗原、单克隆抗体及基因工程产品（DNA 重组产品、体外诊断试剂）等。

目前，人类已研制开发并进入临床应用阶段的生物药品，根据其用途不同可分为 3 大类：基因工程药物、生物疫苗和生物诊断试剂。这些产品在诊断、预防、控制乃至消灭传染病，保护人类健康中，发挥着越来越重要的作用。

2. 农业中的应用

生物工程在农业中也大放异彩。根据国际农业生物技术应用服务组织（ISAAA）发布的 2018 年全球转基因/基因改造作物的商业化状况研究报告显示，2018 年共有 70 个国家种植或进口了转基因作物，这正是全球连续应用转基因作物的第 23 个年头。1996～2018 年，世界转基因作物种植面积由 170 万公顷增至 1.917 亿公顷，增长了约 113 倍，果汁面积达 25 亿公顷。报告显示，2018 年，26 个国家（21 个发展中国家和 5 个发达国家）共种植了 1.917 亿公顷转基因作物，比 2017 年的种植面积增加了 1.1%，即 190 万公顷，其中中国种植面积为 290 万公顷，位居世界第七。

生物工程的应用提高了食物、饲料、纤维和燃料等作物的产量，并取得了多项里程碑式的成果。现在人们正在努力研究固氮基因粮食作物的转基因，不仅粮食可以大幅度增产，成本大幅度降低，而且传统的化肥工业将会发生改变。在这个方面，中国将是农业生物技术应用的"发动机"。

3. 化学工业

面对新技术革命的兴起，化学工业作为传统的基础工业，不可避免地面临着生物新技术的挑战。随着基因重组、细胞融合、酶的固定化等技术的发展，生物工程不仅可提供大量廉价的化工原料和产品，而且有可能改善某些化工产品的传统工艺，出现少污染、省能源的新工艺，甚至合成一些不为人知的性能优异的化合物，生物化工的发展将推动生物工程和化工生产技术的变革与进步，产生巨大的经济效益和社会效益。生物化工的产品有脂肪酸、杀虫剂、除草剂等。

4. 食品工业

食品工业是世界上主要的工业之一。在工业化国家，食品消费至少占家庭预算的20%。随着食品工业与生物科学技术的不断发展，利用生物工程制造的食品的产量与产值已在食品与生物产业中占据重要地位。食品生物制造是以基因重组、分子克隆等技术为基础，以生物反应过程、生物物质的分离纯化等技术为重点，工业化和工程化地利用生物体（或部分生物体）生产人类需要的食品的应用技术。食品生物制造已广泛应用于功能食品开发、农产品综合利用等领域，促进了传统食品产业的改造和新兴产业的形成。它包含的内容很广，如提高食品的质量、营养与安全性，优化食品保藏技术等；它有赖于现代生物知识和技术与食品加工、检测及保藏，生物工程原理的有机结合。其产品有微生物蛋白质、氨基酸、有机酸、核酸类物质。

5. 环境保护

生物工程将在环境保护中创造奇迹。利用生物工程进行环境修复、分子环境监测、生物防治等，将使污染排放量在未来几十年内减少 30%。例如，选育可降解工业和生活废弃物的工程菌，用以处理垃圾，变废为宝；处理工业"三废"、石油泄漏等，解决环境污染问题。美国科学家已用基因工程培育出了一种能同时降解四种烃类的"超级工程菌"，原先自然菌要用一年才能消化掉的海上浮油，这种细菌只要几个小时就能消化掉，可以利用它来迅速消除因油轮失事造成的海洋污染。生物工程与传统的污染防治技术相比较，其主要的优越性表现在它是一个纯生态的过程，从根本上体现了可持续发展的战略思想。

6. 能源工业

能源是人类赖以生存的物质基础之一，是地球演化及万物进化的动力，与社会经济的发展和人类的进步及生存息息相关。能源分为可再生能源和不可再生能源。可再生能源是取之不尽、用之不竭的，能源生物工程就是用可再生的生物资源生产各种能源产品。

农林生物工程提供能源作物；工业生物工程则将能源作物以经济的方式加工成能源产品，这些能源产品包括以燃料乙醇、生物柴油为主的液体燃料，以甲烷为主要成分的沼气，可再生的生物氢能，创造具有高效光合作用并能生产能源的植物。目前生物工程技术与能源的研究及开发已日益增多，未来的能源将主要来自于生物工程。

可以说生物工程是当代科学技术的宠儿，它广泛用于解决当今世界面临的许多重大课题，这些课题与人类生存休戚相关。

二、生物工程的发展趋势

生物工程在 20 世纪和 21 世纪的世纪之交已经以众多的成就为我们展示了一卷新的宏图，从医药革命到绿色革命，从新能源到可持续发展的生态环境，生物工程的无限生机在于地球上的生命历经漫长的进化保留下来的各种基因、蛋白质和生命过程都有可能逐渐地为人类所用。未来的发展取决于技术平台的宽度和高度，从目前已有的生物工程来看主要有三个平台，即 DNA 重组、细胞培养和 DNA 芯片。生物工程已经取得的成果和已经形成的产业如基因治疗、基因工程药物、转基因动植物、克隆动物、诊断试剂等都是这些平台的产物，未来几十年内，生物工程的新进展将会给农业、医疗与保健带来根本性的变化，并对信息、材料、能源、环境与生态等科学领域产生革命性的影响。科学家们预计，未来的创新约有一半与生物工程相关，包括基因组学和基因资源的开发、生物信息学、转基因动植物、治疗性克隆和组织工程、生物能源和环保生物技术、生物芯片等众多迅猛发展的技术领域。未来的"热点"主要体现在如下几个方面。

1. 新一代 DNA 测序技术

新一代 DNA 测序技术的突出特点是测序通量（测序数据量）大幅增长，原始数据中每个碱基的测序成本急剧下降，并伴随着以巨大资金购买仪器以引入新技术的需求。以前看似"高不可攀"的奢侈性研究活动（如个人基因组测序、宏基因组学研究以及对大量重要物种的测序）变得越来越切实可行。

2. 合成生物学技术

合成生物学是以基因组学与系统生物学为代表，以现代生命科学与工程学的"融合"为标志发展起来的崭新的多学科交叉领域。它通过计算设计、合成再造、编辑调控来构建"人造生命"，实现对生命密码从"识读"到"编写"的转变，这将极大地提高人们对生命本质的认识水平。

合成生物学可以人为"设计"生命结构与生物功能，具有创造全新的分子识别、信号传导、物质合成、能量转化等能力。

合成生物学与纳米科学、计算科学、电子工程等的融合汇凝，将催生下一次生物工程革命，在未来一段时间有望取得迅速进展，其领域为医药生产、生物能源、生物材料。

3. 光遗传学技术

光遗传学是一种通过使用光学技术和遗传技术来实现快速、精确、可逆地控制细胞行为的方法，为神经科学提供了一种变革性的研究方法。这项技术能帮助科学家们分析研究几乎所有类型的神经细胞，这就开辟了一个新的研究领域。

4. 脑科学研究

脑科学是研究人脑的结构与功能的综合性学科。脑科学涉及范围很广，远远超出了现代生物学的概念范畴，但核心问题在于探讨人脑究竟是怎样进行工作的。

5. 生物大数据

生物大数据为社会经济活动提供决策依据，对国民经济发展、科学研究、公共安全都有战略意义，是未来国际竞争的制高点，随着科学技术的发展，孤独的单个项目的数据分析越来越不能满足社会的需求，生物大数据的价值已经在很多方面超越了项目的产出。

随着科学技术的发展还会有新的"热点"出现，生物工程的发展前景是难以估量的。到 21 世纪中期，当生物经济进入成熟阶段的时候，生物工程的应用将渗透到我们生活中许多原本与生物无关的角落。不过有一点现在应该引起高度重视，生物工程在造福于人类的同时，也会危害人类和地球上的其他生物，对此我们必须予以控制。

 **本章小结**

本章内容结构如图 1-6 所示。

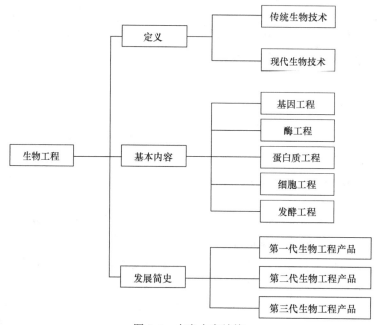

图 1-6　本章内容结构

知识链接

　　生物工程又称生物技术，是一门集生物学、医学、工程学、数学、计算机科学、电子学等多学科互相交叉的综合性技术。生物工程是 21 世纪科技发展极具魅力的高新技术，是当今世界七大高科技领域之一。因此与之相关的技术如医药生物技术、食品生物技术、农业生物技术等相关技术的知识将是我们重点学习的知识点，拓展知识为生物学、分子生物学、化学工程和计算机等相关知识。

 思考题

1. 简述生物工程的定义和所包含的学科。
2. 简述生物工程的特性及与其他学科的关系。
3. 简述生物工程的发展进程及各阶段生物工程产品的特点。
4. 传统生物工程或近代生物工程与现代生物工程有什么区别？
5. 生物工程技术的应用包括哪些领域？它对人类产生什么影响？

第二章　生物学基础

知识导入

生物学是自然科学的一个部分，主要研究生物间的内在联系、生命发生和发展现况以及生物的基本特征。生物化学是研究生物体的化学及其化学变化规律的科学，是生物学和化学相互渗透、相互交叉而产生的一门边缘学科。

第一节　细胞分子生物学基础

一、细胞概述

细胞是生命活动的基本单位，大部分生物体是以细胞作为基本单位组成的。支原体是目前发现的最小、最简单的细胞。自从 17 世纪发现细胞以后，经过 170 余年人们才认识到细胞是生物体结构和功能的基本单位，从生命的层次上看，细胞是具有完整生命力的最简单的物质集合形式，即细胞是构成生物体的最基本的单位，可以从以下几个方面来理解。

1. 细胞是生物体的基本结构单位

除病毒以外，一切生物都由细胞构成，从很小的变形虫和细菌到很大的鲸和红杉都是由细胞组成的。一些简单的低等生物仅由 1 个细胞组成（单细胞生物），如细菌、衣藻、草履虫等；一些复杂的高等生物由数以万亿计的细胞组成，如成人有机体大约含有 10^{14} 个细胞。

知识拓展

病毒是非细胞形态的有机体，但病毒不能独立生存，必须寄生在其他生物的活细胞里。

在生物体中，各个细胞虽然进行分工，各自行使特定的功能，但又互相依存，彼此协作，共同完成生命活动。

细胞分为两大类：原核细胞和真核细胞。原核细胞生物较为原始，真核细胞生物的进化程度较高。

（1）原核细胞

原核细胞（prokaryotic cell）是组成原核生物的细胞（图 2-1）。这类细胞的主要特征是没有明显可见的细胞核，也没有核膜和核仁，只有拟核，进化地位较低，不进行有丝分裂、减数分裂、无丝分裂。原核细胞生物分为两大系：古细菌和真细菌。古细菌包括甲烷菌、嗜热菌等，真细菌包括细菌（狭义的）、放线菌、蓝细菌、支原体、立克次氏体和衣原体等大多数目前所见的原核生物。

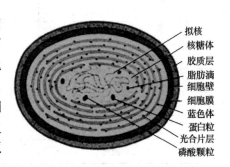

图 2-1　原核细胞结构

细菌是在自然界分布最广、个体数量最多的有机体，是大自然物质循环的主要参与者。它们结构简单，所含的遗传信息少，没有核及膜性细胞器结构。由于细菌没有核膜，DNA 的转录与蛋白质没有空间的隔离，因此细菌转录与翻译几乎是同步进行的，这是原核生物与真核生物最主要的区别。细菌主要由细胞壁、细胞膜、细胞质、核质体等部分构成，有的细菌还有夹膜、鞭毛、菌毛等特殊结构。绝大多数细菌的直径为 0.5～5μm。细菌根据形状分成三类，即球菌、杆菌和螺旋菌。

放线菌是具有菌丝、以孢子进行繁殖、革兰氏染色阳性的一类原核微生物。因其具有分枝状菌丝，菌落形态与霉菌相似，过去曾认为放线菌是"介于细菌与真菌之间的微生物"。然而，利用近代生物学技术所进行的研究结果表明，放线菌实际上属于细菌范畴内的原核微生物，只不过其细胞形态为分枝状菌丝。

（2）真核细胞

真核细胞（eukaryotic cell）指含有真核（被核膜包围的核）的细胞，如图 2-2 所示。

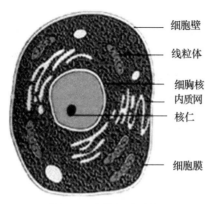

图 2-2　真核细胞结构

细胞壁
线粒体
细胸核
内质网
核仁
细胞膜

其染色体数为 1 个以上，能进行有丝分裂，还能进行原生质流动和变形运动。真核细胞的种类繁多，既包括大量的单细胞生物的细胞，也包括所有的动物细胞以及植物细胞。由真核细胞构成的生物称为真核生物。我们熟悉的动植物以及微小的原生动物、单细胞海藻、真菌、苔藓等都是真核生物。

（3）原核细胞与真核细胞的区别

具有核被膜和各种细胞器的细胞，称为真核细胞；只有拟核，没有核膜的细胞，称为原核细胞。原核细胞和真核细胞的区别如表 2-1 所示。

表 2-1　原核细胞和真核细胞的区别

细胞种类 比较项目	原 核 细 胞	真 核 细 胞
细胞大小	较小（1～10μm）	较大（10～100μm）
染色体	1 条 DNA，不与蛋白质连接	几条染色体，与蛋白质连接在一起
细胞核	无	有核膜和核仁
细胞器	很少	有
内膜系统	简单	复杂
微梁系统	无	微管和微丝
细胞分裂	二分体、出芽分裂	有丝分裂
转录和翻译	同一时间和地点	不同时间和地点

2. 细胞是生物体的基本功能单位

细胞是一个独立有序的、能够进行自我调控的结构与功能体系。每一个细胞都具有一整套完整装置以满足自身代谢的需要，保证单细胞生物能够独立地进行全部的生命活动。在多细胞生物中，尽管每一个细胞的功能受到整体的协调与控制，但每一个细胞都是一个独立的、自我控制的、高度有序的代谢系统，有相对独立的生命活动，各种组织都以细胞为基本单位来执行特定的功能，整个机体的新陈代谢活动都是以细胞为单位协调进行的。细胞作为一个开放的系统，不断地与环境进行着物质、能量和信息的交换，同时细胞之间也存在着广泛的联系和通信联络，表现出精细的分工和巧妙的配合，使生物的各种代谢活动有序地进行。只要具备合适的生存条件，每一个分离的细胞都可以在体外生长繁殖，表现出生命的特征，所以细胞是生物体的基本功能单位。

3. 细胞是生物体生长发育的基本单位

新的细胞是由已存在的细胞经分裂产生的，每一个生命体都是从一个细胞生长发育而来的，不论是简单的单细胞生物还是复杂的多细胞生物，其生长和发育可以部分地通过细胞体积的增加来实现，但细胞体积不可能无限地增加，因此多细胞生物的生长主要是通过细胞分裂增加细胞数量并伴随细胞的分化来实现的。细胞是生物生长发育的基本实体，一个多细胞生物即使已经完成了组织的分化和个体的发育，即完全长大后，也仍然需要细胞分裂的过程。这种分裂生成的新细胞可用来替代不断衰老和死亡的细胞，维持细胞的新陈代谢，或用于生物组织损伤的修复。因此，生物体的生长与发育主要是通过细胞分裂以及细胞分化与凋亡来完成的。

4. 细胞是生物体的完整遗传单位

在多细胞生物体中，尽管各种细胞的形态和功能各不相同，但它们又都是由同一个受精卵分裂和分化而来的，因而这个生命体中的每一个细胞都具有这个生命体的全部遗传信息，因为在细胞的中心细胞核中存在着生命的本质——遗传信息。

植物的生殖细胞和体细胞都具有遗传的全能性，单个细胞可以在合适的条件下诱导发育为完整的植物个体。在高等动物体内，生殖细胞具有遗传的全能性，而体细胞也具有这一生命体的全部遗传信息，经过一定的操作，如运用细胞核移植的方法，也可以使单个的体细胞表现出遗传上的全能性。所以细胞是生物体的完整遗传单位。

5. 细胞是生物体最小的生命单位

对细胞结构的任何破坏都会导致细胞生命特征的丧失和细胞的死亡。例如，从细胞分离出的任何结构，即使是保存完好的细胞核或是含有遗传信息、具有相对独立性的线粒体和叶绿体，都不能在细胞外作为生命活动的单位而独立生存。因此细胞是生命活动的最小单位，只有完整的细胞结构才能保证细胞具有生命的各种基本特征，使其能独立自主、协调有序地进行各种生命活动。

细胞学说不仅是生物体构成的学说，也是生物体繁殖和生长发育的学说以及生命活动的学说。面对多样性的生命世界，细胞学说认为：生命的共同基础是细胞，就像原子是化学现象的共同基础一样。已有无数的实验证明，任何破坏细胞结构完整性的行为都不能使生物持续生存。

二、生物化学的含义及其研究内容

生物化学是研究生命物质的化学组成、结构及生命活动过程中各种化学变化的基础生命科学。它应用物理学、化学、生物学的理论和方法去研究生物体内各种物质的化学本质及其化学变化规律，认识和阐明生命现象的本质。

生物化学的三个主要分支：①普通生物化学，研究包括动植物中普遍存在的生化现象；②植物生物化学，主要研究自养生物和其他植物的特定生化过程；③人类或医药生物化学，关注人类和人类疾病相关的生化性质。

生物化学主要研究生物体分子结构与功能、物质代谢与调节以及遗传信息传递的分子基础与调控规律。首先，生物化学要研究构成生物机体各种物质的组成、结构、性质及生物学功能，这些物质包括糖、脂、蛋白质、核酸、酶等（这部分内容称为静态生物化学）；其次，研究生物体内各种物质的化学变化、与外界进行物质和能量交换的规律，即物质代谢与能量代谢（这部分内容称为动态生物化学）；最后，研究重要生命物质的结构与功能的关系以及环境对机体代谢的影响，从分子水平来阐明生命现象的机制和规律（这部分内容称为功能生物化学）。

三、生物化学与分子生物学的关系

分子生物学是在生物化学基础上发展起来的，研究核酸和蛋白质结构、功能等生命本质的学科，在核酸、蛋白质分子水平研究发病、诊断、治疗和预后的机制。

从生物学的发展历史看，人们对生物体的认识是从宏观到微观，从形态结构再到生理功能。首先观察生物体的形态，继而用解剖的方法观察其组织结构，从器官、组织到细胞，由于这些不同层次的观察和研究，曾产生了一系列生物学的分支。从最初对细胞的研究深入到对组成细胞物质的分子结构进行研究，再到构成生物体的基础物质——蛋白质和核酸的分子结构得到初步探明，生物化学也随着迅猛发展。生物化学的成就，又带动和促进了生命科学向分子水平发展。

生物化学的研究者们不仅应用生物化学特有的技术，而且越来越多地从遗传学、分子生物学和生物物理学的技术与思路中获得启迪，综合利用各项技术。因此，这些学科间越来越多地相互融合，不再有明确的分界线，而生物化学和分子生物学更是结合在了一起。

第二节　生物大分子基础知识

生物体是由一定的物质成分按严格的规律和方式组织起来的。按质量计，人体含水 55%～67%、蛋白质 15%～18%、脂类 10%～15%、无机盐 3%～4% 及糖类 1%～2% 等。由此可知，人体的组成除水及无机盐之外，主要就是蛋白质、脂类及糖类 3 类有机物质。其实，除此三类有机物质之外，还有核酸及多种有生物学活性的小分子化合物。生物体不仅由各种生物大分子组成，也由各种各样有生物学活性的小分子组成，由此可知生物体在组成上的多样性和复杂性。

除了水和无机盐之外，活细胞的有机物主要由碳（C）与氢（H）、氧（O）、氮（N）、磷（P）、硫（S）等结合组成，分为大分子和小分子两大类。前者包括蛋白质、核酸、多糖等；后者有维生素、激素、各种代谢中间物以及合成生物大分子所需的氨基酸、核苷酸、单糖、脂肪酸和甘油等。

生命的基础物质（蛋白质和核酸，现在认为还包括糖类）基本上都是大分子，这些大分子结构与功能的关系是生物化学研究的首要任务。蛋白质是生命活动的主要承担者，几乎一切生命活动都要依靠蛋白质来进行；核酸是遗传信息的携带者和传递者，研究核酸的结构和功能，特别是 DNA 及基因的结构，包括人体全套基因的结构，对整个生命科学、医学、农学的研究有重要意义；糖类不仅可以作为能量，而且在细胞识别、免疫、信息接收与传递方面具有重要的作用。生物体内几乎所有的化学反应都是酶催化的，因此酶结构与功能的研究也将受到重视。

一、蛋白质基础知识

1. 蛋白质的概念

蛋白质是由氨基酸分子呈线性排列所形成的，相邻氨基酸残基通过形成肽键连接在一起。实践证明，蛋白质与生命现象密切相关，凡是有生命的地方，基本上都有蛋白质在起作用。蛋白质是细胞内含量最高的组分，酶、抗体、多肽激素、运输载体乃至细胞的自身骨架都是由蛋白质构成的。蛋白质是结构和功能上形式种类最多，也是最为活跃的一类分子，几乎在一切生命过程中起着关键的作用。

2. 蛋白质的化学组成

化学元素分析表明，蛋白质分子质量虽大小不一，但化学元素的组成大致是相似的。它们除含氮外，还含有碳、氢、氧，同时还含少量的硫、磷，有的还含有铁（Fe）、铜（Cu）、锰（Mn）、锌（Zn）等金属元素，个别还含碘（I）。

蛋白质氮含量有一定比例，一般蛋白质的氮含量（N）在 15%～17.6%，平均值为16%。这是蛋白质的一个重要特点。

蛋白质受酸、碱或酶的催化作用，可将其大分子逐次水解为分子质量较小的肽，最终生成 α-氨基酸。由此可见 α-氨基酸为蛋白质分子组成的基本单位，普遍存在于多数蛋白质中的氨基酸有 20 种，如表 2-2 所示。

表 2-2 20 种氨基酸的性质

氨基酸名称	分 子 式	等电点	熔点/℃
中性氨基酸			
甘氨酸（Gly）	$CH_2(NH_2)COOH$	5.97	240
丙氨酸（Ala）	$CH_3CH(NH_2)COOH$	6.02	297
丝氨酸（Ser）	$CH_2(OH)CH(NH_2)COOH$	5.68	223
半胱氨酸（Cys）	$CH_2(SH)CH(NH_2)COOH$	5.00	260
苏氨酸（Thr）	$CH_3CH(OH)CH(NH_2)COOH$	6.53	253
甲硫氨酸（Met）	$CH_2(SCH_3)CH_2CH(NH_2)COOH$	5.74	283
缬氨酸（Val）	$CH_3CH(CH_3)CH(NH_2)COOH$	5.96	298
亮氨酸（Leu）	$CH_3CH(CH_3)CH_2CH(NH_2)COOH$	5.98	295
异亮氨酸（Ile）	$CH_3CH_2CH(CH_3)CH(NH_2)COOH$	6.02	280
苯丙氨酸（Phe）	$C_6H_5CH_2CH(NH_2)COOH$	5.48	283
酪氨酸（Tyr）	HO—⬡—$CH_2CH(NH_2)COOH$	5.66	316
脯氨酸（Pro）		6.30	220

续表

氨基酸名称	分 子 式	等电点	熔点/℃
中性氨基酸			
色氨酸（Trp）	$CN_2CN(NH_2)COOH$ 结构式（吲哚环）	5.89	289
谷氨酰胺（Gln）	$CH_2(CONH_2)CH_2CH(NH_2)COOH$	5.65	184
天冬酰胺（Asn）	$CH_2(CONH_2)CH(NH_2)COOH$	5.41	226
酸性氨基酸			
谷氨酸（Glu）	$CH_2(COOH)CH_2CH(NH_2)COOH$	3.22	248
天冬氨酸（Asp）	$CH_2(COOH)CH(MH_2)COOH$	2.97	270
碱性氨基酸			
精氨酸（Arg）	$H_2NC—HN—(CH_2)_3CH(NH_2)COOH$ 其中 NH	10.76	244
赖氨酸（Lys）	$CH_2(NH_2)(CH_2)_3CH(NH_2)COOH$	9.74	230
组氨酸（His）	$CH_2CH(NH_2)COOH$（咪唑环）	7.59	230

3. 蛋白质的分类

简单的化学方法难以区分数量庞杂、特性各异的蛋白质，通常按照其结构、形态和物理特性对蛋白质进行分类。现在采用的蛋白质分类方法主要有三种：一是根据分子的形状分类，二是根据化学组成分类，三是根据溶解性质分类。

（1）根据分子的形状分类

根据分子的形状可将蛋白质分为球状蛋白质和纤维状蛋白质两大类。

球状蛋白质分子比较对称，接近球形或椭球形，溶解度较好，能结晶。大多数蛋白质属于球状蛋白质，如血红蛋白、肌红蛋白、酶、抗体等。

纤维状蛋白质分子对称性差，类似于细棒状或纤维状，溶解性质各不相同，大多数不溶于水，如胶原蛋白、角蛋白等；有些溶于水，如肌球蛋白、血纤维蛋白原等。

（2）根据化学组成分类

根据化学组成可将蛋白质分为简单蛋白质和结合蛋白质两大类。

简单蛋白质分子中只含有氨基酸，没有其他成分，如清蛋白、球蛋白、组蛋白等。

结合蛋白质是由蛋白质部分和非蛋白质部分结合而成的，如核蛋白、糖蛋白、脂蛋白等。

（3）根据溶解性质分类

根据溶解性质可将蛋白质分为以下三类。

1）可溶性蛋白质可溶于水、稀中式盐、稀碱，如精蛋白、清蛋白。

2）醇溶性蛋白质不溶于水、稀盐，溶于 70%～80%的乙醇，如玉米醇溶蛋白、小麦醇溶蛋白。

3）不溶性蛋白质不溶于水、中式盐、稀酸、碱和有机溶剂，如角蛋白、纤维蛋白。

近年来，有些学者还根据蛋白质的生物学功能进行分类，把蛋白质分为酶、运输蛋白、营养蛋白、储存蛋白、结构蛋白等。

4. 蛋白质的性质及生物学功能

蛋白质是由许多氨基酸分子组成的，分子质量很大，所以有的性质与氨基酸相同，有的性质又与氨基酸不同，如胶体性质、变构作用和变性作用等。

（1）胶体性质

蛋白质分子质量很大，容易在水中形成胶体颗粒，具有胶体性质。在水溶液中，蛋白质形成亲水胶体，即在胶体颗粒之外包含一层水膜。水膜可以把各个颗粒相互隔开，所以颗粒不会凝聚成块而下沉。

（2）变构作用

含两个以上亚基的蛋白质分子，如果其中一个亚基与小分子物质结合，不但该亚基的空间结构要发生变化，其他亚基的构象也将发生变化，使整个蛋白质分子的构象乃至活性均发生变化，这一现象称为变构或别构作用。

（3）变性作用

蛋白质在重金属盐（汞盐、银盐、铜盐等）、酸、碱、乙醛、尿素等的作用下，或加热至 70～100℃，或在 X 射线、紫外线的作用下，其空间结构发生改变和破坏，从而失去生物学活性，这种现象称为变性。

蛋白质具有多种多样的生物学功能，归纳起来主要体现在下列六个方面：①催化功能，作为酶，蛋白质具有催化功能；②结构功能，蛋白质是生物体的细胞和组织的主要组成成分，也是生物体形态结构的物质基础；③调节功能，作为代谢的调节者（激素或阻遏物），它能协调和指导细胞内的化学过程；④运输功能，作为运输工具，它能在细胞内或者透过细胞膜传递小分子或离子；⑤免疫功能，作为抗体，它起着保护有机体，防御外物入侵的作用；⑥运动功能，生物体的运动由蛋白质来完成，如动物肌肉的主要成分就是蛋白质。总而言之，蛋白质是一切生命现象不可缺少的，即使像病毒、类病毒那样以核酸为主体的生物，也必须在它们寄生的活细胞的蛋白质的作用下，才能表现出生命现象。

二、核酸基础知识

1. 核酸的概念

核酸是一种由核苷酸构成的复杂的高分子质量生物大分子，用于生物体遗传信息的保存和传递，是生物化学研究中的一个重要领域。核酸是遗传变异的物质基础，是遗传信息的载体，在蛋白质生物合成中起十分重要的作用，生物体的遗传、变异、生长发育、细胞分化等都与核酸密切相关。核酸除含有碳、氢、氧、氮外，还含有较多的磷和少量的硫。含磷量高是核酸元素的组成特点。

2. 核酸的化学组成

核酸是高分子化合物，在酶的作用下水解为核苷酸。核苷酸完全水解可释放出等量的含氮碱基、核糖和磷酸。因此，核酸的基本组成单位是核苷酸，而核苷酸则由碱基、核糖和磷酸三种成分连接而成。核酸的水解过程如图 2-3 所示。

图 2-3　核酸的水解过程

3. 核酸的分类

根据彻底水解产物中所含糖类的不同，核酸分为 DNA 和 RNA 两类。两者的化学组成差异如表 2-3 所示。

表 2-3　两类核酸的化学组成差异

水解产物 核酸类别	碱　基		戊　糖	磷　酸
	嘌呤碱	嘧啶碱		
核糖核酸（RNA）	腺嘌呤（A） 鸟嘌呤（G）	胞嘧啶（C） 尿嘧啶（U）	D-核糖	H_3PO_4
脱氧核糖核酸（DNA）	腺嘌呤（A） 鸟嘌呤（G）	胞嘧啶（C） 胸腺嘧啶（T）	D-2-脱氧核糖	H_3PO_4

DNA 主要存在于染色体中，少部分存在于核外（如线粒体 DNA、叶绿体 DNA 和质粒 DNA 等）。DNA 是主要的遗传物质，是遗传信息的主要载体。

RNA 又分为 mRNA（信使 RNA）、tRNA（转运 RNA）和 rRNA（核糖体 RNA）等。mRNA 约占总 RNA 的 5%，其作用是将遗传信息从 DNA 传到蛋白质，在肽链合成中起决定氨基酸排列顺序的模板作用；tRNA 约占总 RNA 的 15%，相对分子质量较小，游离于细胞质中，主要功能是在蛋白质合成中转运氨基酸；rRNA 约占总 RNA 的 80%，相对分子质量较大，是核糖体的组成成分（占 60% 左右），核糖体是蛋白质合成的场所。

4. 核酸的生物学功能

核酸的生物学功能，归纳起来主要有以下四个方面。

1）DNA 的复制与生物遗传信息的储存。沃森和克里克发现 DNA 的双螺旋结构后不久，就提出了著名的 DNA 复制理论假说，在 1958 年生物学家们用实验精确地证明了 DNA 复制理论的正确性，生物遗传实际上是亲代 DNA 传递给子代的过程，因此 DNA 复制是保持生物种群遗传性状稳定性的基本分子机制，是 DNA 较重要的生理功能之一。

2）RNA 是生物遗传信息表达的媒介。生物的遗传信息以 DNA 的碱基序列形式储存在细胞之中，而生物遗传信息最终要以蛋白质的形式表现出来。在 DNA 分子所携带的遗传信息表达过程中，RNA 起着重要的作用。首先，DNA 通过转录作用，将其所携带的遗传信息（基因）传递给 mRNA，然后在三种 RNA 的共同作用下，完成蛋白质的合成。生物的遗传信息从 DNA 传递给 mRNA 的过程，称为转录；根据 mRNA 链上的遗传信息合成蛋白质的过程，称为翻译。

3）生物遗传变异的化学本质是 DNA 的结构变化。生物遗传变异是指在生物繁衍生息过程中，子代表现出与亲代不同的某些特征或性状。生物遗传变异是生物进化的基本机制。

4）核酸的催化性质。在 1981 年，美国两位生物化学家发现了某些核糖核酸具有催化作用，并提出了核酶的概念。核酶的发现，证明了核酸既是信息分子又是功能分子，对于研究生命的起源、了解核酸新功能以及重新认识酶的概念等都有重要意义。

三、糖类基础知识

1. 糖类的概念

糖类物质是多羟基（两个或以上）的醛类或酮类化合物，及其衍生物或聚合物的总称。据此可分为醛糖和酮糖，还可根据碳分子数分为丙糖、丁糖、戊糖、己糖。最简单的糖类是丙糖（甘油醛和二羟基丙酮）。糖类物质广泛分布于自然界，几乎所有的动物、植物、微生物体内都含有糖类物质。由于绝大多数的糖类化合物都可以用通式 $C_m(H_2O)_n$ 表示，所以过去人们一直认为糖类是碳与水的化合物，称为碳水化合物。现在已经发现这种称呼并不合适，只是沿用已久，仍有许多人称其为碳水化合物。

2. 糖类的分类

根据糖类物质是否能水解和水解后的产物，将糖分为单糖、聚糖和复合糖三类。

（1）单糖

单糖是多羟基醛或多羟基酮的化合物，是构成寡糖和多糖的基本单位，自身不能被水解成更简单的糖类物质。葡萄糖是重要的单糖，其他常见的单糖还有果糖（水果中的甜味来源）。

（2）聚糖

聚糖可分为寡糖和多糖。

寡糖又称为低聚糖，由 2～10 组单糖分子结合而成，可分为二糖、三糖、四糖、五糖等。最常见的寡糖为二糖，它可以看做两个单糖分子通过缩合反应脱去一分子水结合在一起形成的糖，蔗糖、麦芽糖和乳糖等均为二糖。

多糖是由多分子单糖或单糖的衍生物聚合而成的，其水解后又可生成许多单糖。若由同一种单糖聚合而成，就称为同多糖（均一性多糖），如淀粉、糖原、纤维素等；若由不同种单糖或单糖的衍生物聚合而成，就称为杂多糖（不均一性多糖），如透明质酸等。

（3）复合糖

复合糖是指糖类物质和非糖类物质（如脂类、蛋白质等）结合形成的复合物。它分布广泛，功能多样，代表性的复合糖有由糖与蛋白质结合而成的糖蛋白或蛋白聚糖，由糖与脂类结合而成的糖脂或脂多糖。

3. 糖类的生物学功能

糖类的生物学功能，归纳起来主要有以下四个方面。

1）提供能量。植物的淀粉和动物的糖原都是能量的储存形式。

2）可转变为生命所必需的其他物质。例如，脂类、蛋白质等，为蛋白质、核酸、脂类的合成提供碳骨架。

3）可作为生物体的结构物质。细胞的骨架，如纤维素、半纤维素、木质素是植物细胞壁的主要成分。

4）细胞间识别和生物分子间的识别。细胞膜表面糖蛋白的寡糖链参与细胞间的识别；一些细胞的细胞膜表面含有糖分子或寡糖链，构成细胞的"天线"，参与细胞通信。

四、脂类基础知识

1. 脂类的概念

脂类又称脂质，是由脂肪酸（C_4 以上的）和醇（包括甘油醇、鞘氨醇、高级一元醇和固醇）等所组成的酯类及其衍生物。脂类一般不溶于水，而溶于非极性溶剂（如乙醚、丙酮、氯仿等）。脂类这种能溶于有机溶剂而不溶于水的特性称为脂溶性。脂类都含有碳、氢、氧元素，有的还含有氮、磷和硫元素。脂类分子中没有极性基团的称为非极性脂，有极性基团的称为极性脂。极性脂的主体是脂溶性的，其中有部分结构是水溶性的。

2. 脂类的分类

脂类按化学组成通常分为 3 大类，即单纯脂类、复合脂类和衍生脂质。

（1）单纯脂类

单纯脂类是由脂肪酸与醇（甘油醇、高级一元醇）组成的脂类，没有极性基团，是非极性脂，又称中性脂。它可分为脂、油及蜡。脂一般在室温时为固态，是甘油与三分子脂肪酸结合所成的三酰甘油，含较多饱和脂肪酸；油一般在室温时为液态的脂肪，含较多不饱和脂肪酸和低分子脂肪酸；蜡是由高级脂肪酸与高级一元醇所生成的酯，如虫蜡、蜂蜡等。

（2）复合脂类

复合脂类是除含脂肪酸和醇（甘油醇、鞘氨醇）外，还含有其他非脂性物质，如糖、磷酸、氮碱（胆碱、乙醇胺等）等的脂类。复合脂含有极性基团，是极性脂。复合脂类分为磷脂和糖脂两类。其中，磷脂为含磷酸的脂质。磷脂根据醇成分的不同，又可分为甘油磷脂（如磷脂酸、磷脂酰胆碱、磷脂酰乙醇胺等）和鞘氨醇磷脂（简称鞘磷脂，不含甘油醇，含鞘氨醇）。糖脂是含糖分子的脂质，因醇成分不同，分为甘油糖脂（如单半乳糖二酰基甘油）和鞘糖脂（如脑苷脂、神经节苷脂）。

（3）衍生脂质

衍生脂质是指由单纯脂质和复合脂质衍生而来或与之关系密切，但也具有脂质一般性质的物质。

3. 脂类的生物学功能

（1）结构成分——磷脂是生物膜的主要成分

磷酸甘油酯简称磷脂，是一类含磷酸的复合脂质，是构成细胞膜、神经髓鞘外膜和神经细胞的主要成分。它广泛存在于动植物和微生物中，是一种重要的结构脂质，生物膜所特有的柔软性、选择性以及高电阻性都与其所含的磷脂有关，并且脂类作为细胞表面物质，与细胞的识别、种属特异性和组织免疫等有密切关系。

（2）储存能源——脂质是机体的储存燃料

脂质本身的生物学意义在于它是机体代谢所需燃料的储存形式。每克脂肪在人体内氧化可供给热量比等量的糖类和蛋白质的热量大1倍，人体所需总能量的10%～40%是由脂肪提供的，当人体的热能消耗多于摄入时，就动用储存脂肪氧化来补充热能。所以储存脂肪是储备能量的一种方式。

（3）溶剂——脂质是一些活性物质的溶剂

有些生物活性物质必须溶解于脂质中才能在机体中运输并被机体吸收利用，如脂溶性的维生素和激素都是溶解在脂类物质中才能被吸收和运输，而这些物质在体内起着重要的调节细胞代谢的作用。因此，脂质是良好的溶剂。

（4）保温和保护——脂质是润滑剂和防寒剂

脂肪因导热性差，不易传热，分布在皮下的脂肪具有减少体内热量的过度散失和防止外界辐射热侵入的功能，对维持人体的体温起着重要作用。分布在内脏周围的脂肪组织，犹如软垫起到使内脏免受机械撞击的作用和固定保护的作用。

（5）其他——参与机体代谢调节

脂肪为机体提供必需脂肪酸和其他具有特殊营养功能的多不饱和脂肪酸，以满足机体正常生理需要。

五、酶基础知识

1. 酶的概念

酶是指具有生物催化功能的高分子物质。在酶的催化反应体系中，反应物分子称为底物，底物通过酶的催化转化为另一种分子。几乎所有的细胞活动进程都需要酶的参与，以提高效率。酶不但是高效、高度专一的催化剂，更重要的是它是生物催化剂，所有酶均由生物体产生，和生命活动密切相关，并且在生物长期进化过程中，为适应各种生理机能的需要，适应外界条件的千变万化，还形成了从酶的合成到酶的结构和活性各种水平的调节机制。

迄今为止，已纯化的酶大多数是蛋白质，具有蛋白质的性质，但少数具有生物催化功能的分子并非是蛋白质，而是一些被称为核酶的 RNA 分子和一些 DNA 分子同样具有催化功能。

2. 酶的分类

1）酶根据组成成分分为单纯酶和结合酶：①除蛋白质外，不含其他物质的酶称为单纯酶，如蛋白酶、淀粉酶、脂肪酶和核糖核酸酶；②由蛋白质和辅助因子组成的酶称为结合酶，如脱氢酶、转氨酶及其他氧化还原酶类。

2）根据酶蛋白分子的特点和分子大小可以把酶分为以下几类：①单体酶，只有一条多肽链，这类酶很少，一般都是水解酶；②寡聚酶，由几个至几十个相同或不同的亚基组成，亚基间以非共价结合，易分离、变性，多数酶属于这类酶；③多酶复合体系，由几种酶彼此嵌合形成的复合体，每种酶都具有独立的催化功能，有利于一系列反应的连续进行，提高催化效率，便于调控。

3）国际通用的系统分类法是国际生物化学与分子生物学联盟以酶所催化的反应类型为基础进行的分类，将酶分为 6 大类：氧化还原酶类、转移酶类、水解酶类、裂合酶类、异构酶类、合成酶类。

3. 酶的生物学功能

1）在生物体内，酶发挥着非常广泛的作用。信号传导和细胞活动的调控都离不开酶，特别是激酶和磷酸酶参与的信号传导。酶也能产生运动，通过催化肌球蛋白上 ATP（腺苷三磷酸）的水解产生肌肉收缩，并且能够作为细胞骨架的一部分参与运送胞内物质。一些位于细胞膜上的 ATP 酶作为离子泵参与主动运输。

2）酶的一个非常重要的功能是参与动物消化系统的工作。以淀粉酶和蛋白酶为代表的一些酶可以将进入消化道的大分子（淀粉和蛋白质）降解为小分子，以便于肠道吸收。例如，淀粉不能被肠道直接吸收，而酶可以将淀粉水解为麦芽糖或更进一步水解为葡萄糖等肠道可以吸收的小分子。

3）在代谢反应中，多个酶以特定的顺序发挥功能，前一个酶的产物是后一个酶的底物，每个酶催化反应后，产物被传递到另一个酶，多酶复合体的存在保证了整个代谢按正确的途径反应，而一旦没有酶的存在，代谢既不能按所需步骤进行，也无法以足够快的速度完成合成反应，以满足细胞的需要。实际上如果没有酶，代谢反应就无法独立进行。

 **本章小结**

在自然科学中，生物学的发展是十分迅速的，本章简单阐述了生物化学与后续分子生物学的相关联系，在此基础上，以介绍构成生物机体各种物质（称为生命物质）的组成、类别及其生物学功能为主，阐明了静态生物化学的主体研究部分，为后续章节的学习做好铺垫。本章内容结构如图 2-4 所示。

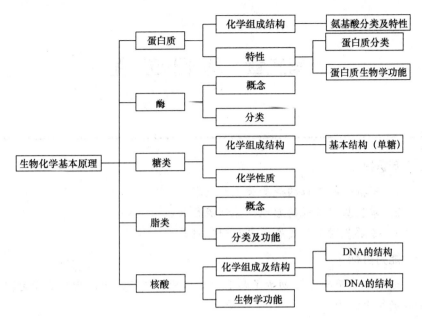

图 2-4 本章内容结构

 知识链接

http://www.bioon.com/biology/Class422/78477_3.shtml（生物学前沿知识）。

 思考题

1. 怎样理解细胞是生命活动的基本单位？
2. 生物化学主要研究哪些生物大分子？
3. 生物化学与分子生物学的交叉联系体现在哪些方面？

第三章　基因工程

　　资料一：目前，全球的氮肥生产耗费世界总电力的 3%～4%，且农作物只能吸收氮肥的 1/10，造成了大面积土壤和水质的污染。

　　资料二：蛛丝是自然界奇特的物质之一，它具有极强的韧度，其韧度是同样直径钢材的好几倍。但与家蚕不同，蜘蛛不能家养，因为它们会互相吞食，所以不可能建立人工饲养蜘蛛的农场。几十年来，科学家们一直试图找到利用其他生物体来制造蛛丝的办法。

　　资料三：紫杉醇，一种天然抗癌药物，是从裸子植物红豆杉的树皮分离提纯的天然次生代谢产物。治疗一个卵巢癌患者需要 3-12 棵百年以上的红豆杉树，这种药物的造价可想而知。

　　设想：能否让禾本科的植物也能够固定空气中的氮？能否让细菌"吐出"蛛丝？能否让微生物产出紫杉醇、干扰素等珍贵的药物？

　　基因工程是指重组 DNA 技术的产业化设计与应用，包括上游技术和下游技术两大组成部分。上游技术指的是基因重组、克隆和表达的设计与构建（即重组 DNA 技术）；

下游技术则涉及基因工程菌、细胞或基因工程生物体的大规模培养以及基因产物的分离纯化过程。基因工程的核心技术是 DNA 的重组技术。

当前，这门科学的基本原理和方法已广泛渗透到医药、化工、食品、农业、环保、能源等各个领域，对经济和社会的发展起着重要的作用。未来将是以基因工程技术为基础的生物经济时代。

第一节　基因工程的基本知识

一、基因工程的概念

基因工程也称遗传工程，是指不同生物体的 DNA 在体外经过酶切、连接，构成重组 DNA 分子，然后转入受体细胞，使外源基因在受体细胞中表达（图3-1）。通俗地说，基因工程就是按照人们的意愿，把一种生物的某种基因提取出来，加以修饰改造，然后放到另一种生物的细胞里，定向地改造生物的遗传性状。常用的转移 DNA 载体有质粒、噬菌体和病毒等。基因工程按目的基因的克隆和表达系统，分为原核生物基因工程、酵母基因工程、植物基因工程和动物基因工程。

此外，广义的基因工程还包括重组 DNA 细胞的大规模培养及外源基因表达产物的分离纯化过程，这要求 DNA 重组的设计必须考虑表达产物分离纯化操作工艺和装备的简化，达到基因工程产业化的目的。

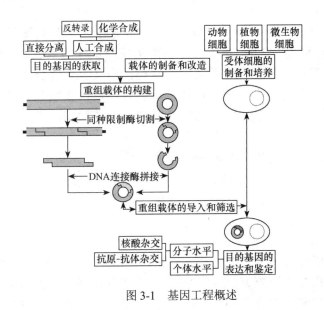

图 3-1　基因工程概述

二、基因工程的发展历史

基因工程技术是一项新兴的工程技术，它的诞生需要理论和技术上的支持。其发展的历史主要经历了基因工程技术的创立、基因工程技术的发展、基因工程技术的腾飞三个阶段。

（一）基因工程技术的创立

人们公认，基因工程诞生于 1973 年，是无数科学家经过数十年辛勤劳动的成果和智慧的结晶。20 世纪 40 年代开始，生物科学家从理论上和技术上为基因工程的诞生奠定了坚实基础。现代分子生物学在基础研究上的重大发现及在实验技术上的重大发现（表 3-1）为基因工程的诞生做出了决定性贡献。

表 3-1　基础研究和实验技术上的重大发现

基础研究上的重大发现	实验技术上的重大发现
证明了生物的遗传物质是 DNA（基因工程的先导）	限制性内切酶和 DNA 连接酶的发现（标志着 DNA 重组时代的开始）
DNA 的双螺旋结构和半保留复制机理	载体的使用
遗传信息的传递方式（中心法则）和三联体密码子系统的建立	逆转录酶的发现

（1）基础研究上的重大发现

1）20 世纪 40 年代，发现了生物的遗传物质是 DNA。1934 年 Avery 在美国的一次学术会议上，首次阐明了肺炎球菌的转化。他不仅证明了 DNA 是生命的遗传物质，而且证明了 DNA 可以把一个细菌的性状传递给另一个细菌，成为现代生命科学的开端和基因工程的先导。

2）20 世纪 50 年代初，沃森和克里克在 DNA 晶体 X 光衍射图的基础上，提出了 DNA 双螺旋结构模型，认为 DNA 分子由两条反向平行的多聚核苷酸链组成，核苷酸链经碱基互补配对、缠绕呈右手双螺旋结构。当 DNA 复制时，双螺旋结构解开形成单链，然后，在酶的催化下，以每条单链为模板，按照碱基互补配对原理，合成新的子代 DNA。这一结构的提出为生命科学的发展和基因工程的诞生奠定了坚实的基础。

3）从 20 世纪 60 年代开始，以 Nirenberg 等为代表的一批科学家，经过艰苦努力，破译了遗传信息密码，证明遗传密码子由三个核苷酸组成；到了 1966 年，全部破译了生物体中 20 种氨基酸的 61 个密码子和三个用于翻译的终止密码子，阐明了中心法则，即从 DNA 到 RNA 再到蛋白质。

（2）实验技术上的重大发现

首先是限制性核酸内切酶的发现。1970 年，Smith 和 Wilcox 在流感嗜血杆菌中，分离纯化了限制性核酸内切酶 *Hin*D，使 DNA 分子的切割成为可能。1972 年，H. Boyer 的实验室又发现了核酸内切酶 *Eco*RI，能专一性地识别并切割 GAATTC 核苷酸序列，形成 DNA 片段。以后，相继发现了大量能识别各种不同核苷酸序列的限制性核酸内切酶，使得研究者能任意切割 DNA，使按需要获得核苷酸片段成为可能。1967 年，世界上共有五个实验室几乎同时发现了 DNA 连接酶，能将不同来源的 DNA 片段连接起来。有了切割 DNA 的内切酶和连接酶，DNA 的重新组合成为了可能。但是，多数片段不具备自我复制的能力，需要一种载体将重组的 DNA 导入细胞内，依靠寄主的复制酶系统进行复制，大量生产重组的 DNA 分子，这就取决于基因工程技术上的第二大发现，即载体的使用。1970 年，巴尔的摩（Baltimore）等和特明（Temin）等同时在各自的实验室发现了逆转录酶，能从 mRNA 反转录为 DNA，获得表达的真核生物基因，成为基因工程技术的第三个发现。

（二）基因工程技术的发展

基因工程创立以后，得到了快速的发展。基因工程逐渐取代经典的微生物诱变育种程序，利用重组 DNA 的基因工程菌大规模生产与人类健康密切相关的生物大分子，推动了现代生物技术的产业化快速发展。

1977 年，日本的 Tfahura 及其同事首次在大肠杆菌中克隆并表达了人的生长激素释放抑制素基因。几个月后，美国的 Ullvich 克隆并表达了人的胰岛素基因。1978 年，美国 Genentech 公司开发出利用重组大肠杆菌合成人胰岛素的先进生产工艺。目前，已经投放市场以及正在研制开发的基因工程药物几乎触及医药的各个领域，包括各种抗病毒剂、抗癌因子、新型抗生素、重组疫苗、免疫辅助剂、抗衰老保健品、心脑血管防护急救药、生长因子以及诊断试剂等。

20 世纪 80 年代以来，基因工程已开始朝着高等动植物物种的遗传特征改良以及人体基因治疗等方向发展。1991 年，美国倡导在全球范围内实施人类基因组计划，用 15 年时间斥资 30 亿美元，完成 125000 个人类基因的全部测序工作。1994 年底，一张覆盖整个人类基因组的人类遗传图谱已经完成，而高质量的物理图谱也已覆盖了 95% 的人类基因组。1997 年，英国科学家利用体细胞克隆技术克隆出绵羊（多利）。2000 年，法国科学家利用基因技术"制造"出了一只可以发出绿色荧光的兔子（Alba）。应用了受精卵显微注射技术，从水母身上采集了荧光蛋白，经基因改良后，使它的发光率比原先提高了两倍，再将该基因植入兔子的受精卵中，由此培养出了会发光的兔子。在普通光线下，它看上去与其他兔子没有区别，但是在较暗的光线下，它的身体就会放射出奇异的绿光来。

几十年来，基因工程的研究经历了多个发展阶段，从最初的对基因重组和蛋白质多肽高效表达的研究，发展到对蛋白编码基因定向诱变的蛋白质工程以及对代谢途径的修饰和重组，直到最近发展起来的基因组或染色体转移的研究。近年来，随着分子生物学的飞速发展，基因工程和细胞工程、酶工程、蛋白质工程和微生物工程共同组成的生物工程，正以新的势头向前迅猛发展，基因工程不仅使整个生命科学的研究发生着前所未有的深刻变化，而且极大地促进了工农业生产和国民经济的发展，给人类的进步带来了新的契机。生物工程已经在生物制药、食品、农业、能源和环境保护等领域取得了重大突破，产生了巨大的经济效益和社会效益。以基因工程为核心的生物工程已经成为生物科学研究各领域中极具生命力、十分引人注目的前沿学科之一。

知识拓展

基因工程大事记

1860～1870 年，奥地利学者孟德尔根据豌豆杂交实验提出遗传因子概念，并总结出孟德尔遗传定律。

1909 年，丹麦植物学家和遗传学家约翰逊首次提出"基因"这一名词，用以表达孟德尔的遗传因子概念。

1944 年，三位美国科学家分离出细菌的 DNA，并发现 DNA 是携带生命遗传物质的分子。

1953 年，美国人沃森和英国人克里克通过实验提出了 DNA 分子的双螺旋模型。

1969 年，科学家成功分离出第一个基因。

1990 年 10 月，被誉为生命科学"阿波罗登月计划"的国际人类基因组计划启动。

1998 年，一批科学家在美国罗克威尔组建塞莱拉遗传公司，与国际人类基因组计划展开竞争。

1998 年 12 月，一种小线虫完整基因组序列的测定工作宣告完成，这是科学家第一次绘出多细胞动物的基因组图谱。

1999 年 9 月，中国获准加入人类基因组计划，负责测定人类基因组全部序列的1%。中国是继美国、英国、日本、德国、法国之后第六个国际人类基因组计划的参与国，也是参与这一计划的唯一发展中国家。

1999 年 12 月 1 日，国际人类基因组计划联合研究小组宣布，完整破译出人体第22 对染色体的遗传密码，这是人类首次成功地完成人体染色体完整基因序列的测定。

2000 年 4 月 6 日，美国塞莱拉遗传公司宣布破译出一名实验者的完整遗传密码，但遭到不少科学家的质疑。

2000 年 4 月底，中国科学家按照国际人类基因组计划的部署，完成了 1%人类基因组的工作框架图。

2000 年 5 月 8 日，德国、日本等国科学家宣布，已基本完成了人体第 21 对染色体的测序工作。

2000 年 6 月 26 日，科学家公布人类基因组工作草图，标志着人类在解读自身"生命之书"的路上迈出了重要一步。

2000 年 12 月 14 日，美国、英国等国科学家宣布绘出拟南芥基因组的完整图谱，这是人类首次全部破译出一种植物的基因序列。

2001 年 2 月 12 日，中国、美国、日本、德国、法国、英国六国科学家和美国塞莱拉遗传公司联合公布人类基因组图谱及初步分析结果。

三、基因工程的研究对象

（一）基因克隆工具的研究

基因工程之所以能够在体外将不同来源的 DNA 重新组合构成新的 DNA 分子并在宿

主细胞内扩增和表达，主要依赖一系列重要的克隆工具（图3-2），主要包括基因工程载体、基因工程的工具酶及基因工程的受体系统。在基因工程中对这些重要工具的研究是基因工程研究的重要内容之一。

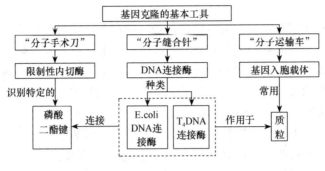

图3-2　基因克隆工具

（二）基因克隆技术的研究

基因克隆技术包括以 PCR（聚合酶链式反应）法为基础的差异筛选技术、长片段的DNA 序列测定技术、高通量的基因芯片技术、借助计算机和互联网的生物信息技术等，功能基因组学、蛋白质组学、生物芯片、组织工程、动植物生物反应器、基因工程药物与疫苗、基因诊断与治疗，以及动植物转基因技术、生物农药、生物肥料、生物安全等。这些研究技术的运用彻底改变了基因克隆研究的规模和速度，成为基因工程研究中的重要内容。PCR 法原理如图3-3 所示。

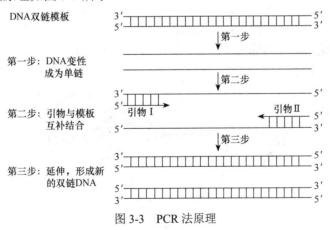

图3-3　PCR 法原理

（三）克隆对象——目的基因的研究

基因是一种重要的生物资源，根据人类基因组计划中科学家们的研究结果，人类基因总数比预期少得多，初步定位在 2.6 万～4.0 万个。由此可见，获得目的基因同样是基因工程研究的重要内容，人们对基因序列的研究从人类基因组延伸到其他生物基因组。我国主要参与的国际水稻基因组计划令世界瞩目，在 2002 年 4 月 5 日出版的世界知名的 *Science* 杂志上发表了 100 多位中国科学家署名的突破性论文《水稻（籼稻）基因组的工作框架序列图》，这篇论文被 Science 杂志称为"这一领域里具有重要意义的里程碑"，这一成就标志着我国已经进入世界生物技术的前沿。2004 年 12 月，水稻基因组"精细图"全部完成。

（四）基因工程产品的研究

自 20 世纪 70 年代基因工程诞生以来，最先应用基因工程且目前最为活跃的研究领域是医药科学领域。《2014—2019 年中国纳米生物技术行业深度调研与行业运营态势报告》数据显示，2013 年全球生物技术药物市场规模已经从 2004 年的 560 亿美元增加到 1650 亿美元。此外有 400 多个生物工程药物处于不同的研究开发阶段，这些正在开发的生物药物按分子类别归类，排在前 9 位的分别是单克隆抗体、疫苗、基因治疗、白介素、干扰素、生长因子、重组可溶性受体、反义药物和人生长激素。目前基因工程药物的发展正在带来一场新的药业革命，它将成为 21 世纪药业的支柱。

第二节　基因工程的原理

基因表达的最终产物是 RNA 和蛋白质，这两大类物质及其次级产物维持着整个生命的有序运动。任何基因表达调控程序上的缺陷或紊乱，均会对生物体造成严重后果。基因工程的本质是通过基因的体外拼接来稳定高效地表达其蛋白产物，因此，基因表达分子机制是基因工程原理的指导思想。

一、基因的本质

基因是编码蛋白质或 RNA 分子遗传信息的遗传单位（图3-4）。大多数真核生物的基因是不连续基因。不连续基因是指基因的编码序列在 DNA 分子上是不连续的，被非编码序列所隔开。编码的序列称为外显子，是基因表达为多肽链的部分；非编码序列称为内含子，内含子只转录。

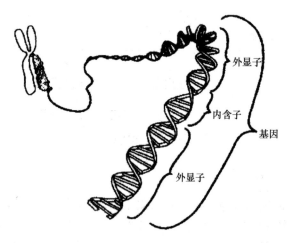

图 3-4　基因结构

核酸在 1868 年被弗雷德里希·米歇尔（Friederich Miescher）发现，并称为核素（nuclein）。

后来知道核素实际上就是核蛋白（主要是碱性蛋白质组蛋白）和 DNA，随着进一步的实验验证，于 1889 年，由 R. 奥尔特曼（R. Altmann）正式将这类生物大分子命名为核酸。

核苷酸是构成核酸分子（DNA 或 RNA）的基本结构单位。核苷酸由碱基、戊糖和磷酸三部分构成，其中碱基包括嘌呤碱（腺嘌呤和鸟嘌呤）和嘧啶碱（胞嘧啶、尿嘧啶和胸腺嘧啶）；戊糖主要有两种：构成 RNA 的 D-核糖和构成 DNA 的 D-2-脱氧核糖。碱基不同，构成的核苷酸也不同，在基因的序列分析中通常用碱基的英文大写字母来代表核苷酸，如 A 代表腺嘌呤核苷酸，T 代表胸腺嘧啶核苷酸。核酸构成如图 3-5 所示。

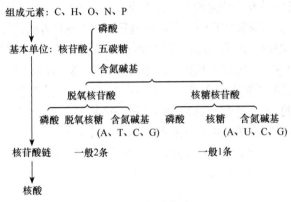

图 3-5　核酸构成

二、基因的复制

DNA 复制是半保留复制。双螺旋 DNA 链解旋解链，以每条 DNA 为模板，按碱基互补配对原则合成子代 DNA。复制子是 DNA 链上有多个复制起点，相邻两个复制起点间构成的复制单位。复制过程非常复杂，涉及几十种蛋白质因子和酶，主要有 DNA 解旋酶、DNA 解链蛋白、引物酶、DNA 聚合酶、DNA 连接酶等。具体过程如下（图 3-6）。

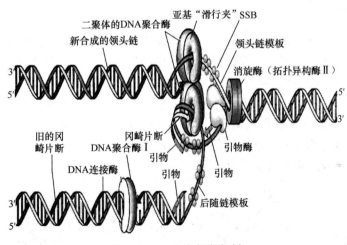

图 3-6　DNA 半保留复制

1. 解旋、打开模板

复制起点处在 ATP 供能和解旋酶的作用下，部分 DNA 双螺旋链松弛，解旋为两条平行双链。在 DNA 解链蛋白作用下解开的两条单链成为两条母链（模板链）。

2. 合成互补子链

以解开的两条多脱氧核苷酸链为模板，在聚合酶的作用下，以周围环境中游离的脱氧核苷酸为原料，按照碱基互补配对原则，合成两条与母链互补的子链。细节：聚合酶只能在多核苷酸链 3′—OH 上加脱氧核苷酸，所以新链只能按 5′→3′ 方向进行，并且需要引物（一种约 10 个核苷酸的 RNA，由引发酶以亲代 DNA 为模板合成）提供 3′—OH 的多核苷酸链。从起点开始，以亲代 3′→5′ 方向为模板可以连续合成 5′→3′ 方向的子链，称为先导链。但以亲代 5′→3′ 方向为模板不能连续合成 3′→5′ 方向的子链，而是在引物上按 5′→3′ 方向延伸 100～200 个核苷酸的 DNA 片段，称为冈崎片段。冈崎片段合成后引物被除去，在 DNA 聚合酶的作用下，补上空缺并在 DNA 连接酶作用下连接起来，称为滞后链（后随链）。DNA 复制方式称为半不连续复制。DNA 复制的精度极高，一般每合成 109～1010 个核苷酸对才出现一个误差，且错误以及损伤可通过修复机制修复。

3. 子母链结合形成新 DNA 分子

在 DNA 聚合酶的作用下，随着解旋过程的进行，新合成的子链不断地延伸，同时每条子链与其对应的母链互相盘绕成螺旋结构，复制是半保留复制，解旋完即复制完，形成新的 DNA 分子，这样一个 DNA 分子就形成两个完全相同的 DNA 分子。

在具有分裂的体细胞中，DNA 复制发生在无丝分裂之前或有丝分裂间期（S 期）；在配子形成时则主要发生在减数第一次分裂之前的间期。DNA 复制时必需条件是 4 种脱氧核苷酸（原料）、能量（ATP）和一系列的酶，缺少其中任何一种，DNA 复制都无法进行。

三、中心法则

中心法则（genetic central dogma）是指遗传信息从 DNA 传递给 RNA，再从 RNA 传递给蛋白质，即完成遗传信息的转录和翻译的过程，也可以从 DNA 传递给 DNA，即完成 DNA 的复制过程，如图 3-7 所示。中心法则是所有有细胞结构的生物所遵循的法则。某些病毒的 RNA 自我复制（如烟草花叶病毒等）和某些病毒以 RNA 为模板逆转录成 DNA 的过程（某些致癌病毒）是对中心法则的补充。由中心法则可知 DNA（基因）控制着蛋白质的合成。蛋白质的生物合成比 DNA 复制要复杂，该过程包括转录、翻译、蛋白质合成因子和其他条件。

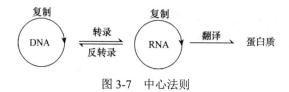

图 3-7　中心法则

（一）RNA 的转录和加工

转录（transcription）是以 DNA 为模板，以四种 NTP（核糖核苷酸）为原料，根据碱基配对规律，在 DNA 指导的 RNA 聚合酶催化作用下合成 RNA 的过程。DNA 不能作为直接模板将其携带的遗传信息转移到蛋白质分子中，需要先通过转录过程将遗传信息传递到 RNA 分子中，再通过翻译过程将 RNA 分子上的核苷酸序列信息转变为蛋白质分子中的氨基酸序列。真核生物转录机制尚不完全清楚，其基本过程与原核生物类似，但更为复杂。

真核生物的一个转录单位就是一个基因，由一个结构基因和相应的顺式调控元件组成。真核生物的转录大致可分成三个阶段，包括转录的起始、RNA 链的延伸、转录的终止。真核生物 RNA 聚合酶有三类，各自催化合成不同的 RNA，所催化的转录起始和终止阶段又各有特点，目前对转录起始阶段了解较多，而对终止阶段却知之甚少。

1. 转录的起始

真核生物转录起始时，必须有一些蛋白质因子参与，这些因子称为转录因子。RNA 聚合酶Ⅰ、RNA 聚合酶Ⅱ、RNA 聚合酶Ⅲ识别不同的启动子，需要不同的转录因子：TFⅠ、TFⅡ、TF Ⅲ。三种类型的 RNA 聚合酶分别负责三种 RNA 转录的起始。

2. RNA 链的延伸

当转录起始复合物形成后，在位的 RNA 聚合酶即开始根据碱基配对规律，按模板链的碱基序列，从 $5'→3'$ 方向逐个加入核糖核苷酸。

3. 转录的终止

RNA 聚合酶Ⅰ转录出 rRNA 前体 $3'$ 末端后，继续向下游转录超过 1000 个碱基，此处有一个 18bP 的终止序列，在辅助因子的作用下转录终止。核酸内切酶再切割产生 rRNA 前体的 $3'$ 末端。

4. mRNA 的转录与加工

原核生物结构基因一般直接转录为 mRNA，不需要进行加工，可以直接在核糖体的辅助下翻译为蛋白质。但是一些编码 rRNA 的基因是例外，这些 rRNA 基因以及 tRNA 往往在转录后需要少许加工才能变成有活性的核糖体组分。

mRNA 是三种 RNA 中唯一具有编码蛋白质功能的 RNA 分子，其前体是结构基因在 RNA 聚合酶Ⅱ催化下转录形成的。由于前体分子的大小各不相同，被称为核不均一 RNA，hnRNA 需要经过剪切修饰成为成熟的 mRNA，才能进入细胞质进行蛋白质合成。真核生物 mRNA 的加工过程主要包括 $5'$ 端加帽、$3'$ 端加尾、剪接、编辑、化学修饰等。

（二）翻译

将 mRNA 的碱基顺序依次翻译成特定的肽链，这一过程即为翻译。图 3-8 为转录、翻译过程。

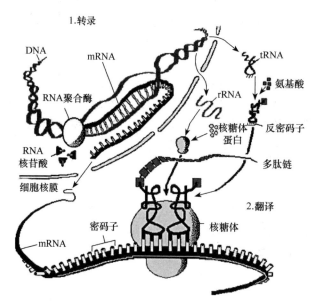

图 3-8　转录、翻译过程

1. 肽链的起始

首先在许多起始因子的作用下，核糖体的小亚基和 mRNA 上的起始密码子结合，然后甲酰甲硫氨酰 tRNA（tRNA-fMet）结合上去，构成起始复合物。通过 tRNA 的反密码子 UAC，识别 mRNA 上的起始密码子 AUG，并相互配对，随后核糖体的大亚基结合到小亚基上去，形成稳定的复合体，完成起始作用。

2. 肽链的延长

首先 tRNA-fMet 结合在 P 位，随后第二个氨酰 tRNA 进入 A 位。此时，在肽基转移酶的催化下，P 位和 A 位上的两个氨基酸之间形成肽键，核糖体上有两个结合点即 P 位和 A 位，可以同时结合两个氨酰 tRNA。当核糖体沿着 mRNA 沿 5′→3′ 移动时，便依次读出密码子。第一个 tRNA 失去了所携带的氨基酸而从 P 位脱落，P 位空载。A 位上的氨酰 tRNA 在移位酶和 GTP 的作用下，移到 P 位，A 位则空载。核糖体沿 mRNA 5′端向3′端移动一个密码子的距离。第三个氨酰 tRNA 进入 A 位，与 P 位上的氨基酸再形成肽键，并接受 P 位上的肽链，P 位上的 tRNA 释放，A 位上的肽链又移到 P 位，如此反复进行，肽链不断延长，直到 mRNA 的终止密码子出现时，没有一个氨酰 tRNA 可与它结合，于是肽链延长终止。

3. 肽链的终止

终止信号是 mRNA 上的终止密码子（UAA、UAG 或 UGA）。当核糖体沿着 mRNA 移动时，多肽链不断延长，直到 A 位上出现终止信号后，就不再有任何氨酰 tRNA 接上去，多肽链的合成进入终止阶段。在释放因子的作用下，肽酰 tRNA 的酯键分开，于是完整的多肽链和核糖体的大亚基便释放出来，然后小亚基也脱离 mRNA。

4. 翻译后加工

从核糖体上释放出来的多肽需要进一步加工修饰才能形成具有生物活性的蛋白质。翻译后的肽链加工包括肽链切断，某些氨基酸的羟基化、磷酸化、乙酰化、糖基化等。

（三）基因表达的调控

基因表达的过程是信息分子转变成功能分子的过程。这一过程在生物体内受到精密的调控，以保证生物学功能的有序性。这种以适应环境、发挥其生物功能、进行选择性基因表达调节的过程，称为基因表达的调控，简称基因调控。

一般情况下，基因表达的调控主要体现在转录水平上的调控、mRNA 加工成熟水平上的调控、翻译水平上的调控三个方面。基因表达的调控主要是在转录水平上进行的。基因工程的实际工作中，往往出现外源基因成功导入受体细胞，但外源基因不能表达的情况。造成这种情况的原因是比较复杂的，但大多数原因在于启动子不能成功启动外源基因。这是由于外源基因导入后，DNA 序列发生改变，原有的基因启动子不能针对新的外源基因，从而使外源基因的转录无法启动。

四、基因工程的工具酶和载体

基因工程是对提取的 DNA 分子进行剪切、拼接和修饰，这些过程主要用酶作为工具来完成。能将多聚核苷酸链的磷酸二酯键切断的酶，称为核酸酶。从多核苷酸链一端切割核苷酸的核酸酶，称为核酸外切酶。倾向于将核酸内部的二酯键切断的核酸酶，称为核酸内切酶。能够识别双链 DNA 分子上某些特殊碱基序列并且将其切开的核酸内切酶，称为限制性核酸内切酶。基因工程中有很多步骤都需要 DNA 聚合酶来催化 DNA 的体外合成反应，这些酶都能把脱氧核糖核苷酸连续地加到双链 DNA 分子引物链的 3′—OH 末端，催化核苷酸的聚合作用。来自于 T_4 噬菌体感染大肠杆菌而产生的连接酶（T_4DNA 连接酶），以 ATP 为能源，是应用十分广泛的连接酶，连接黏端 DNA 的最佳温度为 4～15℃。在 ATP 或 NAD＋为辅助因子的情况下，催化形成磷酸二酯键，可催化平端 DNA、黏端 DNA 或单链缺口的 DNA 之间的连接，其连接效率依次升高。

基因工程中应用较多的方法是应用载体将外源基因运送到宿主细胞中，具有这种能力的工具称为载体（vector）。载体本身没有自主复制能力，必须借助于宿主细胞的酶系统，才能将外源基因大量复制、翻译成蛋白质，达到基因转染的目的。从低等的原核细胞到简单的真核细胞，进一步到高等动植物细胞，都可以作为基因工程的受体细胞。

第三节　基因工程的基本步骤与流程

一、基因工程的基本步骤

基因工程是通过对基因的操作并实现基因重组来完成的，被操作的对象一般会发送遗传信息或出现遗传形状的变化。通过对基因操作来定向改变或修饰生物体或人类自身，并具有明确应用目的的活动称为基因工程。基因工程技术是一项极为复杂的高新生物技术，它利用现代遗传学与分子生物学的理论和方法，按照人类所需，用重组 DNA 技术对生物基因组的结构和组成进行人为修饰或改造，从而改变生物的结构和功能，使其有效表达出人类所需要的蛋白质或对人类有益的生物性状，但是如果抛开细节问题，基因工程操作流程还是比较明了的。它的基本步骤可以大致归纳如下（图3-9）。

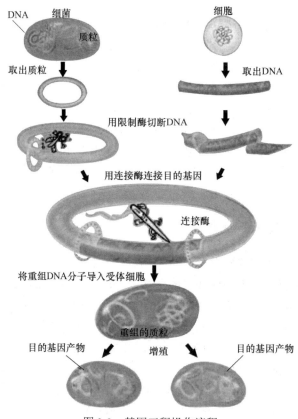

图3-9　基因工程操作流程

1）从复杂的生物有机体基因组中，经过酶切消化或 PCR 法扩增等步骤，分离出带有目的基因的 DNA 片段。

2）在体外，将带有目的基因的外源 DNA 片段连接到能够自我复制并具有选择记号的载体分子上，形成重组 DNA 分子。

3）重组 DNA 分子转移到适当的受体细胞，并与之一起增殖。

4）从大量的细胞繁殖群体中，筛选出获得了重组 DNA 分子的受体细胞克隆。

5）从这些筛选出来的受体细胞克隆中，提取出已经得到扩增的目的基因，供进一步分析研究使用。

6）将目的基因克隆到表达载体上，导入寄主细胞，使之在新的遗传背景下实现功能表达，产生出人类所需的物质。

二、基因工程的流程

（一）目的基因的分离

目的基因是指准备导入受体细胞内的，以研究或应用为目的所需要的外源基因。获得目的基因的方法很多，但也是十分困难的一步。目前获得目的基因有四条途径。

1. 合成 cDNA

从真核细胞中提取 mRNA，以其为模板，在反转录酶的作用下合成 cDNA 的第一条链。以第一条链为模板，在反转录酶或 DNA 聚合酶 I 的作用下合成 cDNA 的第二条链。在甲基化酶作用下使 cDNA 甲基化。接头或衔接子连接后凝胶过滤分离 cDNA。通过核酸探针法或免疫反应法从 cDNA 文库中分离特异 cDNA 克隆。

2. 从生物基因组群体中分离目的基因

原核生物基因组较小，基因容易定位，用限制性内切酶将基因组切成若干段后，用带有标记的核酸探针，从中选出目的基因。限制性内切酶是识别 DNA 的特异序列，并在识别点或其周围切割双链 DNA 的一类内切酶。根据酶的组成、所需因子及裂解 DNA 方式的不同，可将限制性核酸内切酶分为三类。重组 DNA 技术中常用的限制性内切酶为 II 类酶，大部分 II 类酶识别 DNA 位点的核苷酸序列呈二元旋转对称，通常将这种特殊的结构顺序称为回文结构。

3. 人工合成目的基因 DNA 片段

人工合成目的基因 DNA 片段适于已知的核苷酸序列且较小的 DNA 片段合成，常用方法有磷酸二酯法、磷酸三酯法、亚磷酸三酯法、固相合成法、自动化合成法等。

过程：首先合成基因 DNA 不同部位的两条链的寡核苷酸短片段，再退火成为两端为黏性末端的 DNA 双链片段，然后将这些 DNA 片段按正确的顺序进行退火并连接起来形成较长的 DNA 片段，再用连接酶连接成完整的基因。

4. PCR 法合成 DNA

PCR（Polymerase Chain Reaction）法，又称为聚合酶链反应或 PCR 扩增技术，已知待扩增目的基因或 DNA 片段两侧的序列，根据该序列化学合成聚合反应必需的双引物，类似于 DNA 的天然复制过程，用 PCR 法进行扩增，特异地合成目的 cDNA 链，用于重组、克隆。

PCR 法的基本原理类似于 DNA 的天然复制过程，其特异性依赖于与靶序列两端互补的寡核苷酸引物。PCR 法由变性—退火—延伸三个基本反应步骤构成。

1）模板 DNA 的变性：模板 DNA 经加热至 93℃左右一定时间后，使模板 DNA 双链或经 PCR 法扩增形成的双链 DNA 解离，使其成为单链，以便与引物结合，为下一轮反应做准备。

2）模板 DNA 与引物的退火（复性）：模板 DNA 经加热变性成单链后，温度降至 55℃左右，引物与模板 DNA 单链的互补序列配对结合。

3）引物的延伸：DNA 模板—引物结合物在 72℃、DNA 聚合酶（如 TaqDNA 聚合酶）的作用下，以 dNTP 为反应原料，以靶序列为模板，按碱基互补配对与半保留复制原理，合成一条新的与模板 DNA 链互补的半保留复制链，重复循环过程（变性—退火—延伸）就可获得更多的半保留复制链，而且这种新链可成为下次循环的模板。每完成一个循环需 2～4min，2～3h 就能将待扩增目的基因扩增放大几百万倍。

 知识拓展

在分子生物学基础研究上，PCR 法被广泛地用于基因克隆和制造突变。

在临床医学上，PCR 法被用于鉴别遗传疾病和快速检测病毒、病菌感染。采用传统的方法，要检测病毒、病菌的感染需要把病原体培养数周才能鉴定，而采用 PCR 法可以迅速判断人体细胞（如血液细胞）中是否存在病毒、病菌的 DNA（如 HIV 的 DNA），从而迅速确诊。

在法医上，PCR 法目前已成为发现罪证的重要方法。例如，0.1 μL 的唾液痕迹所含的 DNA 就可以通过 PCR 法扩增而获得足够量的 DNA 进行测序以鉴定罪犯。毛发、血迹、唾液、精液因此都可以成为重要的罪证。

利用 PCR 法，科学家们已从林肯的头发和血液、埃及的木乃伊、琥珀中 8 千万年前的昆虫、恐龙的骨头等不寻常的样品中提取了足够的 DNA 进行研究。博物馆中的化石标本都有可能成为遗传学的研究对象，分子古生物学因此诞生。

目前提取使用较多的目的基因有苏云金杆菌抗虫基因、人胰岛素基因、人干扰素基因、种子储藏蛋白基因、植物抗病基因等。

（二）载体的选择与制备

要将外源 DNA 片段导入受体细胞，必须选择适当的载体，这是基因重组的关键步骤之一。选择了合适的载体，需要用限制性内切酶把载体切开，产生可与外源 DNA 片段互补连接的黏性末端，再用 DNA 连接酶将载体与外源 DNA 片段连接，形成重组载体（图 3-10）。

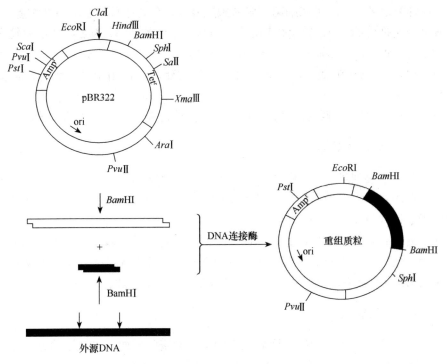

图 3-10　pBR322 质粒载体与外源 DNA 重组示意图

1. 载体具备的条件

载体需要具备的条件（以质粒为例）：载体必须是复制子；具有合适的筛选标记，便于重组子的筛选；具备多克隆位点（MCS），便于外源基因插入；自身分子量较小，复制数多；在宿主细胞内稳定性高；应具有很强的启动子，能被大肠杆菌的 RNA 聚合酶识别；应具有阻遏子，使启动子受到控制，只有当诱导时才能进行转录；应具有很强的终止子，以便使 RNA 聚合酶集中力量转录克隆的外源基因，而不转录其他无关的基因，且产生的 mRNA 较为稳定；产生的 mRNA 必须具有翻译的起始信号。

2. 分离载体的方法

分离载体的方法（以质粒为例）有多种，如碱裂解法、煮沸裂解法、层析柱过滤法等。目前一般使用碱裂解法制备质粒 DNA。这个方法主要包括培养收集细菌菌体，裂解细胞，将质粒 DNA 与染色体 DNA 分开及除去蛋白质和 RNA。pH 在 12.0～12.5 时，线性的 DNA 会变性而共价闭合环状质粒 DNA 不会变性。通过冷却或恢复中性 pH 使其复性，线性染色体形成网状结构，而 cccDNA 可以准确迅速复性，通过离心去除线性染色体，获得含有 cccDNA 的上清液，最后用乙醇沉淀，获得质粒 DNA。

3. 常用的载体

1）质粒——细菌染色体以外的能够进行独立复制的遗传单元，为环状双链小型 DNA

分子。质粒种类很多，有的可在细菌细胞内独立复制，有的还可用于动植物细胞。例如，根瘤土壤杆菌所携带的 Ti 质粒常用作植物细胞基因工程的载体。人工改造的质粒常用的有 pBR322 天然质粒、派生质粒 pMB1、psC101 等。

2）噬菌体——常用的是 λ 噬菌体。噬菌体经构建后，常用于细菌细胞。常见的有 Mu 噬菌体载体。

3）病毒——例如，猿猴空泡病毒 SV40 常用作动物细胞基因工程的载体。

（三）构建基因表达载体

把目的基因连接到载体上（图 3-11），要经过一系列酶促反应，需要几种工具酶，这中间最为重要的是两大类酶：DNA 限制性内切酶（把载体 DNA 片段切开）和 DNA 连接酶（用于连接载体和外源 DNA 片段）。

用一定的限制酶切割质粒，使其出现一个切口，露出黏性末端。用同一种限制酶切断目的基因，使其产生相同的黏性末端。将切下的目的基因片段插入质粒的切口处，再加入适量的 DNA 连接酶，形成了一个重组 DNA 分子（重组质粒）。

（四）目的基因导入细胞

目的基因序列与载体连接后，要导入细胞中才能繁殖扩增，再经过筛选，才能获得重组 DNA 分子克隆，不同的载体在不同的宿主细胞中繁殖，导入细胞的方法也不相同，图 3-12 为目的基因导入细胞。

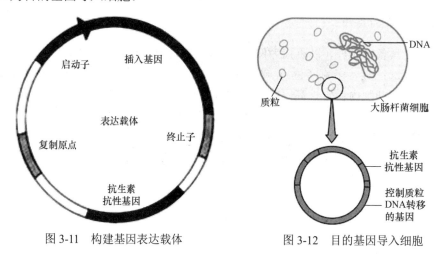

图 3-11　构建基因表达载体　　　　　图 3-12　目的基因导入细胞

1. 转化

构建好的重组 DNA 分子进入寄主细胞的过程，称为转化。它是用质粒做载体常用的方法。不是所有细菌细胞或动物细胞都能接受异源 DNA，只有处于感受态的细胞才能接受异源 DNA。感受态细胞通常在细胞表面有一些特异蛋白质，在细胞接受异源 DNA 的过程中起作用，称为感受态因子。此外，还有一系列方法帮助细胞接受异源 DNA。这些方法包括适当加入磷酸钙离子、DEAE-葡聚糖、显微注射、应用脂质体或电穿孔等。

2. 转导

转导是用噬菌体做载体所用的方法。这里所用的噬菌体 DNA 被包上了它的外壳，不过外壳并不是在噬菌体感染过程中包上的，而是在离体情况下包上的，所以称为离体包装。噬菌体进入宿主细菌，病毒进入宿主细胞中繁殖就是转导。用经人工改造的噬菌体活病毒做载体，以其 DNA 与目的序列重组后，在体外用噬菌体或病毒的外壳蛋白将重组 DNA 包装成有活力的噬菌体或病毒，就能以感染的方式进入宿主细菌或细胞，使目的序列得以复制繁殖。感染的效率很高，但 DNA 包装成噬菌体或病毒的操作较复杂。

3. 转染

重组的噬菌体 DNA 也可像质粒 DNA 进入宿主菌的方式一样进入宿主菌，即宿主菌先经过 $CaCl_2$、电穿孔等处理成感受态细菌；然后再接受 DNA，进入感受态细菌的噬菌体 DNA 可以同样复制和繁殖，这种方式称为转染。近年来用人工脂质膜包裹 DNA，形成的脂质体（liposome）可以通过与细胞膜融合而将 DNA 导入细胞，方法简单而有效。

4. 注射

如果宿主是比较大的动植物细胞，则可以用注射的方法导入重组 DNA 分子。

（五）目的基因的检测与鉴定

目的基因导入受体细胞后，是否可以稳定维持和表达其遗传特性，只有通过检测与鉴定才能知道。目的基因导入后，在全部的受体细胞中，真正能够摄入重组 DNA 分子的受体细胞是很少的。因此，必须通过一定的方法对受体细胞中是否导入了目的基因进行检测。检测的方法有很多种，例如，大肠杆菌的某种质粒具有青霉素抗性基因，当这种质粒与外源 DNA 组合在一起形成重组质粒，并被转入受体细胞后，就可以根据受体细胞是否具有青霉素抗性来判断受体细胞是否获得了目的基因。重组 DNA 分子进入受体细胞后，受体细胞必须表现出特定的性状后，才能说明目的基因完成了表达过程。常用的检测方法如下。

1. PCR 法

PCR 法是克隆过程中筛选步骤的一个新方法。如果已知目的序列的长度和两端的序列，则可以设计合成一对引物，以转化细胞所得的 DNA 为模板进行扩增，若能得到预期长度的 PCR 产物，则该转化细胞就可能含有目的序列。

2. 根据重组载体的遗传标志作筛选

最常见的载体携带的标志是抗药性标志。当培养基中含有抗生素时，只有携带相应抗药性基因载体的细胞才能生存繁殖，这就把未能接受载体 DNA 的细胞全部筛除掉了。如果外源目的序列是插入在载体的抗药性基因中间使抗药性基因失活，则这个抗药性标志就会消失。根据重组载体的标志来筛选，可以去掉大量的非目的重组体，但还只是粗筛，例如，细菌可能发生变异而引起抗药性的改变，却并不代表目的序列的插入，所以需要做进一步细致的筛选。

3. 核酸杂交法

常用的方法是将转化后生长的菌落"复印"到硝酸纤维膜上，使用碱裂菌，菌落释放的 DNA 就吸附在膜上，再与标记的核酸探针在特定的温度下发生反应，核酸探针就结合在含有目的序列的菌落 DNA 上而不被洗脱。核酸探针可以用放射性核素标记，结合了放射性核酸探针的菌落集团可用放射性自显影（autoradiography）法指示出来。核酸探针也可以用非放射性物质标记，通常是用颜色呈现出指示位置，这样就可以将含有目的序列的菌落挑选出来。

4. DNA 限制性内切酶酶切图谱分析

DNA 限制性内切酶酶切图谱又称为 DNA 的物理图谱，它由一系列位置确定的多种限制性内切酶酶切位点组成，以直线或环状图式表示，这是筛选后的进一步分析。提取转化细菌的质粒 DNA 酶切后做电泳，观察其酶切图谱，就能分析得到结果。

5. 核苷酸序列测定

所得到的目的序列或基因的克隆，都要用其核酸序列测定来最后鉴定。已知序列的核酸克隆要经序列测定确保所获得的克隆准确无误，未知序列的核酸克隆要测定序列才能确知其结构、推测其功能，用于进一步的研究。因此核酸序列测定是分子克隆中必不可少的鉴定步骤。

6. 免疫学方法

免疫学方法不是直接筛选目的基因，而是通过与基因表达产物发生反应从而指示含有目的基因的转化细胞，因而要求实验设计要使目的基因进入受体细胞后能够表达出其编码产物。免疫学方法特异性强、灵敏度高，适用于从大量转化细胞集合体中筛选出很少几个含目的基因的细胞克隆。

（六）目的基因的表达

带有目的基因的载体成功转移到受体细胞并筛选出来后，最终目的是要使目的基因在受体细胞中得到表达，产生具有功能性的蛋白质或肽。但外源目的基因能否表达以及表达效率的高低，仍有很大的差别，实际上，位于目的基因前面的启动子常是表达效率的关键。所以，要使目的基因能高效表达，关键在于选择合适的载体，尤其是寻找适合目的基因的高表达启动子。

用基因工程菌大量发酵生产某种实用的蛋白质产品，在解决高表达之后，还面临着从发酵液中分离纯化蛋白质产品的问题。如果工程菌把所需要的蛋白质分泌于细胞外，则后面的蛋白质分离纯化工作要容易得多。为此，在选择载体和构建重组 DNA 分子时都应有所考虑。如果工程菌产生的蛋白质不能分泌到细胞外，则需要先使菌体破裂，再分离纯化蛋白质，那么难度要大得多。

第四节 基因工程的应用

信息技术的发展改变了人类的生活方式，而基因工程的突破将帮助人类延年益寿。一些国家的人口平均寿命已突破 80 岁，中国也突破了 70 岁。有科学家预言，随着癌症、心脑血管疾病等顽症的有效攻克，在 2020～2050 年间，可能出现人口平均寿命突破 100 岁的国家。未来，人类的平均寿命将达到 90～95 岁。基因工程在医药、食品、农牧业、环境保护、能源化工等实际应用领域也展示了美好的应用前景。

一、基因工程技术在医药卫生领域的应用

（一）基因药物

基因药物是指利用基因序列数据，经生物信息学分析、高通量基因表达、高通量功能筛选和体内外药效研究开发得到的新药。这种新药的开发模式直接从致病基因中找出药靶，通过功能研究和药物筛选缩短了新药的开发时间，彻底改变了传统药物研究开发的被动模式。利用基因工程技术开发新型治疗药物是当前十分活跃和发展十分迅速的领域。自 1982 年世界第一个基因工程药物——重组胰岛素投放市场以来，基因工程药物就成为制药行业的一支"奇兵"，平均每年有 3～4 个新药或疫苗问世，开发成功的约 50 个药物，如人胰岛素、尿激酶、人生长激素、干扰素、激活剂、乙肝疫苗等广泛应用于治疗糖尿病、血栓、肝炎、发育不良、癌症和一些遗传病，在很多领域特别是疑难病症方面起到了传统化学药物难以达到的效果。为治愈癌症而正在研制的用单克隆抗体制成的"生物导弹"，就是按照人类的设计把"生物导弹"发射出去，精确地命中癌细胞，并"炸死"癌细胞，而不伤害健康的细胞，如专门用于肿瘤治疗的"肿瘤基因导弹"等。可见，基因药物将成为 21 世纪药业的支柱。而脱氧核糖核酸或者基因疫苗的问世，改变了机体的免疫方式。

1. 重组胰岛素的生产

胰岛素（insulin）由胰腺兰氏小岛中的 p-细胞合成，能控制血液中的葡萄糖水平。缺少胰岛素就会表现出糖尿病症状，如果不及时治疗有可能导致患者死亡。幸运的是，通过不断地注射胰岛素，以弥补患者胰腺中胰岛激素合成的不足，多数糖尿病患者的症状可以得到缓解。在治疗中，传统使用的胰岛素从肉类生产的猪、牛屠宰场中获得。虽然动物胰岛素可以作为人体胰岛素的替代品，但是动物胰岛素和人体胰岛素之间存在着细微的差别，需要通过基因工程的方法构建重组胰岛素。

2. 重组凝血因子VIII的合成

在大肠杆菌中，虽然从克隆的基因中已经获得了许多重要的药物。但是，在许多情况

下利用细菌合成外源蛋白的过程中遇到的各种普遍性问题，迫使人们利用真核生物取而代之。在真核生物中，合成重组药物的最好例子是人体凝血因子Ⅷ的生产。这种蛋白对血凝具有重要作用，最常见的人类血友病就是凝血因子Ⅷ合成能力丧失引起的，与此疾病相关的症状是血凝途径的损坏。纯化获得凝血因子是一种复杂的过程，因而治疗费用非常昂贵。更为严峻的是，纯化过程中的难点是必须除去血液中可能存在的病毒污染颗粒；否则，肝炎或获得性免疫缺陷综合征的病源物很可能因注射凝血因子Ⅷ传给血友病患者。然而，重组的凝血因子Ⅷ不会发生病毒的污染问题，这是利用基因工程技术生产凝血因子的重大成就。

利用基因工程技术生产有药用价值的蛋白质、多肽产品已经成为当今世界的一项重大产业。现在全球已经有几千家生物技术公司，其中多数都在生产医药或医药研究所需的试剂。虽然基因诊断和医药研究试剂的基因工程产品已经很多，但目前基因工程药物还只处在发展的早期，至今真正被卫生部门正式批准投放市场的基因工程肽或蛋白类治疗药物还不多，最常见的是将控制药物合成关键步骤的酶基因克隆，通过适当的载体转移到原生产菌中，以控制限速步骤的酶水平，从而提高产量。基因工程药物，如表 3-2 所示。

表 3-2　基因工程药物

蛋　白	应　用	蛋　白	应　用
胰岛素	糖尿病	表皮生长因子	溃疡
促生长素抑制素	生长失调	成纤维细胞生长因子	溃疡
促生长素	生长失调	促红细胞生成素	贫血
凝血因子Ⅷ	血友病	组织纤溶酶原激活物	心力衰竭
凝血因子Ⅸ	血友病	超氧化歧化酶	肾移植中的自由基损伤
干扰素-α	白血病和其他癌症	肺表面活性物质蛋白	呼吸胁迫
干扰素-β	癌症、艾滋病	α_1-抗胰蛋白酶	肺气肿
干扰素-γ	癌症、类风湿关节炎	血清白蛋白	血浆补充
白介素	癌症、免疫失调	松弛素	产婴辅助物
颗粒性菌落刺激因子	癌症	脱氧核糖核酸酶	囊性纤维化
肿瘤坏死因子	癌症	—	—

（二）基因工程疫苗

DNA 疫苗，又称为核酸疫苗或基因工程疫苗，是当今研究的前沿领域，与传统疫苗相比具有很多优点，被誉为第三代疫苗革命。DNA 疫苗是将编码某种抗原蛋白的外源因子通过肌肉注射等方法导入机体内（通常由重组质粒携带导入机体），并借助宿主细胞的转录表达系统合成抗原蛋白，从而激发机体免疫系统产生针对外源蛋白质的特异性免疫应答反应，以达到预防和治疗疾病的目的。DNA 疫苗的一个显著优点是给药方便，能将重组质粒 DNA 包裹成微小的惰性颗粒，以很高的速度注入皮肤，然后渗透很短的距离进入皮肤表面以下。DNA 疫苗对肿瘤和感染等许多疾病都有重要的应用前景，是当前免疫治疗中的一个热点。DNA 疫苗制备过程中无须多肽、自我复制的载体、病毒病原体等，制备简单、迅速，成本低，易储存，相对安全，并且诱导的免疫具有保护全面、保护力强、维持时间久等特点。

乙型肝炎是常见的传染病，过去从病人血液中分离乙肝病毒的表面抗原作为疫苗，来源有限，价格昂贵，有潜在交叉感染的危险。现在通过克隆得到的乙肝病毒的 HBSAg 基因用作生产基因工程乙型肝炎疫苗。自 1986 年，美国正式批准基因工程乙型肝炎疫苗投放市场以来，我国的科学工作者也克隆出了在我国常见的乙肝病毒亚型的 HBSAg 基因，研制出适用于我国的乙肝基因工程疫苗，并已生产和使用。已投放市场的还有甲型肝炎、巨细胞病毒、流行性出血热、轮状病毒、细菌性腹泻等基因工程疫苗。

（三）基因诊断

基因诊断，又称为分子诊断，是利用 PCR 法、基因重组、基因芯片等分子生物学技术，直接检测某一特定基因的结构（DNA 水平）或表达（RNA 水平）是否异常，从而对疾病做出诊断的一种方法。疾病的基因诊断不仅可以在临床表型出现以前进行早期诊断，更可以对疾病的本质（基因型）进行诊断，它直接以病理基因（致病基因、疾病相关基因和外源病原基因）为检测对象，属于病因学诊断，这也是与传统临床诊断技术的根本区别。基因诊断是继形态学诊断、生物化学诊断和免疫学诊断之后的第四代诊断技术。

依据分子生物学理论，疾病是基因组信息存储与传输错误所致，是特异性基因组结构与环境因素之间不协调性的产物，不论是器质性还是功能性疾病均与基因密切相关。人类基因组研究意味着人们对生命及人体疾病有了最根本的认识，探索并阐明人类基因组的结构，便能界定致病基因并确定其所处的位置，然后通过基因诊断，就可以为患者评价其患病的危险程度，以及有针对性地采取各种预防措施，以此降低风险程度。由于每个人都存在不同程度的致病基因，因此基因诊断的市场前景十分巨大。

（四）基因治疗

基因治疗是指由于某种基因缺陷引起的遗传病通过基因技术而得到纠正。

临床实践已经表明：基因治病已经改变了整个医学的预防和治疗领域。例如，白痴病，用健康的基因更换或者矫正患者的有缺损的基因，就有可能根治这种疾病。现在已知的人类遗传病约有 4000 种，包括单基因缺陷和多基因的综合征。运用基因工程技术或基因打靶的方法，将病毒的基因杀灭，插入矫正基因，达到治疗、校正和预防遗传疾病的目的。目前，基因治疗已扩大到肿瘤、心血管系统疾病、神经系统疾病等领域。人类也已成功实现了肾、心、肝、胰、肺等器官的移植，也有双器官和多器官的联合移植。

二、基因工程技术在食品生产领域的应用

运用基因工程技术对动物、植物、微生物的基因进行改良，不仅可以为食品工业提供营养丰富的动植物原材料、性能优良的微生物菌种以及高活性而价格便宜的酶制剂，而且可以赋予食品多种功能，优化生产工艺和开发新型功能性食品。基因工程正在使食

品业发生着深刻的变革。

1. 改良食品原料的品质和加工性能

在植物食品品质的改良上，基因工程技术得到了广泛的应用，并取得了丰硕的成果，主要集中于改良蛋白质、碳水化合物及油脂等食品原料的产量和质量。转基因食品就是利用现代分子生物技术，将某些生物的基因转移到其他物种中去，改造生物的遗传物质，使其在形状、营养品质、消费品质等方面向人们所需要的目标转变。转基因生物直接被食用，或者作为加工原料生产成食品，统称为转基因食品。啤酒酿造过程中，主要的发酵微菌种是酿酒酵母，酿酒酵母把麦芽汁中的葡萄糖、麦芽糖、麦芽二糖等成分转变成乙醇。但是麦芽汁中还有占碳水化合物总数约 20%的糊精不能被酿酒酵母利用。而糖化酵母能分泌出把糊精切开成为葡萄糖的酶，但是由它生产的啤酒口味不好。用基因工程的方法，把糖化酵母中切开糊精的酶的 DNA 基因引入酿酒酵母中去，这样的酿酒酵母工程菌能最大限度地利用麦芽中的糖成分，使啤酒产量大为提高；并且因为残余糊精量的降低，提高了啤酒的质量。

2. 改良食品的营养品质的转基因食品

食品中的动植物蛋白由于其含量不高或比例不恰当，可能导致蛋白营养不良。采用转基因的方法，生产具有合理营养价值的食品，让人们只需吃较少的食品就可以满足营养需求。例如，豆类植物中蛋氨酸的含量很低，但赖氨酸的含量很高；而谷类作物中的对应氨基酸含量正好相反，通过基因工程技术，可将谷类植物基因导入豆类植物，开发蛋氨酸含量高的转基因大豆。

不饱和脂肪酸是人体自身不能合成，必须通过食物摄入的脂肪酸，又称为必需脂肪酸。不饱和脂肪酸是构成油脂的重要成分，其含量决定了油脂的品质。但是，油脂的不饱和化学键很不稳定，易导致油脂发生酸败，使油脂品质下降。目前已知豆类中的脂氧合酶在酸败过程中扮演重要角色，美国 DuPont 公司开发成功了高油酸含量的大豆油。这种新型油含有良好的氧化稳定性，很适合用作煎炸油和烹调油。通过转基因技术，油菜种子中硬脂酸的含量从 2%增加到 40%；转基因作物中的饱和脂肪酸（软脂酸、硬脂酸）的含量下降，不饱和脂肪酸（油酸、亚油酸）的含量增加，其中油酸的含量可增加 7 倍。

3. 改变食品风味的转基因食品

利用基因工程技术还可以生产独特的食品香味剂和风味剂，如香草素、可可香素、菠萝风味剂，以及高级的天然色素，如类胡萝卜素、花色苷素、咖喱黄、紫色素、辣椒素和靛蓝等，并且通过杂种选育的品种色素含量高、色调和稳定性好。例如，转基因的 *E.coli* 的玉米黄素最高产量达 $289\mu g/g$。通过把风味前体转变为风味物质的酶基因的克隆或通过发酵产生风味物质都可使食品的芳香风味得到增强。

4. 开发新型功能性食品

利用基因工程技术可以研制特种保健食品的有效成分。例如，将一种有助于心脏病患者血液凝结溶血作用的酶基因克隆至羊或牛中,便可以在羊乳或牛乳中产生这种酶。1997 年 9 月上海医学遗传所与复旦大学合作的转基因羊的乳汁中含有人的凝血因子,为通过动物大量廉价生产人类的新型功能性食品和药品迈出了重要的一步。

三、基因工程在农业中的应用

由于基因工程运用重组 DNA 技术,能够按照预先的设计创造出许多新的遗传结合体和具有新奇遗传性状的新型生物,增强了人们改造农业产品的主观能动性和预见性,并且已在提高农产品产量,改善品质,增强抗逆性及生产特用产品上发挥了不可代替的作用,显示了巨大的潜力。当前,美国、日本和加拿大等国家及一些大公司都十分重视基因工程技术的研究与开发应用,纷纷投入大量的人力、物力和财力,抢夺这一高科技制高点。

1. 培育高产作物

农作物杂种优势利用是大幅度提高产量的主要途径之一。由雄性不育而创造的三系法(用于细胞质雄性不育)和两系法(用于细胞核雄性不育)育种技术,解决了杂交种制种的难题,使杂交品种得以大面积推广和应用,在作物增产中发挥重大作用。然而,用常规育种方法筛选理想的雄性不育系,尤其是细胞核雄性不育系存在诸多困难。基因工程技术可有效地创造雄性不育系,尤其是细胞核雄性不育系。例如,发根农杆菌 A4 的 RolC 和 RolB 基因可用于培育雄性不育工程植株。分别应用由 RolC 基因与 CaMV35s 启动子串联构成的嵌合基因和由 RolB 基团与金鱼草 TAPl 启动子组成的融合基因转化烟草,均获得了转基因雄性不育植株。采用基因工程方法扰乱线粒体与细胞核之间的信息流,可导致雄性不育。随着研究的深入和技术的改进,以后一定会有更多的转基因植物雄性不育系问世,从而极大地推进农作物杂优利用的育种工作,如近年来利用反义基因技术成功地创造了马铃薯、高粱、小麦、番茄以及烟草等转基因雄性不育系。

2. 培育优质作物

小麦制面包的烘烤品质是小麦品质改良的重点之一。已知小麦的烘烤品质取决于种子蛋白中的麦谷蛋白高分子质量(HMW)的含量,麦谷蛋白 HMW 亚基决定面团的弹性和延展性。通过增加 HMW 麦谷蛋白亚单位的拷贝数,或插入特殊的编码 HMW 亚单位的基因,或改变 HMW 亚单位本身的基因表达等基因工程策略,已成功地改良小麦的烘烤品质。我国学者陈梁鸿等通过基因枪法将小麦编码高分子质量谷蛋白亚基的基因 1Dx5 和 1Dylo 导入农艺形状优良而面包烘烤品质较差的普通小麦品种京花 1 号,增加了受体植物中编码 HMW-GS 的基因数量。

3. 培育抗除草剂作物

化学除草剂在现代农业中起着十分重要的作用。理想的除草剂必须具有高效、广谱的杀草能力,且对作物及人畜无害,在土壤中的残留时间短,成本不高。但现在要开发出一种新的符合上述要求的除草剂的成本越来越高,选择的概率也在明显降低。

20 世纪 50 年代，从 2000 个化合物中可筛选出 1 个投入商品生产；70 年代，这个比例下降至 1/7000；80 年代降低到约 1/20000。通过基因工程来提高除草剂的选择性和安全性，具有重要的意义。同时，在作物中导入高抗除草剂基因，也可使人们更自由地选择适合轮作、套作的作物种类。现在，针对不同除草剂的作用机理，已获得抗除草剂的转基因作物品种有烟草、番茄、马铃薯、棉花、油菜、大豆和水稻等。采用基因工程技术将对除草剂具有抗性的基因导入作物，是提高除草剂选择性和安全性的一条新的有效途径。

4. 培育抗虫作物

采用化学药剂虽然是防治害虫比较有效的方法之一，但由于特异性不高、有危险性、污染环境等原因，科技人员逐渐将目光转移到基因工程上来。目前，已相继获得转基因抗虫番茄、马铃薯、甘蓝、棉花和杨树等。除了将一些毒蛋白基因导入植物外，一些昆虫毒素基因也已被用于抗虫基因工程，效果显著。1987 年美国科学家将 HO-1 毒素基因导入番茄植株，经大田试验证明，昆虫取食这种转基因番茄植株的叶片后在几天内就死亡。1991 年我国科学家成功地将苏云金芽孢杆菌（Bt）杀虫晶体蛋白基因导入棉花，获得了转基因植株。1993 年将 Bt 晶体蛋白基因导入我国棉花品种中，获得了高抗棉铃虫的抗虫棉。

5. 利用基因工程技术培育抗逆性强的作物

植物对逆境的抗性一直是植物学家关心的问题。由植物生理学家、遗传学家和分子生物学家共同研究的耐涝、耐盐碱、耐旱和耐冷的转基因作物新品种（系）已获得成功。科学家通过向烟草导入拟南芥叶绿体的甘油-3-磷酸乙酰转移酶基因，以调节叶绿体膜脂的不饱和度，使获得的转基因烟草的抗寒性提高。科学家发现极地的鱼体内有一些特殊蛋白可以抑制冰晶的增长，从而免受低温的冻害，正常地生活在寒冷的极地中。将这种抗冻蛋白基因从鱼体内分离出来，导入植物体获得转基因植物，目前这种基因已被转入番茄和黄瓜中。相信在不久的将来，会有各种具有强抗寒特性的转基因植物出现，使它们能在高寒地区或者骤冷的气候下生存。

四、基因工程在环境污染治理中的应用

工业发展以及其他人为因素造成的环境污染已远远超出了自然界微生物的净化能力，成为人们十分关注的问题。基因工程可提高微生物净化环境的能力。美国利用 DNA 重组技术把降解芳烃、萜烃、多环芳烃、脂肪烃的四种菌体基因连接起来，转移到某一菌体中构建出可同时降解四种有机物的"超级细菌"，用于清除石油污染，在数小时内可将水上浮油中的 2/3 烃类降解完，而天然菌株需 1 年之久。也有人把 Bt 蛋白基因转移到球形芽孢杆菌中，且表达成功。它能杀死蚊虫与害虫，而对人畜无害，不污染环境。现已开发出的基因工程菌有净化农药 DDT 的细菌；降解水中的染料，环境中的有机氯苯类、氯酚类和多氯联苯的工程菌；降解土壤中的 TNT 炸药的工程菌；以及用于吸附无机有毒化合物（铅、汞、镉等）的基因工程菌及植物等。20 世纪 90 年代后期问世的

DNA改组技术可以创造新的基因，并赋予表达产物以新的功能，创造出全新的微生物，如可将降解某一污染物的不同细菌的基因通过 PCR 法全部克隆出来，再利用基因重组技术在体外加工重组，最后导入合适的载体，就有可能产生一种或几种具有非凡降解能力的超级菌株，从而提高降解效率。

 **本章小结**

本章内容结构如图3-13所示。

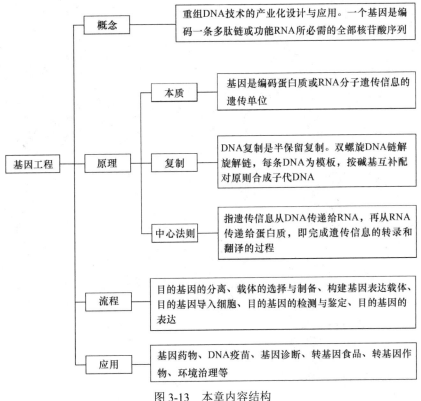

图 3-13　本章内容结构

 知识链接

本章主要介绍基因工程的基本常识，后续的学习为基因工程、分子细胞学等专业知识。

 **思考题**

1. 简述基因、基因工程、目的基因、转基因食品、人类基因组计划、三联体密码的

定义。

2. 简述限制性内切酶和 DNA 连接酶的作用机制。

3. 如何采用 PCR 法从生物材料中分离出目的基因？

4. 简述外源基因转入受体细胞的各种途径。

5. 简述基因工程在医药、农业、食品工业、环境保护方面的应用。

第四章 酶 工 程

☞ **知识目标**

1. 掌握酶工程的基本概念。
2. 掌握酶的制备方法及工艺要求。
3. 掌握酶的应用及意义。
4. 了解酶工程的产生及发展历史。

☞ **能力目标**

1. 能进行酶制备的操作。
2. 能进行典型酶的提取及纯化。

☞ **课前沟通**

1. 酶产品在工业上有哪些作用？
2. 举出 5 个应用酶进行生产的实例。

知识导入

　　酶鲜明地体现了生物体系的识别、催化、调节等奇妙功能。酶工程的研究无疑会深刻影响整个生物学领域，而且还会联合许多其他学科的研究。酶及酶工程在食品加工、医药、生物能源等方面应用前景广阔，有不可替代的优点。本章在学习普通生物化学的酶学理论的基础上，进一步对酶学理论进行深入系统的学习，并对酶在生产实践中的应用形成完整的认识。

第一节　酶工程概况

　　酶工程是研究酶的生产和应用的一门技术性学科，它的主要内容包括酶的发酵生产、酶的分离纯化、酶分子修饰、酶和细胞固定化等方面的内容。

一、酶的概念及特性

（一）酶的定义及组成

1. 酶的定义

酶（enzyme）是一种由活细胞产生的生物催化剂。它存在于活细胞中，控制各种代谢过程，将营养物质转化成能量和细胞。在生物体外，只要条件适宜某些酶也可催化各种生化反应。酶和其他的蛋白质一样，基本组成单位是氨基酸，无论是动物、植物等高等生物体内，还是细菌、真菌、藻类等低等生物细胞中，在其生长发育、呼吸、吸收、排泄和繁殖等新陈代谢过程中所进行的一切生物化学变化几乎都是在酶的催化作用下发生的，可以说，没有酶，就没有生命。

2. 酶的组成

酶的组成如图 4-1 所示。

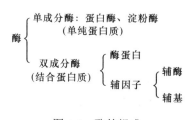

图 4-1　酶的组成

注：全酶＝酶蛋白＋辅因子

（二）酶的分类与命名

1. 国际系统分类法及编号

按照 1961 年国际生化会议的规定，酶可分为以下 6 大类：

1）氧还原酶类：促进氧化还原反应，如脱氧酶、氧化酶。

2）转移酶类：使一个底物的基因或原子转移到另一个底物分子上，如转氨酶。

3）水解酶类：使底物加水分解，如淀粉水解酶、脂肪水解酶。

4）裂合酶类：使底物失去或加上某一部分，如羧化酶、脱羧酶。

5）异构酶类：使底物分子内部排列改变，如变位酶。

6）合成酶类：使两个底物结合，如谷氨酰胺合成酶。

每一大类分为若干个亚类，每一亚类又分为若干个亚亚类，每一亚亚类中有若干个酶，每一个酶都有一个由四个数字组成的编号，并在编号前冠以 EC（Enzyme Commission，酶学委员会），表示是按照酶学委员会制定的方法进行编号。

例如，乳酸脱氢酶的编号为 EC 1.1.1.27，其中"EC"表示酶学委员会，其后的第一个"1"表示大类（氧化还原酶），第二个"1"表示第一亚类（催化醇的氧化），第三个

"1"表示亚亚类（即第二亚类），"27"表示亚亚类中的位置（即顺序号）。

2. 国际系统命名法

酶学委员会规定了一套系统的命名规则，使每一种酶都有一个名称，包括它的系统及 4 个数字的分类编号。系统名称中应包括底物的名称及反应的类型。若有两种底物，它们的名称均应列出，并用冒号"："隔开，若底物之一为水则可以省略。

3. 习惯命名法

习惯命名法也根据底物名称和反应类型来命名，但没有国际系统命名法严格、详细。习惯命名法常根据酶所作用的底物来命名，如水解蛋白质的酶称为蛋白酶、水解纤维素的酶称为纤维素水解酶；对同一种酶根据来源进行区分，如胃蛋白酶、菠萝蛋白酶等；还有的根据催化反应的类型来命名，如催化氧化反应的酶称为氧化酶、脱氢酶，催化基因转移的酶称为转移酶（如转氨酶）。

习惯命名法比较简单，应用历史较长，但缺乏系统性，有时会出现一酶多名和一名多酶的情况。

（三）酶的特性

酶具有催化剂的共性，只要有少量酶存在即可显著加快反应的速度。它能使反应迅速达到平衡，但不改变反应的平衡点。有时它也参与反应，但在反应前后本身无变化。同时酶与非酶的催化剂相比，又具有不同的特性。

1. 催化效率更高

酶催化的反应速率是相应的无催化反应速度的 $10^8 \sim 10^{20}$ 倍，并且至少高出非酶催化反应速率几个数量级。例如，lgα-淀粉酶在 65℃、15min 内可使 2000kg 淀粉转化成糊精（200 万倍），而若用酸水解需在 140～150℃高温、高压、耐酸设备中进行。

2. 反应专一性强

酶对反应的底物和产物都有极强的专一性，也就是说，酶催化反应副产物较少。

3. 反应条件温和

酶催化反应都发生在相对温和的条件下。例如，温度低于 100℃，正常的大气压，中性的 pH 环境。相反，一般化学催化往往需要高温高压和极端的 pH 条件，如酸水解淀粉生产葡萄糖要在 pH 为 0.25 的条件下进行。

二、酶工程的发展概况

早在几千年前，人类已开始利用微生物酶来制造食品和饮料，但是那时人类并不知道酶是怎样的物质，是不自觉地利用了酶的催化作用。真正地认识酶的存在和作用，是从 19 世纪开始的。1857 年巴斯德提出了发酵是由微生物引起的，并认为发酵的各个阶段都有特定的酶参与，这些酶只有在活细胞酵母体中才有功能。这一时期人类通过对胃肠的消化作用、麦芽对淀粉的糖化作用和酵母的酒精发酵等研究建立了酶的概念。1878年库尼（Kühne）首先把这类物质称为酶。随着酶科学技术的发展，到 1897 年，德国学者巴克纳（Buchner）兄弟用细砂研磨酵母细胞，然后压取汁液，并证明此不含细胞的酵母提取液也能使糖发酵，说明了酶不仅在细胞内可以发挥作用，而且从细胞分离出来后仍可继续发挥作用。因此认为巴斯德所说的生命酶，是可以与生命体脱离的。

1894 年日本的高峰让吉利用米曲霉固体培养法生产了第一个商品酶制剂——高峰淀粉酶作消化药物，从此人类开始了有目的地进行酶的生产和应用，即酶工程的第一阶段。1907 年德国人罗姆（Rohm）制得胰酶，用于皮革的软化；1911 年威尔斯丁利用木瓜蛋白质酶防止啤酒混浊；1917 年法国人博伊登首创以枯草杆菌生产淀粉酶产品在纺织工业上用作退浆剂。此后酶的生产和应用逐步发展，然而酶的大规模生产是在第二次世界大战后，随着抗生素的发展而建立起来。1949 年日本开始用液体深层培养法生产细菌 α-淀粉酶，从此微生物酶的生产进入大规模工业化阶段。1960 年法国的雅各布（Jacob）和莫诺德（Monod）提出操纵子学说，阐明了酶生物合成的调节机制，使酶的生物合成可以按照人们的意愿加以调节控制。随着酶生产的发展，酶的应用越来越广泛，然而在应用过程中，人们注意到酶存在一些缺点，如稳定性差、使用效率低、不能在有机溶剂中反应等。为了更好地发挥酶的催化功能，并使其能在生化反应器中反复连续使用，人们发展了酶的固定化技术，从而进入了酶工程的第二阶段，即固定化酶阶段。酶固定化后有一定的机械强度，装入酶反应器中可使生产连续化、自动化，同时也提高了对酸、碱、热的稳定性能，对提高生产效率、节约能源、降低成本等均起到前所未有的作用。目前在单一酶固定化技术的基础上，又发展了多酶体系的固定化及固定化细胞增殖技术；由于细胞壁扩散障碍，又发展起来了固定化原生质体技术，而固定化酶的研究推动了新型生物反应器、生物传感器和生物芯片等现代生物电子器件的发展，从而进入了酶工程的第三阶段。目前第三阶段的酶工程产品已用于生产各种氨基酸、有机酸、核苷酸、抗生素。它有高效能、低消耗、无公害、长寿命、安全、自动化等特点。

近几十年来，随着基因工程的崛起，酶工程的发展进入到一个非常重要的时期，即酶工程的第四阶段。它是将新的生物技术全部应用到酶工程上来，使酶工程不断向广度和深度发展，显示广阔而诱人的前景。例如，用细胞融合术、重组 DNA 术改良产酶的菌种，使其能源源不断地生产出适合人类需要的酶。

三、酶的生产方法

目前酶的生产方法主要有提取法、发酵法及化学合成法 3 种。

1. 提取法

提取法是最早采用的酶生产方法，并仍沿用至今。它是采用各种提取、分离技术从动植物或微生物细胞或组织中将酶提取分离出来。例如，从牛胃黏膜中提取胃蛋白酶、凝乳酶等。该种方法简单方便，但必须首先获得含酶组织或细胞，受气候、地理环境的影响，同时动植物来源及数量有一定的局限性。提取法也可以在培养微生物细胞后，再从细胞中提取，但工艺较繁杂，而且产品含杂质较多，分离纯化较困难。所以 20 世纪 50 年代后，随着发酵法的发展，许多酶都采用发酵法。

2. 发酵法

利用微生物发酵生产酶是 20 世纪 50 年代以来酶生产的主要方法。它利用细胞（主要是微生物细胞）的生命活动而获得人们所需的酶。它是随着酶应用范围的日益扩大，单纯依靠动植物来源已不能满足工业需要，而迅速发展起来的一种方法。从技术上来说，通过微生物生产酶已存在一定的历史基础，不仅在微生物中酶原蕴藏丰富，而且微生物在人工控制条件下，能够以动植物生产所无法比拟的速度进行大量繁殖，只要用比较简单的设备即可大批生产。所以目前大部分的酶生产都采用微生物培养生产，因此本章将重点介绍发酵法。

3. 化学合成法

化学合成法是 20 世纪 60 年代中期出现的新技术。1965 年，我国人工合成胰岛素的成功，开辟了蛋白质化学合成的新纪元。此后世界各国进行大量的研究和开发，在 1969 年美国首次用化学合成法得到含有 124 个氨基酸的核糖核酸。现在已可用肽合成仪进行酶的化学合成。然而酶的化学合成法对单位底物的各种氨基酸的纯度要求很高，合成的成本高昂，而且只能合成已知化学结构的酶，因此它的使用受到限制，至今仍停留在实验室阶段。

四、酶工程的应用前景

酶的应用已有几千年的历史，然而真正认识并有目的地利用酶，时间还不长。特别是近几十年来，随着对酶的研究的深入和酶生产技术的进步，酶在工业生产中的应用越来越广泛，几乎在各个行业都有酶的应用。例如，在食品、医药、制革、纺织印染、日用化工、造纸、三废治理和部分化学工业方面都有应用。

由于酶具有专一性强、催化效率高及反应条件温和的特点，因此酶应用在工业上，可以增加产量、提高质量、降低原材料和能源的消耗、改善劳动条件，甚至可以生产出用其他方法难以得到的产品，促进新产品、新技术、新工艺的发展。例如，在医药方面，酶可以快速、简便、准确地诊断出疾病，并可作为药物使用。在分析检验方面，酶不仅能快速、简便、灵敏、准确地检测出结果，而且能够对原来难以检验的物质及其变化情况进行快速处理。特别是在基因工程、细胞工程和蛋白质工程等新技术领域，酶是必不可少的工具。在酶的应用过程中，要根据应用目的选择适当的酶和酶的纯度。有时可以采用粗酶，有时则要求用纯化的酶，有的酶可在不同的领域广泛使用，有的应用却需要几种酶联合作用。

现在，随着酶工程的发展，不断出现新酶种和新用途。在传统领域中，如洗涤剂工业，除原先使用的碱性蛋白酶外，已经研制开发出对漂白剂有很强耐性的蛋白酶，对底物有很强亲和力的脂肪酶、碱性 α-淀粉酶和纤维素酶等。各种酶配合应用，可以制成各种不同的洗涤剂，能够满足洗涤纺织品、餐具和卫生洁具等的需要。在临床诊断方面应用广泛的过氧化物酶，也可以用作洗涤剂，该酶只作用于游离的色素，而不作用于已经染在纺织品上的色素，因此在洗涤时既能防止衣物不被其他色素污染，又不会使衣物褪色。在纺织工业中，除利用纤维素酶处理纺织品提高其柔软性和染色性外，近年来又将开发的原果胶酶用于棉纤维的加工，既能改善纤维的手感和提高染色性，又不影响纤维的强度；蛋白酶广泛用于水解动植物蛋白，制造营养性天然调味品。在化妆品工业方面，酶的应用也越来越受到重视，如染发剂中常用过氧化氢，但易伤毛发，现在研究用尿酸酶作为过氧化氢的供体，可以稳定地供应过氧化氢，又不会损伤毛发。在饲料工业方面，现在已普遍使用纤维素酶、半纤维素酶、果胶酶、淀粉酶和蛋白酶，从而提高饲料的可消化性，提高畜禽的产肉率、畜类的产乳率及禽类的产蛋率等。

目前，国内外的酶生产公司不断应用基因工程、蛋白质工程等新技术，大力发展新酶种、新用途，如 Novo 公司已经开发出不依赖钙离子的高温 α-淀粉酶，用于非水有机系统中反应的酶，能够应用半年以上的固定化酶等。日本目前已能生产出十多种酶和十多种功能性低聚糖，并用于生产保健食品、药品和化妆品等。几十年来，先后又开发了青霉素酰胺酶、氨基酰化酶、异淀粉酶、蜜二糖酶、天冬酰胺酶等。目前已经发现的酶约有 3000 多种，但得以应用的酶仅只有 60 多种，而已工业化生产的酶只不过 10 多种。因此酶的应用潜力巨大，加上固定酶技术和酶分子修饰技术的发展，可使酶的各种特性变得更加符合人们的要求，使酶的广泛应用更显示出其优越性。

第二节　微生物酶的发酵生产概述

酶的生产是指经过预先设计，通过人工操作控制而获得所需的酶的过程。酶的种类虽然繁多，产酶微生物的菌种又各异，但是发酵生产的工艺流程却大体相似，一般分为固态发酵法和液体深层发酵法。生产过程首先必须选择合适的产酶菌种，然后采用适当的培养基和培养方式进行发酵，使微生物生长繁殖并合成大量所需的酶，最后将酶分离纯化制成一定的酶制剂。

一、酶发酵生产常用的微生物

（一）酶生产工业对菌种的要求

发酵法生产酶的关键是菌种。优良菌种不仅能提高酶的产量、发酵原料的利用效率，而且能提高酶的品质、缩短生产周期、改进发酵和提炼工艺条件等。

一般情况下，一个优良的产酶菌种必须具备如下几个条件：

1）酶的产量高。优良的产酶菌种首先要具有高产的特性，才有较好的开发应用价值。高产菌种可以通过筛选、诱变或采用基因工程、细胞工程等技术获得。

2）容易培养和管理。要求产酶的菌种繁殖速度快，容易生长，并且适应性较强，易于控制，便于管理。

3）产酶稳定。在通常生长条件下，能够稳定地用于生产，菌株不易退化，不易受噬菌体侵袭。一旦菌种退化要经过复壮处理，使其恢复产酶性能。

4）产生的酶容易纯化。

5）不是致病菌及产生有毒物质的微生物。

微生物具有种类多、繁殖快、容易培养、代谢能力强等特点，有不少性能优良产酶菌株已在酶的发酵生产中得到广泛应用。

（二）酶生产中微生物的种类

目前已在微生物中发现了 3000 多种酶。工业用于酶生产的微生物主要是细菌、霉菌、酵母菌及放线菌中的某些菌株。

（1）枯草芽孢杆菌

枯草芽孢杆菌（*Bacillus subtilis*）是应用较广泛的产酶生物之一，可用于 α-淀粉酶、蛋白酶、β-葡聚糖酶、碱性磷酸酶等。例如，BF7658 是国内用于生产 α-淀粉酶的主要菌株，ASI.398 可用于生产中性蛋白酶和碱性磷酸酶。枯草芽孢杆菌生产的 α-淀粉酶和蛋白酶都是胞外酶，而碱性磷酸酶存在于细胞内间质之中。

（2）大肠杆菌

大肠杆菌（*Escherichia coli*）可生产多种多样的酶，一般都属于胞内酶，需经过细胞破碎才能分离得到。例如，谷氨酸脱羧酶用于测定谷氨酸含量生成 γ-氨基丁酸；天冬氨酶用于催化延胡索酸生成 L-天门冬氨酸；苄青霉素酰化酶用于生产新的半合成青霉素或头孢霉素；β-半乳糖苷酶用于分解乳糖；限制性核酸内切酶、DNA 聚合酶、DNA 连接酶、核酸外切酶应用于基因工程方面。

（3）黑曲霉

黑曲霉（*Aspergillus niger*）在自然界分布十分广泛，是曲霉属黑曲霉群霉菌。它可用于生产多种酶，有胞外酶也有胞内酶，如糖化酶、α-淀粉酶、酸性蛋白酶、果胶酶、葡萄糖氧化酶、过氧化酶、过氧化氢酶、核糖核酸酶、脂肪酶、纤维素酶、橙皮苷酶、柚苷酶等。

（4）米曲霉

米曲霉（*Aspergillus oryzae*）是曲霉属黄曲霉群霉菌，主要用于生产糖化酶和蛋白酶。在我国传统的酒曲和酱油曲中得到广泛应用。此外米曲霉还用于生产氨基酰化酶、磷酸二酯酶、核酸酶 P、果胶酶等。

（5）青霉

青霉（*Penicillium*）属半知菌纲，分布很广泛，种类很多，主要用于生产葡萄糖氧化酶、苯氧甲基青霉素酰化酶、果胶酶、纤维素酶（Cx 酶）等。

（6）链霉菌

链霉菌（*Streptomyces*）是一种放线菌，是生产葡萄糖异构酶的主要菌株，也可用于生产青霉素酰化酶、纤维素酶、碱性蛋白酶、中性蛋白酶、几丁质酶等。

（7）木霉

木霉（*Trichoderma*）属于半知菌纲。它是生产纤维素酶的重要菌株。木霉产生的纤维素酶中包含有 C1 酶、Cx 酶和纤维二糖酶等。此外还含有较强的 17α-羟化酶，常用于甾体转化。

（8）根霉

根霉（*Rhizopus*）属于半知菌纲根霉属，主要用于生产糖化酶、α-淀粉酶、转化酶、酸性蛋白酶、核糖核酸酶、脂肪酶、果胶酶、纤维素酶、半纤维素酶等。根霉含有较强的 α-羟化酶，是用于甾体转化的重要菌株。

（9）啤酒酵母

啤酒酵母（*Saccharomyces cerevisiae*）是在工业中应用广泛的菌种，主要用于酿造啤酒、酒精，以及饮料和面包制造，在酶的生产方面用于转化酶、丙酮酸脱羧酶、醇脱氢酶等的生产。

（10）假丝酵母

假丝酵母（*Candida*）是单细胞蛋白的主要生产菌，在酶工程方面可用于生产脂肪酶、尿酸酶、尿囊素酶、醇脱氢酶。

二、微生物酶的发酵生产

微生物酶的发酵生产是指在人工控制的条件下，有目的地利用微生物培养来生产所需的酶，包括培养基、发酵方式的选择及发酵工艺条件的控制管理等方面的内容，如图 4-2 所示。

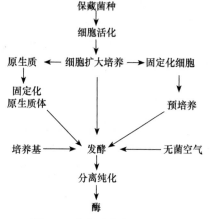

图 4-2　酶发酵生产工艺流程

（一）细胞活化与扩大培养

为了保证产酶细胞的优良性能和稳定性，一般在生产之前，都对菌种采用了妥善的保藏，即保藏菌种。在使用之前必须接种于新鲜的斜面培养基上，在一定的条件下进行培养，以恢复细胞的生命活动能力，这就叫细胞活化。为了保证发酵时有足够数量的优质细胞，活化了的细胞一般要经过一级至数级的扩大培养，从而获得大量健壮、活力旺盛、产酶能力强的菌体细胞，以保证发酵正常。种子培养应采用氮源丰富、碳源可相对少些的培养基，并在适宜的温度、pH、溶解氧的供给条件下进行培养。一般培养至对数生长期，即可接入下一级扩大培养或接入发酵。

（二）培养基的配制

由于酶是蛋白质，酶的形成也是蛋白质的合成过程，因此在设计和配制培养基时，要特别注意各种组分的种类和含量，要有利于蛋白质的合成，从而调节适宜的 pH；还要注意到有些微生物生长繁殖的营养与产酶的营养要求不同，要根据不同的阶段配制不同组分的培养基。在设计和配制培养基时，应注意以下基本原则：

1）培养基组分应适合细胞的营养特点。

2）营养物的浓度与比例恰当。

3）物理、化学条件适宜。

4）根据培养目的选择原料及其来源。

培养基多种多样，但培养期的组分一般包括碳源、氮源、无机盐和生长因素等几个方面。

1. 碳源

碳源是指能够向细胞提供碳素化合物的营养物。碳素化合物是构成细胞成分的主要元素，也是各种酶的主要组成成分。通常碳源同时也是能源，是多种诱导酶的诱导物。不同的微生物要求的碳源是不同的，这是由菌种自身的酶系决定的。在选择时应尽量选用对所需的酶有诱导作用的碳源，而不使用和少使用有分解代谢阻遏作用的碳源。目前在酶发酵生产中最常用的碳源是淀粉及其水解物，如糊精、麦芽糖、葡萄糖。

2. 氮源

氮是组成细胞蛋白质和核酸的重要元素之一，也是酶分子的主要组成元素。氮源分为有机氮和无机氮，使用时应根据不同的细胞要求进行选择和配制。一般情况下，微生物细胞中，异养型微生物用有机氮，自养型微生物用无机氮。此外，使用量要结合碳源的含量进行配比，即碳氮比（C/N）。不同的菌种或酶对培养基中的碳氮比要求不同，一般蛋白酶生产采用碳氮比较低时比较有利，淀粉酶要求比蛋白酶略高。

3. 无机盐

微生物在生产繁殖和代谢过程中都需要无机盐，无机盐提供多种金属和非金属离子，它们都是微生物生产所不可缺少的，但需要量较少的营养物质，并对培养基的pH、氧化还原电位和渗透压起调节作用。各种无机盐的功用各不相同，有些是细胞的主要组分，如磷、硫等；有些是酶的组分，如磷、硫、锌、钙等；有些是酶的激活剂或抵制剂，如钾、钙、镁、铁、铜、锰、钼、钴、氯、溴、碘等；有些则是对pH、渗透压、氧化还原电位起调节作用的，如钠、钾、钙、氯、磷等。因此，根据细胞对无机盐的需要量的大小可将无机盐分为主要元素和微量元素两大类。其中，主要元素有磷、硫、钾、镁、钙等；微量元素有铁、锰、铜、钴等，这些元素的需要量很少，一般天然原料中已存在，不需另外加入。

4. 生长因素

细胞生长中需要微量的一类物质才能正常地生长繁殖，这类物质称为生长因素，包括某些氨基酸、维生素、嘌呤碱和嘧啶碱等。这些物质大都是许多辅酶或辅基的组分，对酶的生产很重要，在酶的发酵生产中，通常在培养基中加进玉米浆、酵母膏等，以提供各种必需的生长因素，有时也加进纯化的生长因素，以满足细胞生长繁殖的需要。

5. 产酶促进剂

能显著增加酶的产量的某种少量物质称为产酶促进剂，这类物质多数属于酶的诱导物或表面活性剂，有些物质不仅是酶作用的底物或底物结构类似物，而且还是诱导物的前体物质。可用作产酶促进剂的物质有吐温 80（Tween80）、洗涤剂 LS（脂肪酰胺磺酸钠）、聚乙烯醇、糖脂、乙二胺四乙酸（EDTA）等。

6. 阻遏物

对多数工业用酶如淀粉酶、纤维素酶、蛋白酶等酶进行诱导，其生产过程受到代谢末端产物阻遏和分解代谢阻遏的调节，如葡萄糖等易利用的碳源，一旦在培养液中存在时，会抑制代谢产物和酶的合成。为了避免分解代谢阻遏，提高酶的产量，可采用难以利用的多糖类或聚多糖作为碳源，或用分次添加碳源（或限量添加）的办法，控制菌种的增殖速度，使培养液中的碳源保持在不致引起分解代谢阻遏的浓度。

（三）酶发酵工艺条件的控制

在酶的生产过程中，发酵的工艺条件对产酶的影响十分重要。为了提高产量，对发酵过程中的参数进行控制是十分必要的，除培养基成分外，还包括温度、pH、通气搅拌、消泡沫、溶解氧等参数。可以通过调节和控制使微生物对酶的生物合成达到最佳状态。

1. pH 对酶生产的影响及控制

发酵过程中的 pH 很重要，它对微生物生长繁殖和代谢产物的累计都有很大影响。不同的细胞生长繁殖的最适 pH 有所不同。大多数细菌的最适 pH 为 6.5～7.5，霉菌和酵母的最适 pH 为 3～6。酶生产的最适 pH 通常和酶反应的最适 pH 接近。因此生成碱性蛋白质酶的芽孢杆菌宜在碱性环境下培养，生产酸性蛋白酶应在酸性条件下培养。此外有些细胞可以同时产生多种酶，通过控制 pH 可以改变各种酶之间的产量比例。由于酶的生产受培养基 pH 的影响，培养基的 pH 和碳氮比密切相关，因此在酶生产过程中通过控制培养基的碳氮比来控制 pH，从而控制酶的产量和产量的比例。一般有以下特征：

1）含糖量高的培养基，由于糖代谢产生有机酸，使培养基的 pH 向酸性方向移动。

2）含蛋白质、氨基酸较多的培养基，经代谢产生较多的胺类物质，使 pH 向碱性方向移动。

3）以硫酸铵为氮源时，随着铵离子被细胞利用，使培养基 pH 下降。

4）以尿素为氮源时，先随着尿素被脲酶水解成氨，使培养基 pH 上升，然后又随着氨被细胞同化而使 pH 下降。

酶生产的 pH 控制，一般根据酶生产所要求的 pH 确定培养基的碳氮比和初始 pH，在一定通气搅拌条件配合下，使培养过程的 pH 变化适合酶生产的要求。也可以通过使用缓冲溶液，或流加适宜的酸、碱溶液，以调节控制培养基中 pH 的变化。

2. 酶生产温度的控制

温度是影响微生物生长和代谢活动的主要因素。严格保持细胞生长繁殖和生命合成所需要的最适温度，对稳定发酵过程、缩短发酵周期、提高发酵的产量具有重大的现实意义。

不同的细胞有各自不同的最适生长温度，如枯草杆菌的最适生长温度为 34～37℃，黑曲霉的最适生长温度为 27～32℃。一般情况，产酶温度低于生长温度。例如，酱油曲霉蛋白合成酶合成的最适温度为 20℃，而其生长的最适温度为 40℃。为此，温度的控制应根据不同的阶段进行调整，以利于细胞生长繁殖和酶的产生。

温度控制的方法一般采用热水升温、冷水降温。故在发酵罐中，均需有足够传热面积的热交换装置，如排管、蛇管、夹套、喷淋管等。

3. 发酵过程中溶解氧的调节控制

产酶菌种一般为好氧微生物，发酵过程中必须提供大量的氧以满足细胞的生长繁殖和产酶的需要。培养基中的细胞一般只能利用溶解在培养基中的氧气——溶解氧，由于氧是难溶于水的气体，因此必须连续不断地供给无菌空气，使培养基中的溶解氧保持在一定水平，以满足细胞生长和产酶的需要。如果氧供应不足，将影响微生物的生长发育和酶的产生。为提高氧气的溶解度，应对培养液加以通气和搅拌，但是通气和搅拌应适当，以能满足微生物对氧的需求为准。一般通气量少对霉菌孢子萌发和菌丝生长有利，对酶生产不利；通气量大，则促进产酶而对菌丝生长不利。此外过度通气对有些酶如青霉素酰化酶的生产有明显的抑制作用，而且在剧烈搅拌和通气下容易引起酶蛋白发生变性失活。具体的调节方法：①调节通气量；②调节氧的分压；③调节气液接触时间；④调节气液接触面积；⑤调节培养液的特性。

4. 发酵过程中间补料的控制

发酵产物常是微生物培养中期的代谢产物，培养前期是微生物的菌体增殖时期，一般不含或少含发酵产物，绝大部分发酵产物都在发酵中后期，特别是发酵产物的旺盛分泌期产生。要提高产量就必须设法延长培养中期的时间，可采用的有效措施之一是进行中间补料，即在发酵过程中补充某些营养物料，满足微生物的代谢活动和合成发酵产品的需要。实践证明，该工艺对发酵单位的提高有重要作用，促使微生物在培养中期的代谢活动受到控制，延长发酵产物的分泌期，推迟细胞的自溶期，维持较高的发酵产物的增长幅度，并增加发酵液的总体积，从而使单罐产量大幅度上升。中间补料大致有 4 个方面：①补充微生物碳源，如葡萄糖、玉米粉、废糖蜜等；②补充氮源，如玉米浆、尿素等有机氮和无机氮；③补充一些无机盐、微量元素或前体类物质；④补充全料和水。

第三节　酶的分离纯化

如果要使酶具有工业生产价值，就必须将酶从发酵液中或菌体中提取，并纯化出来，制成一定纯度的产品，称为酶的提取与分离纯化。它是酶生产的下游技术。酶提取与分离纯化的工艺流程图如图 4-3 所示。

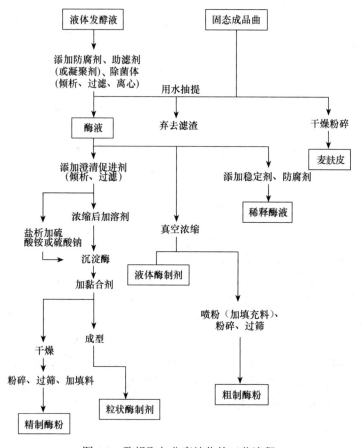

图 4-3　酶提取与分离纯化的工艺流程

一、酶提取与分离纯化的基本方法

1. 细胞的破碎

微生物酶有胞内酶和胞外酶两种。如果是胞内酶，就必须将细胞从发酵液中分解出来，并进行破碎，使酶溶解到溶液中。细胞破碎的方法很多，归纳起来包括机械法和非机械法。传统的机械法包括匀浆、研磨、压榨、超声波，非机械法包括渗透、酶溶、冻融、化学等。如果是胞外酶，一般通过过滤离心等方法除去发酵液中的悬浮固形物，再减压浓缩到适当浓度。

2. 酶的提取

用适当的溶剂处理含酶原料，使酶充分溶解到溶剂中的过程，称为酶的提取或抽提。大多数酶蛋白都可用稀酸、稀碱或稀盐溶液浸泡提取，选用何种溶剂和提取条件根据酶的溶解性和稳定性确定，主要有盐溶液提取、酸溶液提取、碱溶液提取和有机溶液提取等。提取时应注意溶剂的种类、用量、pH等的选择。

3. 酶的分离纯化

提取液中除含有所需要的酶以外，还含有许多其他小分子和大分子物质。因此纯化主要是将酶从杂蛋白中分离出来。分离的方法很多，根据酶和杂蛋白在一定条件下溶解度的不同来进行酶的纯化的方法有盐析法、有机溶剂沉淀法和等电沉淀法；此外，还有吸附分离法、凝胶过滤法、离子交换法、电泳法和亲和层析法等。

4. 酶液浓缩

发酵液或酶提取液（特别是采用高效率的分离技术）中，酶浓度一般都比较低，必须经过浓缩才能进一步纯化（为了减少下游工程中试剂或溶剂的损耗），以便于保存、运输和应用。浓缩的方法很多，如膜分离、沉淀、层析、吸附等。目前常用的有蒸发浓缩和超滤浓缩等方法，其效果比较好。

5. 干燥

酶液或含水量高的酶制剂，即使置于低温下，也是极不稳定的，只能短期保存。为了便于酶制剂长时间的运输和保存，防止酶变性、变质，往往需要对酶进行干燥，制成含水量较低的制品。干燥的方法有真空干燥、冷冻干燥、喷雾干燥、气流干燥和吸附干燥。

二、酶提取过程的注意事项

在酶提取过程中，为了提高提取率，并防止酶变性失活，必须注意如下几点。

1. 温度

除少数耐热和低温敏感酶外，一般酶在0℃附近是较稳定的。所以为了防止酶的变性失活，提取时温度不宜高，尤其是在有机溶剂中或无机溶液中更应注意保持低温操作，一般温度控制在0~10℃。然而有些酶可耐较高的温度，如胃蛋白酶即可在较高的温度下提取。在酶提取过程中，在不影响酶的稳定性的条件下，适当提高温度，这样可以提高酶的扩散速率，增加溶解度，有利于酶的提取和进一步的分离纯化。

2. pH

大多数酶在中性附近（pH为6~8）较稳定。溶液的pH大于9或小于5时，往往会引起酶失活，要防止因调整溶液pH时添加酸、碱引起的局部过酸或过碱。为了增加酶的溶解度，提取溶液的pH应该远离酶的等电点。

3. 酶浓度

酶在低浓度下易失活，因此在操作中应注意酶浓度不宜太低。将酶制备成固体或干粉更有利于保存。

4. 搅拌

剧烈的搅拌和酶液表面形成的薄膜容易引起酶变性，因此要控制好搅拌速度，防止剧烈的搅拌引起酶的变性。

5. 添加保护剂

在酶提取过程中，为了提高酶的稳定性，防止酶变性失活，可以加入适量的酶作为底物，或其辅酶或加入某些抗氧化剂等保护剂。

第四节　酶分子修饰

一、酶分子修饰的目的

虽然酶已在工业、农业、医药和环保等方面得到了越来越多的应用，但总体而言，大规模应用酶和酶工艺的还不多。原因之一是酶自身在应用上存在一些缺点，一方面，酶作为生物催化剂，具有催化效率高、专一性强和作用条件温和等显著的特点；但是另一方面，酶一旦离开生物细胞，离开其特定的作用环境条件，常变得不太稳定，不适合大量生产。溶液中酸碱性偏离酶的活性范围，酶就难以发挥作用；此外绝大多数酶对于人体而言是外源蛋白质，具有抗原性，直接注入会引起人体的过敏反应。鉴于以上的原因，人们通过各种方法使酶的分子结构发生某些改变，从而改变酶的某些特性和功能，创造出天然酶不具备的某些优良性状，使其更能适应各方面的需要，这种技术称为酶分子修饰。进行酶分子修饰的目的：①提高酶活力；②改进酶的稳定性；③允许酶在一个变化的环境中起作用；④改变最适 pH 或温度，改变酶的特异性，使它能催化不同底物的转化；⑤改变催化反应类型；⑥提高催化过程的反应效率。

酶分子修饰的原则：不管使用哪种修饰方法，修饰反应都尽可能在酶稳定条件下进行，并尽量不破坏酶活性功能的必需基团，使修饰率和酶活力的回收率更高。

二、酶分子修饰的方法

酶分子修饰技术不断发展，修饰方法多种多样，主要分为两大类：一类是通过分子修饰的方法来改变已分离出来的天然酶的结构，具体方法有金属离子置换修饰、大分子结合修饰、肽链有限水解修饰等；另一类是通过生物工程方法改造编码酶分子的基因从而达到改造酶的目的，这种方法将在蛋白质工程中介绍。

（一）金属离子置换修饰

通过改变酶分子中所含的金属离子，使酶的特性和功能发生改变的方法称为金属离子置换修饰。通过金属离子的置换可以达到的目的：①提高酶活力；②增强酶的稳定性；③改变酶的动力学特性。

有些酶中含有金属离子，这些金属离子往往是酶的活性中心组成部分，对酶的催化功能起着很重要的作用。如果从酶分子中除去所含的金属离子，酶就会失去活性，若加入不同的金属离子，则使酶呈现不同的特性，有的使酶活性增加，有的使酶活性降低，甚至失活。例如，α-淀粉酶的钙离子（Ca^{2+}）是它的活性离子，同时 α-淀粉酶也含有镁离子或锌离子，即为杂离子型。若把镁离子（Mg^{2+}）或锌离子（Zn^{2+}）换成钙离子，则可将酶活力提高 3 倍以上，并增加酶的稳定性。因此在 α-淀粉酶的生产保存中，常添加一定量的钙离子，以提高和稳定 α-淀粉酶的活力。所以在进行金属置换时要注意选择适宜的金属离子作修饰剂，从而达到提高酶活性、增加酶的稳定性的目的。

离子置换修饰的过程：首先要加入一定量的金属螯合物（如乙二胺四乙酸，简称 EDTA）到酶液中，使酶分子中的金属离子与 EDTA 形成螯合物，此时酶为无活性状态，然后通过分离方法将金属离子 EDTA 螯合物分离出来，再将不同的金属离子加入酶液中，酶蛋白与金属离子结合从而达到置换的目的。操作中要注意选择适宜的金属离子作修饰剂，因为不同的离子经置换后将会出现不同的特性，有些修饰可以提高酶活性；有些修饰使酶活性降低，甚至无活性；有些修饰可提高酶的稳定性。所以，在修饰时要根据修饰的目的及酶的特性进行修饰操作。

（二）大分子结合修饰法

利用水溶性大分子与酶结合，使酶的空间结构发生某些精细的改变，从而改变酶的特性与功能的方法称为大分子结合修饰法，或称为大分子结合法。该方法是目前应用十分广泛的酶分子修饰方法。经过大分子结合修饰可使酶的特性发生一些显著的变化。

1. 通过修饰可提高酶活力

酶活力本质是由特定的空间结构，特别是由其活性中心的特定构象所决定的。水溶性大分子与酶分子形成共价酶，使酶的空间结构发生某些改变，从而使酶的活性中心更有利于和底物结合，并形成准确的催化部位，使酶活力得以提高。

2. 通过修饰增加酶的稳定性

酶在放置或使用一段时间后，由于受到各种因素的影响，原来完整的空间结构会逐渐受到破坏，致使酶活力逐步下降，最后完全丧失催化功能。可见酶的性质是不稳定的，而且不同酶的活性下降的速度是不同的，表现出不同的稳定性。酶的稳定性用半衰期来表示，酶的半衰期是指酶的活力降低到原来活力一半时所经过的时间。为了使酶的稳定性增加，延长半衰期，可采用大分子与酶结合，形成复合物，使酶的空间结构稳定，起到保护酶天然构象的作用，从而增加酶的稳定性。可以与酶结合的大分子的种类有很多，归纳起来分为两类，一类是不溶于水的大分子，与酶结合制成固定化酶后，酶的稳定性显著提高；另一类是可溶于水的大分子，与酶结合进行修饰后使酶的空间构象免受其他因素的影响，从而增加酶的稳定性，延长其半衰期。例如，超氧物歧化酶（SOD）天然的半衰期只有 6～30min，用水溶性大分子结合修饰后，半衰期可延长 70～300 倍（表 4-1）。此外，通过大分子修饰后，酶的耐热性、抗酸碱性及抗氧化的能力都有所提高。

表 4-1　天然 SOD 与修饰后的 SOD 在人血浆中的半衰期

酶	半　衰　期
天然 SOD	6min
右旋糖酐－SOD	7h
聚乙二醇－SOD	35h

3. 通过修饰可降低或消除抗原性

酶大多数是从动植物或微生物中获得的蛋白质，对于人体来说是一种外源蛋白。当外源蛋白非经口进入人体后，往往就成为一种抗原，即引起体内产生抗体的物质，这时体内血清中就可能出现与此外源蛋白特异结合的物质，这些物质称为抗体。如果再次使用这种酶，体内的抗体就会与作为抗原的酶结合为特异物质，而使酶失去其催化功能。为降低或消除这种现象，利用水溶性大分子对酶进行修饰，改变抗体或抗原的特定结构，使它们之间不再特异地结合，从而就有可能降低甚至消除抗原性。例如，精氨酸酶经聚乙二醇（PEC）结合修饰后，其抗原性显著降低。用聚乙二醇对色氨酸进行修饰，可完全消除其抗原性。常用的水溶大分子修饰剂有右旋糖酐、聚乙二醇、肝素、蔗糖聚合物、聚氨基酸等。在使用这些大分子修饰以后，首先要进行活化，然后在一定条件下与酶分子以共价键结合，对酶分子进行修饰。

（三）肽链有限水解修饰

有些酶原来不显酶活力或酶分子活力不高，利用某些具有高度专一的蛋白酶，对它进行有限的水解修饰，除去一部分肽段或若干个氨基酸残基，就有利于活性中心与底物结合并形成准确的催化部位，从而显示出酶的催化活性或提高酶活力。这种利用肽链有限水解，使酶的空间结构发生某些精细的改变，从而改变酶的特性和功能的方法，称为肽链有限水解修饰。例如，胰蛋白酶原不显酶活性，用蛋白酶进行修饰，除去其 6 个肽，此时就显示出胰蛋白酶的催化活性。此外通过有限水解修饰的方法不但具有提高酶活性的作用，而且还有在保持其酶活力的前提下，使酶的抗原性显著降低，甚至消失的作用。例如，木瓜蛋白酶用亮氨酸肽酶进行有限水解，除去 2/3 的肽链后，该酶的活力保持不变，而抗原性却显著降低。在采用此方法时，要注意使用专一性很强的蛋白酶或肽酶作修饰剂。同时也可采用其他方法使肽链部分水解达到修饰的目的。

（四）其他修饰方法

酶蛋白分子中存在一些氨基酸残基基团，如氨基、羟基、巯基、咪唑基、吲哚基、甲硫基等，这些基团为酶蛋白侧链基团组成各种副键，对蛋白质的空间结构及稳定性有影响，可以通过对这些侧链基团进行修饰，达到改变酶的特性和功能的目的。这是对酶蛋白侧链基团的修饰方法。还可以对酶蛋白分子中的各种氨基酸进行修饰，将肽链上的某一个氨基酸进行置换，从而改变酶的某些特性和功能。这种方法称为氨基酸的置换修饰。这种方法与 20 世纪 80 年代发展起来的蛋白质工程相互联系，为氨基酸置换修饰提供了行之有效的可靠方法。详细内容将在蛋白质工程章节中介绍。

三、酶分子修饰的注意事项

酶分子修饰通过利用修饰剂与酶分子的化学、生化反应，从而改造酶分子的结构与功能。酶进行修饰时应注意如下几点。

1) 修饰剂的选择。要根据修饰的目的，选择适宜的修饰剂。

2) 酶性质的了解。应熟悉酶活性部位的情况、酶反应最适条件和稳定条件以及酶分子侧链基团的化学性质和反应活性等。

3) 反应条件的选择。在进行修饰时必须仔细控制反应体系中酶与修饰剂的分子比例、反应温度、反应时间、盐浓度、pH 等条件，使反应尽可能在酶稳定的条件下进行，以提高酶与修饰剂的结合率及酶活力回收率。

大多数酶经过修饰后，其性质会发生一些变化，如酶的热稳定、抗原性、半衰期、抗各类失活因子能力及最适 pH 等酶学性质。但并不是说酶修饰后以上这些性质都会得到改善，而应根据具体的目的选用特定的修饰方法，从而改变酶的相应的特性。

第五节　酶与细胞固定化

由细胞合成的酶是游离态的。它易变性失活，随着反应时间的延长，反应速度下降，而且在催化结束后难以回收。于是人们模仿人体酶的作用方式，将酶固定在一种惰性的固体支撑物上，从而解决了上述问题。这就是固定化技术，它的研究始于 20 世纪 50 年代，先后制成了羧肽酶、淀粉酶、胃蛋白酶、核糖核酸酶等固定化酶，并在 60 年代后期实现固定化酶的工业生产。此后，固定化技术迅速发展，先后出现了细胞固定化技术、原生质体固定化技术，近年来，人们又提出了联合固定化技术，它是酶和细胞固定化技术发展的综合产物。这些技术可以代替游离细胞进行酶的发酵生产，具有提高产酶率、缩短发酵周期等优点，在酶的发酵生产中有广阔的发展前景。

一、酶和菌体固定化

将酶与水不溶性的载体结合，制备固定化酶的过程称为酶的固定化。固定在载体上并在一定的空间内进行催化反应的酶称为固定化酶。

（一）制备固定化酶的依据

酶是蛋白质，其催化活力和空间结构紧密相关，空间结构一旦改变，它就失去了催化活力。由于酶具有这一特性，因此制备固定化酶须遵守下列原则：

1) 固定化酶必须能保持酶原有的专一性、高效催化力和在常温常压下能起催化反应等特点。

2) 固定化酶应能回收、储藏，利于反复使用。

3) 固定化酶应用于连续化、自动化的操作，且载体应具有一定的机械强度。

4）固定化酶应尽可能地与底物接近，从而提高产物的产量，制备固定化酶时选择的载体应尽可能地不阻碍酶和底物的接近，即有最小的空间位阻。

5）固定化酶应能保持甚至超过原有酶液的活性。

6）固定化酶应有最大的稳定性。

7）固定化酶应易与产物分离，即通过简单的过滤或离心就可回收和重复使用。

（二）酶和菌体固定化的制备方法

固定化酶的制备方法有很多，主要有吸附法、结合法、交联法、包埋法和热处理法等，如图 4-4 所示。

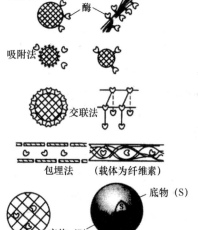

图 4-4　固定化酶的制备方法

1. 吸附法

吸附法制备固定化酶是利用固体吸附剂将酶分子或菌体吸附在其表面上而使酶固定化的方法。吸附法操作简单、条件温和，不会引起酶变性失活，载体廉价易得，而且可反复使用。但由于其靠物理吸附作用，结合较弱，酶与载体结合不牢固易脱落，故生产上用得不多。常用的吸附剂有活性炭、氧化铝、硅藻土、多孔陶瓷、多孔玻璃、硅胶和羟基磷灰石。

2. 结合法

结合法是一种让酶通过化学反应以离子键或共价键与酶结合在一起的固定化方法。根据酶与载体结合的化学键不同，结合法可分为离子键结合法和共价键结合法两种。离子键结合法是通过离子键与载体结合的固定化方法，所用的载体是某些不溶于水的离子交换剂。常用的载体有 DEAE-纤维素、TEAE-纤维素、DEAE-葡聚糖凝胶等。共价键结合法是通过共价键将酶与载体结合的固定化方法。所用的载体主要有琼脂糖凝胶、纤维素、葡聚糖凝胶、甲壳质、氨基酸共聚物、甲基丙烯醇共聚物等。

3. 交联法

交联法是一种让酶依靠双功能团试剂造成分子间交联而成为网状结构的固定化方法。常用的双功能团试剂有戊二醛、顺丁烯二酸酐等。酶蛋白分子中的氨基、酚基、咪唑基及巯基均可参加交联反应。交联法制备的固定化酶或固定化菌体结合牢固，可以长时间使用，但反应条件比较激烈，固定化酶的回收率比较低，一般不单独使用。

4. 包埋法

包埋法是将酶包埋在凝胶网格中或半透膜微型胶囊中的一种固定化方法。利用此法制得的固定化酶、酶蛋白几乎不起变化，可适用于多种不溶酶的制备，酶的回收率较高。但是酶被包埋在内部，难以对大分子底物发生催化作用，因此它仅用于小分子底物和产物的酶。

5. 热处理法

热处理法是用加热的方法将酶直接固定在菌体内的固定化方法。此方法仅适用于耐热性的酶。加热的温度和时间要控制好以防酶失活。

固定化酶制备方法的优缺点如表 4-2 所示。

表 4-2 固定化酶制备方法的优缺点

方法\特点\项目	吸 附 法	结 合 法		交 联 法	包 埋 法	
		共价键结合法	离子键结合法		格子法	多微型胶囊法
制备难易性	简单	繁杂	简单	繁杂	繁杂	繁杂
酶活性	低	低	高	低	低	低
结合力	弱	强	弱	强	强	强
再生	可能	不可能	可能	不可能	不可能	不可能

（三）固定化酶的性质

将酶或含酶菌体固定化制成固定化酶或固定化菌体后，酶分子便从游离态转变为结合状，这时酶分子处于一个与游离态完全不同的微环境中，微环境的许多特殊性质就会影响酶原有的性质。因此在应用固定化酶的过程中，应该了解酶性质的变化，并对操作条件加以适当的调整。现将固定化酶的一些主要性质介绍如下。

1. 酶稳定性的提高

大多数酶经固定化后，其稳定性都有所提高，对于实际应用是十分有利的，主要表现在：①对热的稳定性提高，可以耐受较高的温度；②储藏稳定性好，可以在一定条件下保存较长的时间；③对蛋白酶水解作用的稳定性增加，不易被蛋白酶水解；④对变性剂的耐受性提高，在各种有机试剂、盐酸胍、尿素等蛋白质变性剂的作用下，仍可保留较高的酶活力等。

2. 最适温度

固定化酶作用的最适温度一般都比天然酶高一些，如色氨酸经共价键结合法固定后，作用的最适温度比游离酶高 $5\sim15℃$。

3. 最适 pH 的变化

酶经固定后，其作用的最适 pH 大多有所变化。影响固定化酶最适 pH 的因素主要有两个，一个是载体的带电性质，另一个是酶催化反应产物的性质。一般情况下，当酶靠近正电荷且固定在支撑物上时，常见最适 pH 向低值偏移（即向酸性一侧移动），当用带负电荷的载体制备的固定化酶，其最适 pH 向偏碱方向偏移；而用不带电荷的载体制备的固定化酶，其最适 pH 一般不改变（有时也会有所改变），这种现象不是由于载体的带电性质所引起的，而被认为是由于反应混合物中体系相和环境相中质子分布的变化引起的。嵌在载体当中的固定化酶，当其作用于底物而产生酸性物质时，固定化酶的最适 pH 比游离酶的最适 pH 高一些；产物为碱性时，固定化酶的最适 pH 要比游离酶的最适 pH 低一些；产物为中性时，最适 pH 一般不改变。这是由于固定化载体使反应向外扩散受到一定的限制造成的。

4. 底物特异性

底物特异性的变化与底物分子量的大小有一定关系。一般情况下，作用于小分子底物的酶类经固定化后，其底物特异性没有明显变化。但是对于那些既可作用于大分子底物，又可作用于小分子底物的酶而言，固定化酶的底物特异性往往会发生变化。引起变化的原因是由于载体的空间位阻作用，酶固定在载体上以后，使大分子底物难以接近酶分子，从而使催化速度显著降低，而分子量小的底物受空间位阻作用小，故与游离酶的作用没有显著不同。例如，胰蛋白酶既可作用于高分子的蛋白质，又可作用于低分子的二肽或多肽，固定在羧甲基纤维上的胰蛋白酶，对二肽或多肽的作用保持不变，而对酪蛋白的作用仅为游离酶的 3% 左右。

（四）固定化酶的应用

固定化酶具有稳定性好等优点，目前在食品、化工、医药等领域中得到了广泛的应用，例如，在乳制品中可以用固定化黑曲霉乳糖酶处理牛奶，生产脱乳糖牛奶；啤酒生产中用戊二醛交联将木瓜蛋白酶固定化制成反应柱，使啤酒在长期储存中可保持稳定。在食品储藏中固定化技术也得到了应用，利用葡萄糖氧化酶、过氧化氢酶加配葡萄糖、琼脂制成凝胶，注入聚乙烯膜小袋，放入食品容器中，可以去除残留氧，防止食品褐变。

二、细胞固定化

通过各种方法将细胞与水不溶性的载体结合，制备固定化细胞的过程称为细胞固定化。固定在载体上并在一定的空间范围内进行生命活动的细胞称为固定化细胞。固定化细胞能进行正常的生长、繁殖和新陈代谢，所以又称为固定化活细胞或固定化增殖细胞。该方法免去了破碎细胞提取酶等步骤，直接利用细胞内的酶，因而固定后的酶活性基本没有损失。此外，由于保留了胞内原有的多酶系统，对于多步催化转换的反应，优势更加明显，而且无须辅酶的再生。固定化细胞的制备方法大体上与固定化酶的制备方法相同，常用的为吸附法和包埋法两大类。

1. 吸附法

很多细胞都具有吸附到固体物质表面或其他细胞表面的能力，依靠这种吸附能力使细胞吸附在载体的表面而使细胞固定在载体上的方法称为吸附法。在吸附法制备中常用的吸附剂有硅藻土、多孔玻璃、陶瓷、塑料、中空纤维和金属丝网等。这些载体都是多孔性物质，如酵母菌带有负电荷，在 pH 3～5 的条件下，能够吸附在多孔陶瓷或多孔塑料等载体的表面，制成固定化细胞，用于酒精和啤酒的发酵生产。用吸附法制备固定化细胞所需条件温和，操作简便，对细胞生长、繁殖和新陈代谢没有明显影响；但吸附力较弱，细胞吸附不牢，易脱落。它是制备固定化动物细胞的主要方法。

2. 包埋法

将细胞包埋在多孔载体内部而制备固定化细胞的方法称为包埋法。包埋法可分为凝胶包埋法、纤维包埋法和微胶囊法。其中，凝胶包埋法是应用十分广泛的细胞固定化方法。它是以各种多孔凝胶为载体，将细胞包埋在凝胶的微孔内而使细胞固定的方法。此方法的优点是能较好地保持细胞内的多酶反应系统的活力，可以像游离细胞那样进行发酵生产。凝胶包埋法使用的载体主要有琼脂、海藻酸钙凝胶、角叉菜胶、明胶、聚丙烯酰胺凝胶和光交联树脂等。以聚丙烯酰胺凝胶包埋法为例说明其制备过程：先配制一定浓度的丙烯酰胺和甲叉双丙烯酰胺的溶液，与一定浓度的细胞悬浮液混合均匀；然后加入一定量的过硫酸钙和四甲基乙二胺（TEMED），混合后让其静置聚合，获得所需形状的固定化细胞胶粒。这种方法广泛地用于生产 L-苹果酸、L-色氨酸、L-赖氨酸、α-淀粉酶、甾体激素等各种代谢产物。

三、原生质体固定化

由于固定化细胞具有可以取代游离细胞进行发酵、生产各种有用物质等众多优点，因此发展非常迅速，然而人们在使用中发现其存在一些缺点，如固定化细胞只能用于生产胞外酶和其他能够分泌到细胞外的产物，而且由于载体的影响，使营养物质和产物的扩散受到一定的限制，特别是在好氧发酵中，溶解氧的传递和输送成为关键性的限制因素。为了解决这样的问题，人们从不同的角度进行研究，发现细胞壁是对物质扩散的障碍原因之一，因此就产生了原生质体固定化技术。对微生物细胞和植物细胞进行处理，除去细胞壁就可获得原生质体，原生质体很不稳定，容易破裂，若将它包埋起来制成固定化原生质体，由于有载体的保护作用，原生质体的稳定性显著提高；而且排除细胞壁的阻碍作用，从而克服了固定化细胞的缺点，有利于反应的进行。

固定化原生质的制备分为原生质体的制备和原生质体固定化两个阶段。

（一）原生质体的制备

原生质体是被细胞壁包围起来的，要进行原生质体固定化，必须将微生物细胞和植物细胞的细胞壁破坏掉，从而分离出原生质体。由于不同种类细胞的细胞壁的组成、结构和性质不同，因此制备原生质体的方法有所不同。一般制备时都是采用处于对数生长期的细胞，其过程是首先将处于对数生长期的细胞收集起来，放在含有渗透压稳定剂的高渗缓冲液中；然后加入适量的细胞壁水解酶，在一定的条件下作用使细胞壁发生破坏；再对混合液进行分离，除去细胞壁碎片、未作用的细胞以及细胞壁水解酶，得到原生质体。抽取原生质体时应注意：①破坏细胞壁时不能影响到细胞膜的完整性及细胞内部的结构，因此只能使用对细胞壁有作用的专一性酶。②选用分解酶时，应根据不同来源的细胞而选用不同的酶，如酵母的细胞壁由 β-葡聚糖构成，故应采用 β-1, 6-葡聚糖酶；植物细胞壁由纤维素、半纤维素和果胶质组成，故应采用纤维素酶和果胶酶进行水解。③制备原生质体的细胞应选择处于对数生长期的细胞，这是因为这个阶段的细胞处于生长旺盛期，细胞健壮，这样可以获得较高的原生质体形成率。④在制备中为防止制备得到的原生质体破裂，应加入适当的渗透压稳定剂，如无机盐、糖类、糖醇等化合物。

（二）原生质体固定化

将通过上述步骤制备好的原生质体，重新悬浮在含有渗透压稳定剂的缓冲液中配成一定浓度的原生质体悬浮液，然后采用一定的方法将它制成固定化原生质体。固定化原生质体的方法一般是凝胶包埋法。常用的有琼脂凝胶、海藻酸钙凝胶、角叉菜酸和光交联树脂等方法。例如，海藻酸钙凝胶固定化法的操作过程：用含有渗透压稳定剂的缓冲溶液配制一定浓度的（3%～6%）海藻酸钠溶液，与等体积的一定浓度的原生质体悬浮液混合均匀，将此混合后的悬浮液用滴管或注射器滴到一定浓度的氯化钙溶液中，浸泡1～2h，制成直径为1～4mm的球状固定化原生质体。

（三）固定化原生质体的特性及应用

原生质体经固定化制成固定化原生质体后，仍然保持了原生质体的新陈代谢的特性，可以照常产生各种代谢产物，而且除去了细胞壁的扩散屏障，更有利于获得大量的发酵产物。在使用中，固定化原生质体具有如下特点。

1. 可显著提高产率

由于除去了细胞壁屏障，有利于胞内物质不断分泌到胞外，有利于氧气和营养物质的传递和吸收，这样可以加快反应速度。

2. 有利于连续生产、延长保存时间

由于载体的保护作用，因此固定化原生质体具有较好的操作稳定性和较长的保存时间，可以连续反复使用较长时间，利于连续化生产。

3. 提高产品质量

固定化原生质体易于和发酵产物分开，有利于产物的分离和纯化，从而提高产品质量。

固定化原生质体由于具有以上优点，现在已用于许多天然代谢产物的生产，目前主要用在各种氨基酸、酶和生物碱等物质的生产及甾体转化等产品的生产中。

第六节　酶反应器

一、酶反应器的特点

以酶作为催化剂的反应所需的设备称为酶反应器。其作用是以尽可能低的成本，按一定的速度由规定的反应物制备特定的产物。酶反应器的特点是在低温、低压的条件下发挥作用，反应时耗能和产能也比较少。它不同于发酵反应器，因为它不表现自催化方式，即细胞的连续再生。但是酶反应器和其他反应器一样，都是根据产率和专一性来进行评价的。

二、酶反应器的基本类型和特征

酶反应器有两种类型：一类是直接应用游离酶进行反应的均相酶反应器，另一类是应用固定酶进行的非均相酶反应器。均相酶反应器能在分批式反应器或超滤膜反应器中进行，而非均相酶反应器则可在多种反应器中进行。酶反应器的种类有很多，如图 4-5 所示，应用时可根据催化剂的形状来选用，例如，粒状催化剂可采用搅拌罐、固定化床和鼓泡塔式反应器，而细小颗粒的催化剂则宜选用流化床，膜状催化剂则可考虑采用螺旋式、转盘式、平板式、空心管式膜反应器。各反应器形式及其特征如表 4-3 所示。总之在选用酶反应器时，必须综合考虑各种因素，具体如下。

1) 催化剂的形状和大小。

2) 催化剂的机械强度和比例。

3) 反应操作的要求（如 pH 是否可控制）。

4) 对付杂菌污染的措施。

5) 反应动力学方程的类型。

6) 底物（溶液）的性质。

7) 催化剂再生、更换的难易程度。

8) 反应器内液体的塔存量与催化剂表面积之比。

9) 传质特性。

10) 反应器的制造成本和运动成本。

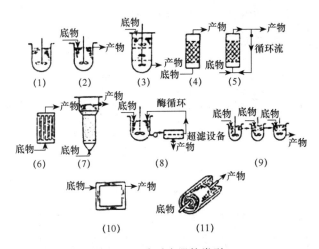

图 4-5　酶反应器的类型

（1）间歇式搅拌罐；（2）连续式搅拌罐；（3）多级连续搅拌罐；（4）填充床；

（5）带循环的固定床；（6）列管式固定床；（7）流化床；（8）搅拌罐—超滤器联合装置；

（9）多釜串联半连续操作；（10）环流反应器；（11）螺旋式膜反应器

表 4-3　各反应器的形式及其特征

	形式名称	适用的操作方式	特征
均相酶反应器	搅拌罐	分批、半连续	反应器内的溶液用搅拌器机械混合
	超滤膜反应器	分批、半连续、连续	采用如透析膜、超滤膜、中空纤维等，只允许低分子化合物而酶不能通过的膜反应器，适用于大分子底物
固定化酶反应器	搅拌罐	分批、半连续、连续	用搅拌器搅拌，固定化酶或固定化微生物粒子悬浮在溶液中，粒子保留在槽内
	固定床或填充床	连续	使用广泛的固定化酶反应器，把固定化酶或固定化微生物粒子（粒径100μm至若干毫米）填充在塔内，底物溶液一般是由下向上通入
	膜反应器	连续	膜状或者片状的固定化酶或固定化微生物反应器，其组件形式有螺旋式、转盘式、平板式等
	流化床	分批、连续	靠溶液的流动促进固定化酶或固定化微生物粒子在床内激烈搅动、混合
	鼓泡塔	分批、连续、半连续	悬浮在鼓泡塔中，粒子保留在塔内，适用于有气体（特别是O_2）参加的反应

第七节　酶的应用

随着酶工业生产的发展，酶已在工业、农业、医药、环保等领域中广泛应用，成为人类生活中不可缺少的一部分，人们的衣、食、住、行及其他方面的新技术几乎都离不开酶。下面仅从几个方面对酶的应用进行简要说明。

一、酶在酿造、食品工业中的应用

（一）概况

目前国内外广泛使用酶的领域是酿造、食品等行业。其主要的应用如表4-4所示。

表 4-4　酶在酿造、食品中的应用

酶	来源	主要用途
α-淀粉酶	枯草杆菌、米曲霉、黑曲霉	发酵原料淀粉液化，制造葡萄糖、饴糖、果葡糖浆，纺织退浆
β-淀粉酶	麦芽、巨大芽孢杆菌	制造麦芽、啤酒酿造
异淀粉酶	气杆菌、假单胞杆菌	制造直链淀粉、麦芽糖
糖化酶	黑曲霉、根霉、红曲霉	制造葡萄糖、发酵原料淀粉糖化
蛋白酶	胰脏、木瓜、枯草杆菌	水解蛋白、啤酒澄清、皮革加工
果胶酶	霉菌	果汁、果酒的澄清

酶	来　源	主要用途
柑苷酶	黑曲霉、青霉	水果加工、去除橘汁苦味
纤维素酶	木霉、青霉	食品、发酵、饲料加工
核苷磷酸化酶	酵母菌	生产 ATP
色苷酸合成酶	细菌	生产色氨酸

（二）实例

【实例一】外加酶制剂啤酒生产。

啤酒以其特有的"麦芽的香味、细腻的泡沫、酒花的苦涩、透明的酒质"为人们所喜爱。为了进一步提高质量、降低成本，采用补充外加酶来弥补麦芽中的酶。具体生产过程如下。

1. 工艺流程

外加酶制剂啤酒生产工艺流程如图 4-6 所示。

在该工艺中，酶制剂的使用贯穿在生产的全过程之中，并且操作简便、效益高。耐高温的 α-淀粉酶应用在糊化时，可达到无麦芽糊化，使辅料比增加，酒质清淡爽口。采用液体糖化酶或 β-淀粉酶协同麦芽糖化，可以弥补麦芽质量差带来的损失，并可提高发酵度。为了增加 α-氨基酸氮，可以在发酵前加蛋白酶；为了加快过滤速度，可以加 β-葡聚糖酶；为了防止啤酒混浊，可以在发酵中添加蛋白酶。表 4-5 列出了啤酒酿造中使用的主要酶制剂。

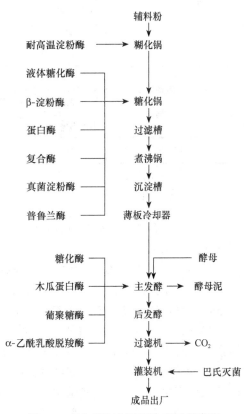

图 4-6　外加酶制剂啤酒生产工艺流程

表 4-5　啤酒酿造中使用的主要酶制剂

酶	产生菌	功　用
α-淀粉酶 耐高温 α-淀粉酶	枯草芽孢杆菌 解淀粉芽孢杆菌 地衣芽孢杆菌	用于辅料液化
糖化酶	黑曲霉 米曲霉	生产干啤酒、增加可发酵性糖

酶	产 生 菌	功 用
蛋白酶	黑曲霉 宇佐美曲霉 枯草芽孢杆菌 栖土曲霉	增加 α-氨基酸，防止啤酒混浊，改善麦芽质量，加快过滤速度
普鲁兰酶 β-葡聚糖酶	嗜酸芽孢杆菌 产气气杆菌 枯草芽孢杆菌	切割淀粉支链，增加出糖；改善过滤速度
α-乙酰乳酸脱羧酶 纤维素酶	地衣芽孢杆菌 枯草芽孢杆菌 绿色木霉	减少双乙酰含量；增加出糖
β-淀粉酶	植物提取	增加可发酵性糖

2. 注意事项

在使用外加酶生产啤酒时应正确选择、合理使用酶制剂，使酶制剂发挥最大的功效，因此应注意如下几点：

1）必须有针对性地选择合适的酶制剂，以弥补麦芽质量差带来的损失。

2）应使用高质量酶制剂，防止染菌。因啤酒为酿造酒，添加的酶必须符合食品卫生标准，并且在使用过程中严格控制用量，注意灭菌操作。

3）操作工艺应根据酶制剂的特性进行调整，应在最适的工艺条件下（pH、温度、用量）进行生产，使酶发挥最大效能。

4）正确使用酶制剂，严格控制酶用量。酶用量不当，效果不佳，如在糊化时加高温淀粉酶，用量少，会产生煮沸溢料，用量太多，造成浪费。因此用量必须适当，操作方法必须正确。总之在使用各种酶的过程中，必须保证一定条件下的作用时间，确保酶分子与作用物的接触和反应时间，从而达到添加酶的作用效果。作用时间与加酶量相关，加酶量多，相对来说作用时间可以缩短；加酶量少，则作用时间长。

【实例二】果葡糖浆的生产。

果葡糖浆是由葡萄糖异构酶催化葡萄糖异构化生成部分果糖而得到的葡萄糖与果糖的混合糖浆，从营养角度上讲接近于蔗糖，在饮料中应用十分广泛。目前国内外大都采用固定化葡萄糖异构酶进行连续化生产。

1. 工艺流程

果葡糖浆生产工艺流程如图 4-7 所示。

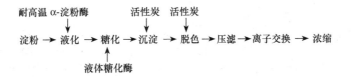

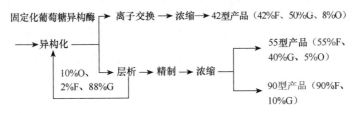

图 4-7 果葡糖浆生产工艺流程

注：F 表示果糖；G 表示葡萄糖；O 表示低聚糖。

2. 生产工艺过程

（1）葡萄糖的制备

生产果葡糖浆的原料是纯度高的葡萄糖溶液，以"双酶法"所制得的葡萄糖溶液为最好。"双酶法"生产葡萄糖的过程为淀粉原料经粉碎加水制得浓度为 17～18°Bé 的粉浆，经 α-淀粉酶液化，再经糖化酶糖化得到浓度为 30%左右的糖化液。通过脱色、离子交换等方法分离纯化，并经浓缩得到 40%～45%的葡萄糖液。葡萄糖浆的质量标准为适光率大于 90%，葡萄糖值大于 90%，色泽为淡黄色。

（2）葡萄糖异构化

葡萄糖异构化所用的葡萄糖异构酶在工业上常采用链霉素属菌株生产，该酶为胞内酶，常直接将菌体制成固定化，成为具有一定强度的颗粒状的酶，在柱内充填。生产中一般采用四个柱串联，分成两组连续串流进行催化。葡萄糖异构化时，先将精制葡萄糖调节 pH 为 6.5～7.0，加 0.01mol/L 的硫化镁，让葡萄糖液在 60℃的恒温下，从上往下连续通过柱子获得转化糖液。葡萄糖从柱内通过的速度和时间是影响流出糖液内果糖含量的决定因素。流速太快，会使果糖含量降低；流速太慢，会影响产量。为了有效利用葡萄糖异构酶，延长葡萄糖异构酶的使用周期，一般将流出糖液内的果糖含量（按干物质计）控制在 42%。葡萄糖液通过异构转化成果糖、葡萄糖混合糖浆后，即可进行脱色、离子交换，并经真空浓缩，将糖浆浓缩到 70%以上，即为果葡糖浆。

3. 葡萄糖异构酶的更换

糖液源源不断地流加到柱子中进行催化，受到反应液中各种因素（包括温度、pH 等）的影响而使酶的活力不断钝化，催化效果越来越小；此外固定化葡萄糖异构酶在糖化过程中也会因受压冲击等因素发生破碎、强度下降等物理性损伤，造成柱子体积及中间间隔变小。受这两方面的影响，葡萄糖液在柱内的通过速度会越来越低，当酶活性在 25%以下时，即到原酶的第二个半衰期，就应停止使用，换新酶。

（三）酶在食品保鲜方面的应用

食品在加工、运输和储藏过程中，因受到氧、微生物、温度等因素的影响，会发生一系列的物理、化学和生物变化，使食品的色、香、味及组织结构发生变化。长期以来，如何尽可能地保留食品的原有特性是食品加工、运输过程中的重要研究课题。

随着酶的研究与应用，酶技术在食品保鲜应用方面体现了其明显的优势。利用酶的催化活性，防止或者消除各种外界因素对食品产生的不良影响，从而保持食品的优良品质和风味特色的技术，称为酶制剂保鲜技术。其主要作用体现在以下两个方面。

1. 除氧

氧的存在容易使富含油脂的食品发生油脂酸败，产生不良的风味，甚至产生有害的物质。因此，除氧是解决食品氧化的重要问题。葡萄糖氧化酶是有效的除氧保鲜剂，它能催化葡萄糖与氧反应生成葡萄糖酸和过氧化氢（H_2O_2）。因此将葡萄糖氧化酶、葡萄糖和食品同时置于密闭容器中，通过葡萄糖氧化酶的作用可逐渐消耗氧，起到食品保鲜的作用。

2. 防止微生物的污染

微生物污染是另一个引起食品腐败变质的重要因素。在这方面溶菌酶显示了其独特的优势，其能作用于细胞壁，可破坏细菌的细胞壁，使细胞溶解死亡，从而防止和消除细菌对食品的污染，起到防腐、保鲜的作用。它具有高度专一性，对没有细胞壁的人体细胞不会产生不利的影响，所以广泛地应用于医药、食品等需要灭菌的领域，如溶菌酶添加到婴儿奶粉中可防止婴儿肠道感染。

二、酶在医药方面的应用

酶在医药领域的用途很广泛，主要体现在：①用酶进行疾病的诊断；②用酶治疗各种疾病；③用酶制剂生产各种药物。随着酶分子修饰和酶固定化等酶技术的发展，将会不断扩大酶在医药方面的应用。

（一）酶在疾病诊断方面的应用

由于酶具有高度的灵敏性与专一性的催化特点，在医学疾病诊断上成为了一种简单、快捷、灵敏的诊断方法，特别是应用固定化制造的各种酶试纸是家庭"诊断盒"的重要工具，发展前景十分可观。用酶诊断疾病包括两个方面，一是根据体内原有酶活力的变化来诊断某些疾病，称为酶的诊断；二是利用酶来测定体内某些物质的含量从而诊断某些疾病，称为诊断用酶。

1. 酶的诊断

健康的人体液内所含有的某些酶的量一般情况下恒定在某一范围内。若发生某些疾病，则体液内的某种或某些酶的活力将会发生相应的变化。因此，可以根据体液内某些酶的活力变化情况，而诊断出某些疾病（表4-6）。

例如，血清中谷转氨酶（GPT）和谷草转氨酶（GOT）的活力测定，是肝脏疾病和心肌梗死等疾病的诊断指标之一，如急性传染性肝炎、肝硬化和阻塞性黄疸肝炎的患者，其血清中 GPT 和 GOT 的活力升高，尤其是急性传染性肝炎患者 GPT 和 GOT 的活力急剧升高。当测定其血清的 GPT 和 GOT 值很高时，再结合其他指标即可做出诊断。

此外，β-葡萄糖醛缩酶、胃蛋白酶、乳酸脱氢酶等的活力测定，有助于对某些癌症做出诊断。

表 4-6　根据酶活力变化进行疾病诊断

酶	疾病与酶活力变化
淀粉酶	胰脏疾病、肾脏疾病时，活力升高；肝病时，活力下降
胆碱酯酶	肝病时，活力下降
酸性磷酸酶	前列腺癌、肝炎、红细胞病变时，活力升高
碱性磷酸酶	佝偻病、软骨病、骨瘤、甲状旁腺功能亢进时，活力升高；软骨发育不全等时，活力下降
谷丙转氨酶	肝病、心肌梗死等疾病时，活力升高
谷草转氨酶	肝病、心肌梗死等疾病时，活力升高
胃蛋白酶	患胃癌时，活力升高；十二指肠溃疡时，活力下降
磷酸葡萄糖变位酶	肝炎、癌症时，活力升高
醛缩酶	癌症、肝病、心肌梗死等疾病时，活力升高
β-葡萄糖醛缩酶	肾癌及膀胱癌时，活力升高
碳酸酐酶	坏血病、贫血等时，活力升高
乳糖脱氢酶	癌症、肝病、心肌梗死等疾病时，活力升高

2. 诊断用酶

酶具有专一性强、催化效率高等特点，可以利用酶来测定体液中某些物质的含量，从而诊断某些疾病（表 4-7），如糖尿病的诊断。糖尿病患者的血液或尿液的葡萄糖含量较高，利用葡萄糖氧化酶和过氧化氢酶的联合作用，检测患者的血液和尿液的葡萄糖含量，从而作为糖尿病临床诊断的依据。目前已将这两种酶制成固定化酶试纸或酶电极，这样可以十分方便地用于临床检测；用固定化尿酸酶测定血液中尿酸的含量来诊断痛风病。目前酶标免疫测定（图 4-8）在疾病诊断方面的应用越来越多。酶标免疫测定是先把酶与某种抗体或抗原结合，制成酶标记的抗体或抗原；然后利用酶标抗体（或酶标抗原）与待测定的抗原（或抗体）结合，再借助于酶的催化特性进行定量测定，测出酶-抗体-抗原结合物中酶的含量，就可以计算出待测定的抗体或抗原的含量，通过抗体或抗原的含量能诊断某种疾病。常用的标记酶有碱性磷酸酶和过氧化物酶等。通过酶标免疫测定，可以诊断肠虫、毛线虫、血吸虫等寄生虫以及疟疾、麻疹、疱疹、乙型肝炎等疾病。随着细胞工程和基因工程的发展，已生产出多种单克隆抗体，为酶标免疫测定带来了极大的方便和广阔的应用前景。

表 4-7　用酶测定物质的量的变化进行疾病诊断

酶	测定物质	用途
尿酸酶	血、尿中尿酸含量	测定痛风病
葡萄糖氧化酶	葡萄糖	测定血糖、尿糖，诊断糖尿病
葡萄糖氧化酶+过氧化物酶	葡萄糖	测定血糖、尿糖，诊断糖尿病
脲酶	尿素	测定血液、尿液中尿素的量，诊断肝、肾病变
谷氨酰胺酶	谷氨酰胺	测定脑脊液中谷氨酰胺的量，诊断肝昏迷、肝硬化
胆固醇氧化酶	胆固醇	测定胆固醇含量，诊断高血脂等
DNA 聚合酶	基因	通过基因扩增、基因测序，诊断基因变异、检测癌基因

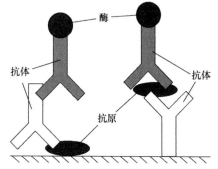

图 4-8　酶标免疫测定原理

（二）酶在疾病治疗方面的应用

酶可以作为药物治疗多种疾病，用于治疗疾病的酶称为药用酶。药用酶具有疗效显著、副作用小的特点，其应用越来越广泛。现在药用酶制品已超过 700 种，表 4-8 列出了常用的药用酶。

表 4-8　用于疾病治疗的酶

酶	来源	用途
淀粉酶	胰脏、麦芽、微生物	治疗消化不良、食欲不振
蛋白酶	胰脏、胃、植物、微生物	治疗消化不良、食欲不振，消炎，消肿，除去坏死组织，促进创伤愈合，降低血压
脂肪酶	胰脏、微生物	治疗消化不良、食欲不振
纤维素酶	霉菌	治疗消化不良、食欲不振
溶菌酶	蛋清、细菌	治疗各种细菌性和病毒性疾病
尿激酶	人尿	治疗心肌梗死、结膜下出血、黄斑部出血
链激酶	链球菌	治疗血栓性静脉炎、咳痰、血肿、下出血、骨折
青霉素酶	蜡状芽孢杆菌	治疗青霉素引起的变态反应
L-天冬酰胺酶	大肠杆菌	治疗白血病
超氧化物歧化酶	微生物、植物、动物	预防辐射损伤，治疗红斑狼疮、皮肌炎、结肠炎
凝血酶	动物、细菌、酵母等	治疗各种出血病
胶原酶	细菌	分解胶原，消炎，化脓，脱痂，治疗溃疡
右旋糖酐酶	微生物	预防龋齿

酶	来 源	用 途
胆碱酯酶	细菌	治疗皮肤病、支气管炎、气喘
溶纤酶	蚯蚓	溶血栓
弹性蛋白酶	胰脏	治疗动脉硬化，降血脂
核糖核酸酶	胰脏	抗感染，祛痰，治疗肝癌
尿酸酶	牛肾	治疗痛风

1. 蛋白酶

蛋白酶是催化肽键水解的一类酶，它是临床上使用较早、用途较广泛的一种药用酶。蛋白酶的主要作用：①作为助消化剂，利用蛋白酶水解蛋白质生成氨基酸和多肽，起到消化作用，用于治疗消化不良和食欲不振，使用时可与淀粉酶、脂肪酶等制成复合制剂，以增加疗效；②作为消炎剂，利用蛋白酶分解一些蛋白质和多肽，使炎症部位的坏死组织溶解，增加组织的通透性，抑制浮肿，促进病灶附近组织液的排出并抑制肉芽的形成，从而起到消炎作用。使用时可以口服、局部外敷或肌肉注射等。

2. 超氧歧化酶

超氧歧化酶（SOD）的催化作用是催化超氧负离子（O_2^-）进行氧化还原反应，使机体免遭 O_2^- 的损害。它具有抗辐射作用，对红斑狼疮、皮肌炎、结肠炎等疾病有显著疗效，并且无明显的副作用，也不会产生抗原性，是一种多功能低毒性的药用酶。

3. 溶菌酶

溶菌酶作用于细菌的细胞壁，可使病原菌、腐败性细菌等溶解死灭，对抗生素有耐药性的细菌同样起溶菌作用，具有抗菌、消炎、镇痛的作用，对人体副作用小。它与抗生素联合使用，可显著提高抗生素的疗效，是一种应用很广泛的药用酶。

（三）酶在药物制造方面的应用

酶在药物制造方面的应用是利用酶的催化作用将前体物质转化为药物。酶在此方面的应用日益增多，其中有不少名贵药物是通过酶法生产的。其具体应用如表 4-9 所示。

表 4-9 酶在药物制造方面的应用

酶	主 要 来 源	用 途
蛋白酶	动物、植物和微生物	生产 L-氨基酸
核糖核酸酶	微生物	生产核苷酸
青霉素酰化酶	微生物	制造半合成青霉素和头孢菌素
β-葡萄糖苷酶	黑曲霉等微生物	生产人参皂-Rh₂
11-β-羟化酶	霉菌	制造氢化可的松

续表

酶	主要来源	用途
L-酪氨酸酶	植物	制造多巴
无色杆菌蛋白酶	细菌	由猪胰岛素转变为人胰岛素

 本章小结

本章内容结构如图 4-9 所示。

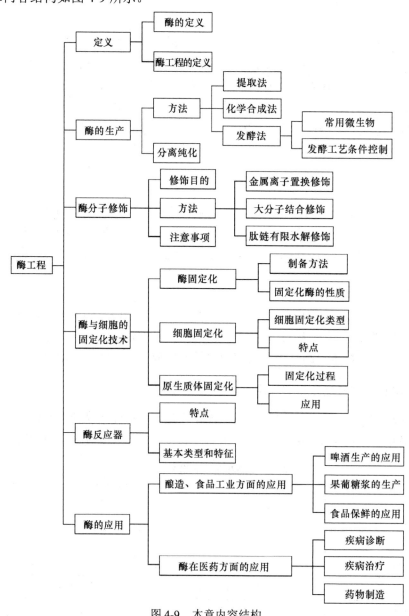

图 4-9 本章内容结构

知识链接

本章主要针对酶工程方面的知识进行简略的介绍，知识的拓展方面为酶工程、酶的应用技术、微生物工艺原理等。

 思考题

1. 简述酶、底物、固定化酶、固定化细胞、酶的修饰的定义。
2. 什么是酶工程？酶工程有哪些应用前景？
3. 酶发酵生产对微生物有何要求？常用于酶生产的菌种有何特性？
4. 影响酶发酵的工艺条件有哪些？如何控制？
5. 酶的分离提取方法有哪些？提取过程有哪些注意事项？
6. 酶固定化方法有哪些？各有什么优缺点？
7. 简述固定化酶、固定化细胞和固定化原生质的应用。
8. 对酶分子进行修饰的目的是什么？有哪些方法？
9. 酶反应器有哪些类型？
10. 简述果葡糖浆的生产过程。
11. 说明啤酒外加酶的作用。
12. 举例说明酶在医学上的作用。
13. 举例说明酶在食品工业上的作用。

第五章 发 酵 工 程

发酵工程是利用微生物的生长和机能及其代谢活动生产各种有用物质的现代工业，由于它是利用微生物进行生产的，又称为微生物工程。发酵工程是研究微生物工业生产中各单元操作的工艺和设备的一门学科，其主要内容包括菌种的选育、发酵条件的优化与控制、反应器的设计，以及产物的分离、提取与精制等。

第一节　发酵工程概况

一、发酵工程的定义

发酵最初来自拉丁语"发泡"，是指酵母作用于果汁或发芽谷物产生二氧化碳的现象。目前人们把利用微生物在有氧或无氧条件下的生命活动来制备微生物菌体或其代谢产物的过程称为发酵。

发酵工程是利用微生物的特定性状和功能，通过现代工程技术生产有用物质或直接应用于工业化生产的技术体系；是将传统发酵与现代的重组 DNA、细胞融合、分子修饰和改造等新技术结合并发展起来的发酵技术。也可以说发酵工程是渗透有工程学的微生物学，是发酵技术工程化的发展。

发酵工程处于生物工程的中心地位，绝大多数生物工程的目标是通过发酵工程来实现的。目前研究的大部分生产实例中，用于发酵过程的最有效、最稳定和最方便的催化剂形式是微生物活细胞。随着生物工程的发展，动物和植物等高等生物必将在发酵工业中发挥越来越重要的作用。

发酵工程基本上可分为发酵和提取两大核心部分。发酵部分是微生物反应过程，提取部分也称为后处理或下游加工过程。完整的微生物工程应包括从投入原料到获得最终产品的整个过程。发酵工程就是要研究和解决这整个过程中的工艺和设备问题，将实验室成果和中间实验成果扩大到工业化生产中去。

实践证明，发酵工程不仅是开发微生物资源的一项关键技术，同时也是生物技术产业化的重要环节。目前已开发的工程产品如人干扰素、乙肝疫苗、心活素（tPA）、红细胞生成素（EPO）、血凝因子、青霉素酰化酶等产品，都是通过发酵工程来完成的，并且已产生巨大的效益。

二、发酵工程反应过程的特点

发酵工程反应过程是指由生长繁殖的微生物所引起的生物反应过程。这些过程既有利用微生物获得某种产品的过程，又有利用微生物消除某些物质（废水、废物的处理）的过程，这些过程的产物可以是过程的中间或终点时的代谢产物，也可以是有机物的降解物或微生物自身的细胞。

发酵工程与化学工程联系非常密切，化学工程中的许多单元操作在微生物工程中得到广泛应用。但由于发酵工业是培养和处理活的有机体，所以除了与化学工程有共性外，还有它的特殊性，如空气的除菌系统、培养基灭菌系统等都是微生物工程特有的。

与化学工程相比，发酵工程反应过程具有以下特点：

1）作为生物化学反应，通常在温和的条件（如常温、常压、弱酸、弱碱等）下进行。

2）原料来源广泛，通常以糖、淀粉等碳水化合物为主。

3）反应以生命体的自动调节方式进行，若干个反应过程能够像单一反应一样，在单一反应器内很容易地进行。

4）发酵产品多数为小分子产品，但也能很容易地生产出复杂的高分子化合物，如酶、核苷酸的生产等。

5）由于生命体特有的反应机制，能高度选择性地进行复杂化合物在特定部位的氧化、还原、官能团导入等反应。

6）生产发酵产物的微生物菌体本身也是发酵产物，富含维生素、蛋白质、酶等有用物质。除特殊情况外，发酵液等一般对生物体无害。

7）要特别注意防止发酵生产操作中的杂菌污染，一旦发生杂菌污染，一般都会遭受损失。

8）通过微生物菌种的改良，能够利用原有设备较大幅度地提高生产水平。

发酵过程中也有一些问题应引起注意，具体如下：

1）底物不可能完全转化为目标产物，副产物的产生不可避免，因而造成提取和精制的困难。

2）微生物反应是活细胞的反应，产物除受环境因素影响外，还受细胞内因素的影响，并且容易发生变异，影响反应物的生成率，实际控制也相当困难。

3）生产前准备工作量大，花费高。相对化学的反应而言，反应器效率较低。

4）发酵中，因底物浓度不能过高，从而导致要使用较大体积的反应器。

5）发酵废水常具有较高的 COD 和 BOD，需要进行处理方可排放。

三、发酵工程的内容和发展

（一）发酵工程的产生及发展

早在几千年前，人们就会利用微生物从事酿酒、制酱和奶酪等产品的生产。而作为现代科学概念的发酵工程开始于 20 世纪 40 年代初，是随着抗生素大规模深层发酵工艺的建立和兴趣而迅速发展的。

生物工程的发展使发酵工程进入了一个新时期。基因工程的发展，使人们可以按意愿将外源基因克隆到大规模培养的微生物细胞中。通过基因工程菌的大规模培养，可以大量生产只有动物或植物才能产生的物质。通过基因工程和蛋白质工程构建的生产蛋白酶和脂肪酶的工程菌目前已有大规模生产，应用在洗衣粉制造业取得了良好的效果。细胞工程的研究也对发酵工程的发展起到了推动作用，如通过细胞融合技术获取的特殊功能和多功能的新菌株，再通过发酵，生产新的有用物质。发酵工程发展已扩展到动植物细胞的培养中，使过去只能从动植物中提取的一些产品现在可以通过发酵获取。因此现代发酵技术可利用基因工程获得的工程菌、细胞融合获得的杂交细胞，以及动植物细胞和固定化细胞，使发酵工业的领域突破了利用天然微生物的传统范畴，逐步建立起新型的发酵体系，从而生产人体及其他动植物所不能产生或产量很少的特殊产物。

（二）发酵的基本过程

发酵工程的内容有 3 个部分：上游技术、发酵技术和下游技术。

上游技术主要包括生产菌种的选育、发酵条件的优化、培养基的制备等。

发酵技术是指在最适发酵条件下，发酵罐中大量培养细胞和生产代谢产物的生产技术。这个过程需要有严格的无菌生长环境，包括生产原料、发酵罐以及各种连接管道的灭菌技术；通入发酵罐的无菌空气的空气过滤技术；在发酵过程中根据细胞生长要求控制加料速度的计算机控制技术；还有种子培养和生产培养的不同生产技术。

下游技术是指从发酵液中分离纯化产品的技术，也包括产物的分离、提取与精制等过程。它包括固液分离技术、细胞破壁技术、蛋白质纯化技术、产品的包装处理技术。

（三）发酵工程产品的类型

发酵工程就其发酵方式而言可分为厌气发酵和通风发酵两大类。厌气发酵包括酒类发酵、丙酮丁醇发酵、乳酸发酵、甲烷发酵等；通风发酵有酵母培养、抗生素发酵、有机酸发酵、酶制剂生产和氨基酸发酵等。

发酵工程涉及的领域有食品工业（如调味品、食品添加剂、发酵食品等）、酶制剂、农产品加工、酒精和饮料酒工业、氨基酸工业、有机酸工业、医药工业（核苷酸、抗生素、激素等）、单细胞蛋白的生产、废物废水的处理、生物气体的产生等。

目前已知的具有生产价值发酵产物的类型有微生物菌体本身、由菌体或酶系实现生物转化所得到的产物、菌体生长所必需的基本代谢产物、菌体生长不必需的次生代谢产物等。

发酵工程产品可归纳为以下 4 大类。

1. 以菌体为产品

以菌体为产品是以获得具有多种用途的菌体为目的的发酵，包括酵母、细菌、霉菌和真菌（包括食用菌）的生产等。由于微生物菌体本身具有各种不同的用途，因而生产这些菌体也有不同的发酵工艺。传统的发酵工业有面包业的酵母发酵及用于人类或动物食品的微生物菌体蛋白（单细胞蛋白）发酵。新型的菌体发酵产品如香菇类、依赖虫蛹而生存的冬虫夏草菌以及与天麻共生的蜜样菌等药用真菌。菌体发酵工业中还包括微生物杀虫剂的发酵，如苏云金杆菌、蜡样芽孢杆菌和侧孢芽孢杆菌，其细胞中的伴孢晶体可毒杀鳞翅目、双翅目的害虫。

2. 酶类产品

酶类产品包括各个酶种、酶制剂和各种曲类（大曲、小曲、麸曲、麦曲）等。酶普遍存在于动物和微生物中，最早人们是从动植物组织中提取酶的，例如，从小牛胃里提取凝乳酶，从动物的胰脏和植物麦芽中提取淀粉酶，从植物菠萝中提取蛋白酶。随着酶制剂应用的推广，以提取法获得的酶产品已不能满足生产的需要，从而推动微生物发酵生产酶技术的迅速发展，目前微生物发酵酶制剂广泛用于食品和轻工业中。医药方面的酶产品也得到了开发和生产，如用于抗癌的天冬酰胺酶和用于医药工业的青霉素酰化酶等。

3. 以微生物代谢产物为产品

微生物代谢产物的种类很多，就其产物产生的时期和与菌体生长繁殖的关系可将产品分为两类：初级代谢产物和次级代谢产物。

初级代谢产物是指在菌体生长期产生的产物，是菌体生长繁殖所必需的。产生这些产物的菌体生长时期叫做对数生长期，如氨基酸、核苷酸、蛋白质等。次级代谢产物是指微生物产生的与本身的生长和生命活动并不是密切相关的产物，它们一般产生于微生物生长的稳定期，它们的结构往往相当复杂，很难弄清楚微生物为什么要形成这些产物，有人认为这是微生物为了保护自己而产生的拮抗性的产物，这些物质与菌体生长繁殖无明显的关系，如抗生素、生物碱、植物生长因子等。这类物质目前是发酵工程研究的主要目标，有较大的经济价值。

发酵代谢产品有工业溶剂（酒精、丙酮、丁醇等）、有机酸（乙酸、乳酸、柠檬酸、衣康酸等）、氨基酸（谷氨酸、赖氨酸、丙氨酸等）、维生素（B 族维生素、维生素 C 等）、抗生素（青霉素、链霉素等）、多糖类（葡聚糖、细菌多糖、真菌多糖等）、核苷及核苷酸（ATP、AMP、肌苷、$5'$-肌苷酸等）。近年来，一些激素、胰岛素、干扰素、抗体、疫苗等也可用发酵法生产。

4. 利用微生物发酵转化或改造化合物结构

微生物转化是利用微生物细胞在生命过程中进行的物质转化，它包括两个方面：一是合成有用物质，即将一种或几种化合物转变成结构相关的更有经济价值的产物；另一种是分解有害物，即分解有害化合物使其无害化。生物转化与化学反应相比具有许多优点，如特异性强、反应条件温和、转化效率高、对环境无污染等。

微生物转化的实例有很多，如利用菌体将乙醇转化成乙酸的醋酸发酵。我国具有知识产权的维生素 C 的"二步发酵法"生产方法，是先将山梨醇转化为 L-山梨糖，然后用两种菌株组合将 L-山梨糖转化成 2-酮基-L-古龙酸。在医药上的应用如甾类激素药物，如醋酸可的松等皮激素和黄体酮等性激素，都是利用微生物的转化性质获得的产品。在环境保护方面，微生物降解是常用的方法，它们能将污染物质降解为无污染物质，达到环境保护的目的。

随着科学技术的发展，发酵工程涉及的范围将越来越宽广。近年来，由大量生产实践和科学实验总结出来的发酵机制、发酵动力学、连续发酵的理论研究，促进了微生物工业中许多实际问题的解决。但目前的经验还不足或还没有总结归纳为理论，因而生产中出现的某些实际问题尚无完善的理论指导，例如，霉菌、放线菌的发酵，还没有比较满意的设计和放大方法；连续发酵的理论虽然研究的很多，但实际生产中的许多问题未能很好解决，因而除酒精、啤酒、丙酮、丁醇等生产和活性污泥法处理废水采用连续发酵外，大生产上应用极少。理论问题的难以解决，主要是以下两种原因。

（1）微生物的复杂性和多样性

微生物的生长要求、生理特点、代谢途径各不相同，因此，适合于某种微生物的发酵罐的形式，不一定适用于另一种微生物；同一种形式的发酵罐适用于某些菌种，但各种菌对通风量、搅拌转速、培养条件等的要求又各不相同。因此，发酵生产条件的变化比化工生产要复杂。要在消耗最小的情况下维持最高生产率，目前只有通过大量试验才能获得最佳条件。

（2）试验条件的局限性

目前因大型生产设备条件的限制，不能用各种不同的条件进行试验，所以某些理论和设计方法，大多是通过实验室试验后得到的。小型试验虽然在一定程度上反映出大设备的一些情况，但不可能涉及全部生产条件。

计算机在发酵工程中的应用，也由于生物对象的复杂性，还没有足够的直接测量传感器和完善的数学模型，有待进一步研究。所以发酵全过程的最优化动态控制基本上还处于检验与半检验阶段。

总之，发酵工程领域内很多理论和实际问题远未解决，有待以后进一步研究和探讨。在目前阶段，要很好解决生产问题，必须多做试验。实验室小型试验、中间试验、大型生产这个过程是目前新产品投产的必经之路。

第二节 微生物工业菌种与培养基

自然界中存在着各种各样的微生物，它们是个体微小、构造简单、必须借助显微镜才能看清外形的一群微小生物。微生物具有不同的形态结构和生理特征，可以分成不同的类群。其中，细菌、放线菌、酵母和霉菌等已广泛应用于发酵工业，有的直接利用其菌体细胞，有的则利用其代谢产物或转化机能。了解微生物的种类、形态及生理特征的目的在于认识微生物的特性，掌握其生命活动规律，使其在工业生产中充分发挥作用。

微生物具有种类多、繁殖快、分布广泛、易培养、代谢能力强和容易变异等特点，并且在生产中不易受时间、季节、地区的限制。

微生物包括原生动物、单细胞藻类、真菌、立克次氏体和病毒等。原生动物、单细胞藻类、真菌等的细胞含有像高等植物一样的具体细胞核，细胞核有核仁、核膜和染色体，这类微生物称为真核生物。细菌、立克次氏体、蓝（绿）藻类等的细胞不含有具体的细胞核，细胞核没有核膜、核仁，遗传物质（DNA）不组成典型的染色体，这类微生物称为原核生物。病毒没有具体的细胞结构，为非细胞微生物。工业上应用的全部微生物都称为工业微生物，生产中，还会遇到杂菌污染，如噬菌体等。有些微生物既是工业生产菌，但在一定条件下又可能是杂菌。工业生产中常见的微生物和经常遇到的杂菌主要是细菌、放线菌、酵母、霉菌和一部分病毒。由于发酵工程本身的发展以及遗传工程正进入发展阶段，病毒、藻类等其他微生物也正逐步地成为工业生产菌。

一、发酵工业对菌种的要求

微生物广泛分布于土壤、水和空气等自然界中，尤以土壤中最多。在工业生产中，我们不仅会遇到有益的微生物，还会遇到有害的微生物。有的微生物从自然界分离出来就能利用，有的需要对分离到的野生菌株进行人工诱变，得到突变体才能利用。为了保证大规模生产的正常性和安全性，选择菌种应遵循以下原则：

1）能在由廉价原料制成的培养基上迅速生长，并生成所需的代谢产物，产量高。

2）可以在易于控制的培养条件下（糖浓度、温度、pH、溶解氧、渗透压等）迅速生长和发酵，对酶的活力要求较高。

3）生长速度和反应速度较快，发酵周期短。

4）选育抗噬菌体能力强的菌株，使其不易感染噬菌体。

5）菌种不易变异退化，以保证发酵生产和产品质量的稳定性。

6）菌种不是病原菌，不产生任何有害的生物活性物质和毒素（包括抗生素、激素、毒素），以保证安全。

二、工业上常用的微生物菌种

（一）细菌

细菌是自然界中分布最广、数量最多的一类微生物，属单细胞原核生物，具有典型的核分裂或二分分裂繁殖。一般体形微小，常在 1000 倍的光学显微镜或电子显微镜下才能看到（图 5-1）。

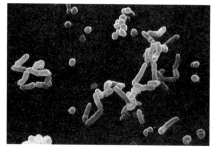

图 5-1　细菌

1. 形态和大小

细菌的基本形态有球状、杆状、螺旋状三种。

细菌的大小随种类的不同变化很大，有的小到用光学显微镜观察时，仅能达到可见的程度；有的大到几乎用肉眼就可以看见，多数细菌的大小在这两者之间。不论它们大小如何，除用显微镜外，都不能清楚地看到它们。

细菌细胞的质量为 $1 \times 10^{-10} \sim 1 \times 10^{-9}$ mg，即每克细菌含（1～10）万亿个细胞。细菌体积虽小，但其表面积很大，有利于细胞吸收营养物质和加强新陈代谢。

2. 细菌的细胞结构

细菌的一般结构为细胞壁、细胞膜、细胞质和核质体。

细胞壁有固定菌体外形和保护菌体的作用，细胞膜又称为细胞质膜或原生质膜，是在细胞壁与细胞质之间的一层半渗透性膜，其主要功能是控制细胞体内外一些物质的交换渗透作用等。细胞质是细菌细胞的基础物质，主要成分是水、蛋白质、核酸、脂类及少量的糖类和无机盐类，细胞质是细菌的内在环境，具有生命活动的所有特性，含有各种酶系统，使细菌细胞与周围环境不断地进行着新陈代谢作用。由于细菌属原核生物，细胞内没有一个结构完善的核，因此只有一个核质体，它的主要成分是脱氧核糖核酸，功能是传递遗传特性。

细菌还有一些特殊结构，如鞭毛、荚膜和芽孢等。

3. 细菌的繁殖方式

细菌以裂殖方式进行繁殖，即一个细胞分裂为两个子细胞。分裂时首先菌体伸长，核质体分裂，菌体中部的细胞膜以横切方向形成隔膜，使细胞质分为两部分，细胞向内生长，把横膈膜分为两层，形成子细胞的细胞壁，然后子细胞分离形成两个菌体。

作为细菌的一个特殊结构，芽孢在其生活史和繁殖方式上有特殊性。某些细菌在其生活史的一定阶段，于营养细胞内形成一个内生孢子，称为芽孢。目前对于芽孢形成的环境条件，还不十分明了。以往认为，不良条件会促成细菌形成芽孢，然而实践证明，细菌形成芽孢并无一定规律。芽孢含水量较营养细胞要少，代谢活动极低，具有致密而不易渗透的芽孢壁，对化学药品、干燥和高温等条件具有高度的抵抗力。一般的湿热灭菌，规定在121℃下灭菌15min，以杀死在自然界中抗热性最强的嗜热脂肪芽孢杆菌的芽孢为灭菌标准。细菌的芽孢在适宜的条件下开始吸收水分、盐类等营养物质，然后孢壁破裂，从而萌发产生新菌体。

4. 发酵工业生产中常用的细菌

发酵工业生产中常用的细菌如下：

1）枯草芽孢杆菌。枯草芽孢杆菌能耐高温，所以分布很广泛，常存在于枯草和土壤中。经选育获得的枯草杆菌能产生大量的淀粉酶和蛋白酶，因此主要用于生产 α-淀粉酶和中性蛋白酶。

2）乳酸杆菌。乳酸杆菌能产生乳酸，可用于食品的保存和调整食品的风味。乳酸杆菌在食品工业上具有很重要的作用，如干酪的成熟、酸奶的发酵，以及腌菜、泡菜的制作都与乳酸杆菌有关。

3）醋酸杆菌。醋酸杆菌能将酒精氧化为醋酸，是醋酸的生产菌。

4）大肠杆菌。大肠杆菌是用于生产天冬氨酸、苏氨酸、缬氨酸等氨基酸的生产菌。它是人类肠道中的正常寄生菌，在肠道中一般不致病。但当它侵入某些器官时可引起炎症。由于大肠杆菌营养简单，增殖迅速，人们常将大肠杆菌数目作为水和食物污染的标志。大肠杆菌在医药方面和基因工程方面是很好的研究材料。

此外还有双歧杆菌作为功能性食品，丙酮丁醇梭状芽孢杆菌生产丙酮丁醇，北京棒状杆菌利用葡萄糖为原料发酵产生谷氨酸等。

（二）放线菌

放线菌以菌落呈放射状而得名，该菌在自然界中分布很广泛，而土壤是这类微生物的主要栖居场所，一般在中性或偏碱性的土壤和有机质丰富的土壤中较多。放线菌的经济价值在于它们能产生各种抗菌素。据不完全统计，到目前为止，由放线菌产生的抗菌素约1700种，其中在临床和农业生产上有使用价值的有数十种，如链霉素、土霉素、金霉素、卡那霉素、博来霉素、春雷霉素、灭瘟素等。放线菌还可产生各种酶和维生素等。

1. 放线菌的形态和构造

放线菌的菌体由菌丝体构成。菌丝体有两种类型：一类为基内菌丝体（又称为营养菌丝体），长在培养基内和紧贴在培养基表面，并纠缠在一起形成密集的菌落；另一类为气生菌丝体，即基内菌丝体发育到一定阶段后，向空气长出的菌丝体。气生菌丝发育到一定阶段，在它上面形成孢子丝，然后形成孢子（图5-2）。

放线菌虽然有良好的菌丝体，但无横隔，为单细胞，菌丝和孢子内不具有完整的核，没有核膜、核仁、线粒体等。因此，放线菌属于原核生物。

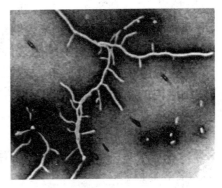

图5-2 放线菌

2. 放线菌的繁殖

放线菌以无性方式繁殖，菌丝断裂的部分即可繁殖成新的菌体。

3. 放线菌在微生物中的分类地位

放线菌与细菌有很多相似的地方，例如，它们都属原核生物，细胞壁的构成基本相同，均易受噬菌体感染，对抗菌素的敏感性相同等。放线菌与细菌的区别主要在于放线菌是有真正分枝的菌丝体，而细菌则没有菌丝体。放线菌是介于细菌和丝状真菌之间的一类微生物，但在微生物分类方面应属于细菌，而不属于真菌。

4. 发酵工业中常用的放线菌

发酵工业中常用的放线菌主要用于生产抗生素，如龟裂链霉菌生产土霉素、金霉素链霉菌生产四环素、灰色链霉菌生产链霉素、红霉素链霉菌生产红霉素。小单孢菌属是产生抗菌素种类较多的一个属，据不完全统计，其产生的抗菌素有 30 多种。

（三）酵母菌

酵母菌是一群单细胞微生物，属真菌类，是人类应用较早的一类微生物。

早在殷商时代，我国劳动人民就会酿酒。以后人们利用酵母菌烤制面包、进行酒精发酵、甘油发酵等。近年来，酵母已应用于石油的发酵脱蜡、发酵生产有机酸等新型工业中。由于酵母细胞含有丰富的蛋白质、维生素和各种酶，因此又是医药、化工和食品工业的重要原料。酵母菌在发酵工业中的地位是很重要的。

在自然界中，酵母菌主要分布在含糖质较高的偏酸性环境中，例如，果实、蔬菜、花蜜、五谷以及果园的土壤中。酵母菌生长的温度范围为 4～30℃，最适温度为 25～30℃。

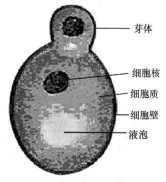

图 5-3　酵母菌

　　芽体
　　细胞核
　　细胞质
　　细胞壁
　　液泡

1. 酵母菌的形态大小

酵母菌是单细胞的，通常以出芽方式进行无性繁殖（图 5-3）。酵母菌的形态多样，根据种类不同有多种形状，有球形、椭圆形、卵圆形、柠檬形、腊肠形以及菌丝状等。这些形态因培养时间、营养状况以及其他条件而有变化。

酵母细胞的大小，根据不同的种类差别很大，一般为（1～5）μm×（5～30）μm。发酵工业上通常培养的酵母细胞平均直径为 4～6μm。

2. 酵母菌的细胞结构

酵母菌具有典型的细胞结构，有细胞壁、细胞膜、细胞质、细胞核、液泡、线粒体以及各种储藏物。

酵母菌为真核生物，细胞中有明显的细胞核，细胞核中有核膜、核仁和染色体。

3．酵母菌的繁殖方式

酵母菌的繁殖方式分为无性繁殖和有性繁殖，以无性繁殖为主。无性繁殖分为芽殖和裂殖两种方式。有性繁殖产生子囊和子囊孢子，其过程是两个邻近的细胞，各伸出一根管状原生质突起，然后通过接触并融合而成一个通道，两个核在此通过内结合，形成二倍体细胞，并随即进行减数分裂，形成 4 个或 8 个子核，每一个子核和其附近的原生质形成子囊孢子，形成子囊孢子的细胞称为子囊。石膏块为常用的生成子囊孢子的培养基。在生产上，可利用子囊孢子进行杂交育种，人工定向培育所需特性的菌种，以提高产品的产量、质量或使其适应新的工艺要求。

4．工业上常用的酵母菌

1）啤酒酵母。该酵母是酵母属中应用较广泛的一种。啤酒酵母除了可酿造啤酒、酒精及其他饮料酒外，还可发酵制面包。近年来，还利用啤酒酵母提取核酸、麦角醇、细胞色素 C、凝血质和辅酶 A 等。

2）卡尔斯伯酵母。该酵母是啤酒酿造业中典型的下面酵母，也可作食用、药用和饲料酵母等。

3）啤酒酵母椭圆变种。该酵母是由葡萄果皮中分离而来的，一般适用于葡萄酒的酿造。

4）德巴利氏酵母属。该菌属中有的种（如克氏德巴利氏酵母）产柠檬酸量较高，并能利用煤油作为碳源；有的种能氧化正癸烷、十六烷及石油。

5）汉逊氏酵母属。该菌属能多产乙酸乙酯，从而增加产品香味；并可自葡萄糖产生磷酸甘露聚糖，应用于纺织及食品工业。此属酵母菌大部分的种属能利用酒精作为碳源，因此是酒精发酵工业的有害菌。

6）毕赤氏酵母属。该菌属中有的菌种能产生麦角固醇、苹果酸、磷酸、甘露聚糖。毕赤氏酵母也是饮料酒类的污染菌。

7）假丝酵母属。该菌属中有很多菌种有酒精发酵能力，有的菌种能利用农副产品或碳氢化合物生产蛋白质，以供食用或饲料用等。

8）红酵母属。该菌属的菌种均不发酵，无酒精发酵能力，但有能较好产脂肪的菌种，可由菌体提取大量脂肪。

（四）霉菌

霉菌又称为丝状真菌，是真菌的一部分。凡生长在营养基质上形成绒毛状、蜘蛛网状或絮状菌丝体的真菌，统称为霉菌。霉菌在自然界中分布极为广泛，存在于土壤、空气、水和生物体内，与人们日常生活关系密切。霉菌除应用于传统的酿酒、制酱和制作其他发酵食品外，在发酵工业、农业、纺织、食品和皮革方面也起着极重要的作用，如生产酒精、柠檬酸、青霉素、灰黄霉素、淀粉酶、蛋白酶、果胶酶、发酵饲料、赤霉素等。但霉菌也有不利的一面，如能引起各种工业原料、产品、仪器设备以及粮食、水果、蔬菜等农副产品发霉变质，引起人和动植物的病害。

1. 霉菌的形态和构造

霉菌的营养体由菌丝构成，菌丝可以无限制地伸长和产生分枝，分枝的菌丝相互交织在一起，形成菌丝体（图 5-4）。

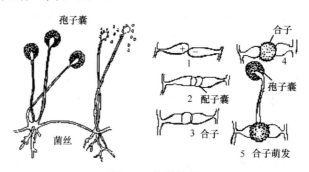

图 5-4　黑根霉菌

霉菌的菌丝有两类：一类菌丝中无横隔，整个菌丝体就是一个单细胞，含有多个细胞核；另一类菌丝有横膈，每一段就是一个细胞，整个菌丝体由多个细胞构成。

菌丝细胞由细胞壁、细胞核、细胞膜、细胞质和其他内含物组成。菌丝的一般宽度为 3～10μm。

2. 霉菌的繁殖和生活史

霉菌主要依靠各种孢子进行繁殖。形成孢子的方式分为有性和无性两种。

无性孢子是霉菌进行繁殖的重要方式，其特点是分散、量大。工业生产中多用无性孢子进行繁殖，扩大培养；霉菌的有性孢子是经过不同的细胞配合产生的。

霉菌的生活史包括有性阶段和无性阶段：菌丝体（营养体）在适宜条件下产生无性孢子，无性孢子萌发形成新的菌丝体，如此多次反复，这是无性阶段。霉菌生长发育的后期，进入有性阶段，即从菌丝体上形成配子囊，经过质配、核配而形成双位体的细胞核，最后经过减数分裂，形成单倍体的孢子，孢子萌发形成新的菌丝体。

3. 工业上常用的霉菌

工业上常用的霉菌有下列几种：

1）根霉。根霉在生长中能分泌出淀粉酶，能将淀粉转化为糖，因此是制备糖酶的常用菌种。我国民间酿制甜酒的小曲主要含有根霉。

2）毛霉。有几种毛霉能产生大量的蛋白酶，具有分解大豆蛋白的能力，多用于制造酸性蛋白酶、豆腐乳和豆豉。有的毛霉能产生 3-羟基丁酮、脂肪酸、果胶酶等，对甾族化合物有转化作用。

3）犁头霉。犁头霉主要分布在土壤、粪便和酒曲中，空气中也有它们的存在，常为生产的污染菌。犁头霉对甾族化合物有较强的转化作用。

4）曲霉。曲霉在发酵上的应用已有悠久的历史，早在几千年前我国民间就会利用曲霉酿酒、制酱、制醋等，目前曲霉在发酵工业、医药工业、食品工业和粮食储存等方面有着极其重要的作用。其中以下两种曲霉应用最为普遍。

① 黑曲霉是应用较广泛的一种曲霉，它具有多种活性强大的酶系，如淀粉酶、蛋白酶、果胶酶、纤维素酶和葡萄糖氧化酶等，同时还能产生抗坏血酸、柠檬酸、葡萄酸和没食子酸等有机酸，是生产柠檬酸和葡萄糖酸的重要菌种。

② 米曲霉由于具有较强的蛋白质分解能力，同时又具有糖化能力，因此是重要的蛋白酶和淀粉酶的生产菌。

（五）噬菌体

在发酵生产中，噬菌体的危害是一个值得足够重视的、具有普遍性的问题。凡用细菌和放线菌为生产菌的发酵生产（如丙酮丁醇、谷氨酸、微生物农药和发酵饲料等）均存在着噬菌体危害的问题。

噬菌体是病毒的一种，其特点如下：

1）形体微小，体积比细菌小得多，必须在电子显微镜下才能够看见。

2）没有细胞结构，为非细胞类型，是一种独特的分子生物，主要由核酸和蛋白质构成。

3）对寄主细胞有严格的专一性。噬菌体缺乏独立代谢的酶体系，不能脱离寄主而自行生长繁殖，必须寄生在其他活体细胞中生长。噬菌体对寄主细胞有着严格的专一性，只能在特异性寄主细胞中增殖。

噬菌体在自然界中分布极为广泛，凡是有寄主细胞存在的地方，一般都能找到相应的噬菌体。在发生严重危害期间，甚至从空气中也能分离到噬菌体。

1. 形态、结构和化学成分

大多数噬菌体有头、尾之分（图5-5），也有尾部欠缺不全和呈线形的噬菌体。

噬菌体的化学成分绝大多数是核酸和蛋白质，占粒子质量的90%以上，其中核酸占40%～50%。

2. 生长和繁殖

噬菌体在寄主细胞中的生长繁殖过程可分为以下几步（图5-6）：

1）吸附。当噬菌体和敏感细菌混合时，噬菌体的尾部吸附其上。

2）侵入。尾端插入寄主细胞，将头部的脱氧核糖核酸射入细胞内，而蛋白质外壳留在细胞外部。

3）增殖。噬菌体的脱氧核糖核酸进入寄主细胞后，借助于寄主细胞的代谢机构，由本身的核酸物质操纵，以寄主细胞内的营养物质为原料，大量复制子代噬菌体的脱氧核糖核酸和蛋白质。

4）成熟。此阶段是将脱氧核糖核酸和蛋白质在寄主细胞内聚合成完整的子代噬菌体。该阶段也称为潜伏期。

5）释放。寄主细胞裂解，从而释放出大量的子代噬菌体。

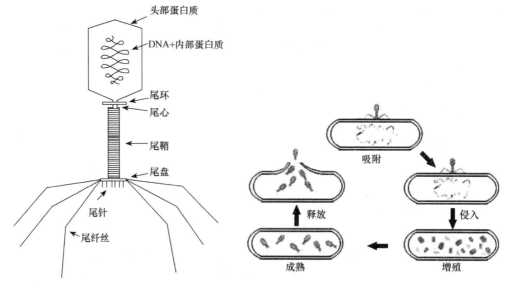

图 5-5　噬菌体结构模式　　　　　　　图 5-6　噬菌体生长繁殖示意

3. 噬菌体的防治

噬菌体的防治措施一般有如下几种：

1）杜绝噬菌体赖以生存增殖的环境条件，如严格控制活菌体的排放，对倒罐的废液应灭菌处理后再排放。定期使用漂白粉、石灰等处理地面和墙壁等。

2）选育和使用抗噬菌体菌株。

3）菌种轮换使用。根据生产的需要，可选择几株亲源不同的生产菌株按期轮换使用。该方法的依据为噬菌体对寄主细胞具有严格的专一性。

在自然界中除了存在能引起寄主细胞迅速裂解的烈性噬菌体外，还存在一种温和的噬菌体，该种噬菌体侵入寄主细胞后，并不迅速增殖和使细胞裂解，而是使自身的遗传信息和寄主细胞的遗传物质紧密结合在一起，随寄主细胞的繁殖而增殖，在子代细胞中找不到形态上可见的壳包核酸，而只有能形成噬菌体的结构单位存在。这种含有温和噬菌体的细菌称为溶源性细菌，每代有 $10^2 \sim 10^5$ 个细胞发生裂解，并释放出与入侵噬菌体相同的噬菌体。当这种温和噬菌体从寄主细胞释放出来时，可能会带有寄主细胞的某种遗传基因，当它再次感染成为其他细菌时，就会将基因带到新的微生物细胞中去，并可能引起基因重组。此种方法已被发展成为微生物基因重组的重要方法——转导法。

三、培养基的制备

培养基是提供微生物生长繁殖和生物合成各种代谢产物所需要的，按一定比例配制的多种营养物质的混合物。它的组成对于微生物生长繁殖、酶的活性与产量都有直接的影响。

（一）培养基的营养成分及来源

微生物为了生长、繁殖需要从外界不断地吸收营养物质并加以利用，从中获得能量并合成新的细胞物质，同时排出废物。我们研究微生物的营养，主要是为了了解营养特性和培养条件，以便进一步控制和利用它们，更好地为工业生产服务。微生物的营养活动，是依靠向外界分泌大量的酶，将周围环境中大分子的蛋白质、糖类、脂肪等营养物质分解成小分子化合物，再借助细胞膜的渗透作用吸收这些小分子化合物来实现的。因此微生物所需要的基本营养物质主要是碳源、氮源、水、无机盐、生长因素和能源。它们在微生物生命活动中的主要功能是：①供给微生物合成细胞生物和代谢产物；②供给微生物生命活动和合成反应的能量；③调节微生物的新陈代谢。

碳源主要用来供给微生物生命活动所需的能量和构成菌体细胞以及代谢产物的物质基础。常用作碳源的物质主要是糖类、脂肪及某些有机酸。氮源是构成微生物细胞中蛋白质和核酸的主要元素。通常所用的氮源可分为有机氮源和无机氮源两类。水在微生物细胞中的含量高达80%左右，是其重要的组成成分。菌种所需的营养物质必须溶解于水中，才能通过细胞膜而被吸收或排出；细胞中的各种生物化学反应要在水中进行；同时水也参与各种生物化学反应。水的存在有利于生物大分子结构的稳定。微生物体内的水以游离水和结合水两种形式存在。无机盐是微生物生命活动所不可缺少的物质。它的主要作用是参与细胞结构物质的组成，作为酶活性中心的组成部分或维持酶的活性，调节渗透压、pH、氧化还原电位，控制原生质的胶态和细胞透性，还可以作为自养菌的能源物质。生长因素提供微生物细胞所需要的化学物质（蛋白质、核酸和脂质）、辅助因子（辅酶和辅基）的组分并参与代谢。一般情况下，生长因素有维生素、氨基酸、嘌呤和嘧啶及其衍生物、脂肪酸和一些特殊的辅酶等。能源是指为微生物的生命活动提供最初能量来源的营养物或辐射能。不同的微生物的能量来源与它们的营养类型有关，可以是光能、无机物氧化释放的化学能，也可以是有机物氧化所释放的化学能。微生物的营养来源如图5-7所示。

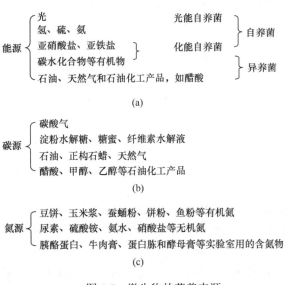

图 5-7　微生物的营养来源

$$无机盐\begin{cases}磷酸盐、钾盐、镁盐、钙盐等其他矿盐\\铁、锰、钴等微量元素\\其他\end{cases}$$

(d)

生长因子：硫胺素、生物素、肌醇、对氨基苯甲酸

(e)

图 5-7　微生物的营养来源（续）

（二）培养基的类型

培养基的种类很多，可根据不同的依据来进行划分。

1. 根据培养基的营养来源划分

1）天然培养基：采用天然的动植物原料配制而成，其化学成分不明确，用于异养型微生物的常规培养。

2）合成培养基：用化学成分十分明确的物质配制而成，适合定量工作的研究。

3）综合培养基：在合成培养基中加入某些天然成分的物质配制而成，是实验室中常用的培养基。

2. 根据培养基原物质状态划分

1）液体培养基：在常温下呈液体状态的培养基，常用于摇瓶培养，观察微生物的生理、生化和生长型；也可以用于大规模生产，使微生物均匀弥散于液体中。

2）固体培养基：在液体中加入凝固剂或直接采用固体材料（如马铃薯等）与水和盐混合制成，还可以用能提供固体表面的滤膜制成，一般用于纯种分离、鉴定、计数、观察菌落形态、选种、育种、保存菌种等方面。

3. 根据培养基用途划分

1）基础培养基（MM）：可满足一般微生物的野生型菌株最低营养要求而制成的培养基。

2）鉴别培养基：在基础培养基中加入某种物质（如指示剂）后就可以分出不同微生物类型的培养基。

3）增殖培养基（加富培养基）：在基础培养基中加入额外的营养物质，可促进某一类菌生长而抑制其他菌生长的培养基。它主要用于培养某种或某类对营养要求苛刻的异养微生物。

4）选择培养基：在基础培养基中加入某种具杀菌作用的物质（如染色剂、抗生素等）后就可使某类微生物生长而其他微生物不能生长。使用这类培养基可以把某种或某类微生物从混杂的微生物群体中分离出来。

5）活体培养基：用某些活的动植物体或离体的生活细胞来作为培养基，一般用于寄生菌的培养。

4. 根据生产目的来划分

1）种子培养基：为了保证在生产中获得大量优质孢子和营养细胞的培养基。目的是为下步发酵提供数量较多、强壮而整齐的种子细胞。种子培养基一般要求营养丰富，氮含量高，用于种子培养。

2）发酵培养基：生产中供菌种生长繁殖并积累代谢产物的培养基，一般要求数量大、配料粗、价格低廉，以及有利于产物的分离提取并便于管理，用于发酵生产方面。

（三）发酵培养基的选择

选择和配制发酵培养基时应考虑以下基本原则：

1）必须提供合成微生物细胞和发酵产物的基本成分。

2）有利于减少培养基原料的单耗，即提高单位营养物质所合成产物数量或最大产率。

3）有利于提高培养基和产物的浓度，以提高单位容积发酵罐的生产能力。

4）有利于提高产物的合成速度，缩短发酵周期。

5）尽量减少副产物的形成，便于产物的分离纯化。

6）原料价格低廉，质量稳定，取材容易。

7）所用原料尽可能减少对发酵过程中通气搅拌的影响，通过提高氧的利用率来降低成本能耗。

8）有利于产品的分离纯化，并尽可能减少产生"三废"的物质。

当然，任何一种培养基都不可能面面俱到地满足上述各项要求，应根据具体情况抓主要环节，使其既能满足微生物的生长要求，又能获得优质高产的产品，同时也符合增产节约、因地制宜的原则。

四、菌种的扩大培养

（一）菌种扩大培养的目的

现代的发酵工业生产规模越来越大，每个发酵罐的容积有几十立方米甚至几百立方米。要使小小的微生物在几十个小时内完成如此巨大的发酵转化任务，必须具备数量巨大的微生物细胞。菌种扩大培养的目的就是在为其提供适宜特定微生物生长的物理和化学环境中大量繁殖，为生产提供相当数量的代谢旺盛的种子。因为发酵时间的长短和接种量的大小有关，接种量大，发酵时间就短。所以将数量较多的成熟菌体加入发酵罐中，有利于缩短发酵周期，提高发酵罐利用率，并且也有利于减少染菌污染的机会。因此种子扩大培养的任务是，不但要得到纯而壮的培养物，而且要获得活力旺盛、接种数量足够的培养物。

（二）工业微生物菌种培养的类型

由于培养目的的不同，微生物的特性不同，在微生物培养中应采用不同的培养方法。根据菌种对氧气的需求不同，有好氧培养和厌氧培养（静置培养法）；根据营养基质的不同，有固体培养和液体培养；根据培养是否连续，有分批培养和连续培养。现将主要培养方法及特点简述如下。

1. 种子扩大培养阶段

1）液体培养法包括液体试管、三角瓶摇床振荡或回旋培养。摇瓶通气量大小与摇瓶的机型、转数、振程（或偏心距），三角瓶容量，装料量有关。

2）表面培养法包括茄子瓶、克氏瓶或瓷盘培养。

3）固体培养法包括三角瓶、蘑菇瓶、克氏瓶、培养皿等麸皮培养。

2. 大规模生产阶段

在工业生产中，由于培养基数量大，微生物细胞数量要求多，因此培养方法与种子扩大培养阶段有所不同。生产上常用的培养方法有固体培养和液体培养等。

（1）固体培养

在生产实践中，好氧真菌的固体培养方法都是将接种后的固体基质薄薄地摊铺在容器的表面，这样既可使菌体获得充足的氧气，又能将生长过程中产生的热量及时释放，这就是传统的曲法培养的原理。

固体培养使用的基本培养基的原料是小麦麸皮等。将麸皮和水混合，必要时添加一些辅助营养物和缓冲剂，灭菌后待冷却到合适温度便可接种。进行固体培养的设备有较浅的曲盘、较深的大池、能旋转的转鼓和通风曲槽等。使用前要先用去垢剂洗涤，再用次氯酸钠、甲醛等消毒剂消毒，然后进行蒸汽灭菌。接种时用的种子可通过逐级扩大培养获得。

固体培养的特点有设备简单，生产成本低，产量较高，但耗费劳动力较多，占地面积大，pH、溶解氧、温度等不易控制，易污染，生产规模难以扩大等。

（2）液体培养

液体培养生产效率高，适于机械化、自动化，因而是目前微生物发酵工业的主要生产方式。液体培养有静置培养和通气培养两种类型：静置培养适用于厌氧菌发酵，如酒精、丙酮-丁醇、乳酸等的发酵；通气培养适用于好氧菌发酵，如抗生素、氨基酸、核苷酸等的发酵。

1）浅盘培养。容器中盛装浅层液体静止培养，没有通气搅拌设备，全靠液体表面与空气接触进行氧气交换，这是最原始的液体培养方式，特点是劳动强度大、生产效率低、易污染。

2）液体深层培养。液体深层培养是在发酵罐内进行的。发酵罐内装有搅拌器，空气从罐底部通入，送入的空气在罐内的搅拌器的搅拌下分散成微小气泡以促进氧的溶解，这种培养方法称为深层培养法。

现代发酵工业的主要内容是好氧培养，一般从实验室规模到工厂生产要经过放大，大型发酵罐的发酵一般也需分几级进行，使发酵的种子逐级扩大，以提高发酵罐的利用率并节约能源等。罐的级数一般根据菌体繁殖速度以及发酵罐的容积确定，如谷氨酸发酵多采用二级培养，生长较慢的青霉素和链霉素生产菌种一般需要三级培养。

液体深层培养是在青霉素等抗生素发酵时发展起来的技术，由于生产效率高，易于控制，产品质量稳定，因而在发酵工业中被广泛应用。但是，深层发酵耗费的能源较大，设备较为复杂，需要很大的投资。

第三节　发酵的操作方法和工艺控制

发酵是微生物将一些原料在合适的发酵条件下经特定的代谢转变成所需产物的过程。

一、发酵的操作方法

当从实验室中通过一系列的操作得到了优良的菌株后，还要为菌株设计、安排一个适合它们的理想生活环境。而最终目的是用最小的成本生产尽可能多的产品和为我们提供最大的服务。为此必须考虑如下几个指标：

1）底物转化产品的比率，按比率就能够确定原料对产品成本的影响。

2）产率，即发酵罐在单位时间内、单位容积内制造的成品和半成品的数量。

3）发酵产物的浓度，据此能够确定一个提取和精制的费用。

4）残留底物量，据此确定实际的转化率和防治杂菌的费用。

在考虑这些指标的过程中，由于不断改进和挖掘微生物的新生产工艺，使发酵工业发展到了高度完善的程度。目前比较成熟的工艺有分批发酵、连续发酵和补料分批发酵三种类型。

（一）分批发酵

分批发酵又称为间歇发酵法，即在一个密闭系统内一次性加入营养物和菌种进行培养，直到结束放出，中间除了空气进入和尾气排出，与外部没有物料交换。传统的生物产品发酵多用此方法。它除了控制温度和 pH 及通气以外，不进行任何其他控制，操作简单。培养过程中培养基成分减少，微生物得到生长繁殖，这是一种非恒态的培养法。

分批发酵的具体操作如下（图 5-8）：首先将空罐杀菌，进行空消操作，然后投入培养基再通蒸汽进行实消灭菌，再接种进行培养。在培养过程中，必须连续监测和控制温度、pH、溶解氧，定期从发酵罐内取出样品进行测定，以便掌握营养成分的消耗、菌体的数量和产物的积累，了解培养物的纯度，以确定发酵的终止时间。

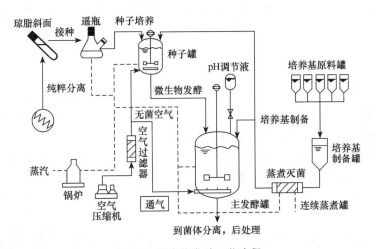

图 5-8　微生物发酵工艺流程

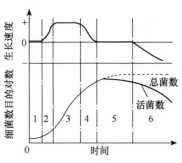

图 5-9　单细胞微生物的生长曲线

1、2. 迟滞期；3、4. 对数期；

5. 稳定期；6. 衰亡期

在分批培养条件下，随着细胞浓度和代谢物浓度的不断变化，微生物的生长过程可分为四个不同的阶段，即迟滞期、对数期、稳定期和衰亡期。图 5-9 是以细胞数目的对数值或增长速度为纵坐标，以培养时间为横坐标所得的生长曲线。从曲线中我们可以观察到生长繁殖过程的四个阶段。

1. 迟滞期

当细胞由一个培养基转到另一个培养基时，由于环境变化，细胞中的各种酶系要有一个适应过程，菌体并不立即繁殖，此时菌种细胞代谢机能活跃，体积不断增大，但对外界环境较为敏感，细胞数目几乎不增加，甚至稍有减少。这是细胞表现出来的一个适应期。这个时间的长短与接种物的生理状态及浓度有关，如果接种物处于对数期，很可能不存在迟滞期或迟滞期很短，就开始生长；接种物的浓度大，也有利于缩短迟滞期。

2. 对数期

细胞经过迟滞期后适应了新的环境，生理状态较为活跃，细胞开始迅速繁殖，单位时间内细胞的数目或质量的增加维持恒定，呈几何级数增加。此阶段营养物比较充足，有害代谢物很少，有利于细胞的生长。

3. 稳定期（平衡期）

细胞经过大量繁殖后，必需营养物质逐渐耗尽，某些有害代谢产物出现积累，一些其他条件如 pH、氧化还原电势的改变都使菌体生长受到限制，死亡率和繁殖率达到平衡，活菌数保持相对稳定，进入稳定期。处于稳定期的菌体形态大小典型，生理生化反应相对稳定，细胞开始储存物质，如抗生素和某些酶也在对数期与稳定期的转换阶段产生。

4. 衰亡期

细胞经过大量增殖再经稳定期后，由于培养基中营养物质耗尽，代谢产物大量积累，这时能够增殖的细胞越来越少甚至降到零，而死亡率逐渐增加，这一阶段称为衰亡期。大多数的分批发酵在达到死亡期前就结束了。

目前分批发酵多用在酒精、氨基酸、抗生素的生产中。此方法不易染菌，但很难采用控制基质浓度等方法来增加发酵生产能力。

（二）连续发酵

在分批发酵中，随着微生物的活跃生长，营养物不断消耗，有害的代谢产物不断积累，对数期不可能长期维持。从理论上讲，若将营养物的浓度和培养条件维持在对数期不变，则对数期可以无限延长。连续发酵就是根据这种设想以保证细胞高速增长或产物高速形成。

连续发酵是指在往发酵罐中连续供给新鲜培养基的同时，将含有微生物和产物的培养液以相同的速度连续放出，从而使发酵罐内的液量维持恒定，使微生物在稳定状态下生长。稳定状态可以有效地延长分批培养中的对数期。在恒定的状态下，微生物所处的环境条件如营养浓度、产物浓度、pH，以及微生物细胞的浓度、生长速率等可以始终维持不变，甚至可以根据需要来调节生长速率。

连续发酵的最大特点是微生物细胞的生长速度、代谢活性处于恒定状态，达到稳定高速培养微生物或产生大量代谢产物的目的。连续发酵目前用于废水处理、葡萄糖酸发酵、酒精发酵等工业中。与分批发酵相比，连续发酵表现出如下特点。

（1）优点

1）提高设备利用率。连续发酵减少了洗刷、杀菌等非生产性时间。

2）提高了原料利用率。连续发酵对杂菌污染的控制十分严格，避免了原料的损耗。

3）便于实现自动控制。

（2）缺点

1）由于是开放系统，容易有杂菌污染。

2）对设备、仪器、技术要求高。

（三）补料分批发酵

补料分批发酵又称为半连续发酵，是分批发酵和连续发酵之间的一种过渡培养方法。补料分批发酵是指在分批培养过程中，间歇或连续地补加新鲜培养基，但所需产物不到一定时刻不放出的培养方法。此方法通过向培养系统中补充物料，可以使培养液中的营养物浓度较长时间保持在一定范围内，既保证微生物的生长需要，又不造成不利影响，从而达到提高产率的目的。它兼有分批和连续发酵两者的优点，而且克服了两者的缺点。与分批发酵相比，它具有可以解除底物的抑制、产物反馈抑制和葡萄糖分解阻遏的优点；与连续发酵相比，它具有不需要严格的无菌条件、不会产生菌种老化和变异、适用范围广的特点。但半连续发酵也有它的不足：①放掉发酵液的同时也丢失了未利用的养分和处于生产旺盛期的菌体；②定期补充和放出使发酵液稀释，送去提炼的发酵液体积更大；③发酵液被稀释后可能产生更多的代谢有害物质，最终限制发酵产物的合成；④一些经代谢产生的前体可能丢失；⑤有利于非生产菌突变株的生长。

补料分批发酵的类型很多，根据流加方式不同，可分为两种类型：单一补料分批发酵和反复补料分批发酵。单一补料分批发酵是指在开始时投入一定量的基础培养基，到发酵过程的适当时期，开始连续补加碳源、氮源和其他所需基质，一直加到达到发酵罐操作容积为止，最后将培养液一次全部放出。此方法的缺点是受到发酵罐容积的限制，发酵周期只能控制在较短的范围内。反复补料分批发酵是在单一补料分批发酵的基础上发展起来的，其过程是在发酵过程中每隔一定时间按一定比例放出一部分发酵液，使发酵液的体积始终不超过发酵罐的最大操作容积，从而在理论上可以延长发酵周期，直至发酵产率明显下降，才最终将发酵液全部放出。

目前，运用补料分批发酵技术进行生产和研究的范围十分广泛，用于面包酵母、氨基酸、抗生素、单细胞蛋白质等发酵工业。

二、影响发酵的主要因素

发酵过程是一个复杂的生化过程，受到诸多因素的影响，为了获得良好的发酵产物，必须对其影响因素进行分析，制定出合理的工艺条件。影响发酵过程的参数可分为两类，一类为直接参数，如温度，压力，搅拌功率，转速，泡沫，发酵液的黏度、浊度、pH、离子浓度，溶解氧浓度，基质浓度等，它们是可以采用特定的传感器检测出来的参数；另一类为间接参数，它们至今难以用传感器来检测，如细胞生长速率、产物合成速率等。这些参数中对发酵过程影响较大的是温度、pH、溶解氧浓度等。

（一）温度

发酵的质量与发酵温度有着极大的关系。因为温度对微生物的影响是多方面的，不仅表现为菌体表面的作用，而且因热平衡关系，热传递至菌体内，对菌体内部所有的结构物质都有作用。通常在生物学范围内温度每升高 $10℃$，生物体的生长速度加快 1 倍。温度直接影响酶的反应，因而影响着生物体的生命活动，改变菌体代谢产物的合成方向，影响微生物的代谢调控机制。例如，用黑曲霉生产柠檬酸时，随温度的升高，草酸产量将增加，而柠檬酸的产量下降；链霉素在发酵产生四环素的同时也产生金霉素，培养温度对四环素的生成影响较大，当培养温度大于 $30℃$ 时，随温度的增加四环素产量增加，当温度达到 $35℃$ 时，金霉素的产生几乎完全停止而仅产生四环素。除这些直接影响外，温度还对发酵液的理化性质产生影响，如发酵液的黏度、基质和氧在发酵液中的溶解度与传递速率，以及某些基质的分解和吸收速率等，进而影响发酵的动力学特性和产物的生物合成。

合理的发酵温度是根据微生物的特性、培养基成分、培养阶段及培养条件等因素决定的，而不是在各种情况下都一成不变的。发酵温度应根据发酵的不同阶段来确定。在发酵的前期应选择菌体的生长温度，这样有利于菌体的繁殖；在产物分泌阶段，应选择最适生产温度，有利于代谢产物的积累。在生产实际过程中，一般不需要加热，因为发酵中释放了大量的发酵热，通常要进行冷却过程的操作，在发酵罐内一般装有夹套排管或蛇管等冷却设备，通过冷却水进行热交换来调节温度，以达到控制温度的目的。

（二）pH

pH 对微生物的生命活动有显著影响。它会影响菌体细胞膜的带电性、膜的稳定性及膜对物质的吸收能力，以及使菌体表面蛋白变性或水解，破坏酶的活性，从而影响细胞的代谢作用。例如，酵母菌在 pH 4.5～5.0 时，产物为乙醇，而在 pH 为 7.6 时，产物为甘油；黑曲霉在 pH 2～3 时，产物为柠檬酸，而在 pH 接近中性时，产物为草酸。

各种微生物都有其可以生长和适宜生长的 pH 范围（表 5-1），因此在生产中应注意调节合适的 pH。

表 5-1　各类微生物生长的最适 pH 及范围

微生物种类	最低 pH	最适 pH	最高 pH
细菌和放线菌	5.0	7.0～8.0	10.0
酵母菌	2.5	3.8～6.0	8.0
霉菌	1.5	3.0～6.0	10.0

微生物在生命活动中由于新陈代谢作用，会改变环境中的 pH，进而影响自身的生长繁殖及代谢产物的积累。因而，在发酵工业中，控制发酵的 pH 是控制生产的指标之一，在配制基质时添加缓冲性物质，生产过程中适时流加无机酸、碱或生理活性物质等，是常采用的控制发酵 pH 的方法。例如，谷氨酸发酵中，进入产酸阶段 pH 就会降低，每当降到 6.0～7.0 时就流加尿素，尿素分解放出氨，使 pH 升高，氨被利用后 pH 又下降，如此反复，既调节了发酵液中的 pH，又供给了必要的氮源。

（三）溶解氧浓度

对于好氧和兼性需氧微生物，在发酵过程中必须提供大量的氧以满足菌体生长繁殖和产酶原的需要。发酵液中的溶解氧浓度在生产中具有举足轻重的作用。在 101.3kPa、25℃的条件下，空气中的氧在培养液中的饱和浓度约为 0.2mol/L，如果外界不能及时供氧，这些溶氧浓度只能维持菌体 15～20s 的正常呼吸，因而发酵液中的溶解氧浓度是发酵过程中一个需要调节控制的重要参数。所以溶解氧浓度及其控制对发酵生产非常重要。

各种微生物在发酵过程中，都有其可以生长氧溶度和最适氧浓度。可以生长氧浓度称为临界氧浓度，是指不影响菌体呼吸所允许的最低浓度。最适氧浓度是指溶解氧浓度对生长或合成有益的最适的浓度范围。在生产中只有供氧大于临界氧浓度并维持在最适氧浓度水平上，才能确保发酵的正常进行。保证供氧方面，主要通过通风和搅拌来进行控制，通风可以供给大量的氧，而搅拌则能使通气的效果更好，从而满足菌体对氧浓度的要求。但过度剧烈的搅拌可能会导致培养液大量涌泡，增加杂菌污染的机会。

发酵液的需氧量受菌体的种类、浓度以及培养条件等因素的影响，其中以菌体浓度的影响最大。发酵液的氧率随菌体浓度增大而增大，但氧的传递率随菌体浓度的对数关系减少。因此可以通过控制菌体的生长速率比临界值略高，达到最适菌体浓度，这样既能保证产物的生产速率维持最大值，又不会使需氧大于供氧。此外可以通过控制基质的浓度、调节温度（降低培养温度可提高溶氧浓度）、液化培养基、中间补水、添加表面活性剂等工艺措施来改善溶解氧浓度的水平。

（四）染菌的控制

染菌是生产的大敌，一旦发现染菌，应该及时进行处理，以免造成更大的损失。染菌的原因归纳起来主要有：①设备、管道、阀门漏损；②设备及管道灭菌不彻底；③菌种不纯或培养基灭菌不彻底；④空气净化不彻底；⑤无菌操作不严格或生产操作出错。

在生产中，如果发现染菌必须及时找出染菌的原因，采取相应措施，杜绝染菌事故再次出现。

三、发酵设备

进行微生物深层培养的设备称为发酵罐。它是微生物在液体发酵过程中进行生长繁殖和形成产品时必需的外部环境装置，这些装置跟传统的工业发酵相比，主要区别在于具备了严格的灭菌和良好的通气环境。随着发酵产物的种类、使用菌种的类型、采用原料的来源及工艺操作的方式等方面不断扩大和改进，相继设计出了各类型的发酵罐。

根据微生物的特性发酵罐分为厌氧发酵罐和好氧发酵罐两类。

（一）厌氧发酵罐

厌氧发酵罐用于厌氧菌的培养，其形式有半密闭式和密闭式。设备和工艺比较简单，主要特色是排除发酵罐中的氧。设备结构：罐身呈圆柱形，罐身直径与高之比约为 1：1.1，盖及底为圆锥形或碟形；罐内装冷却蛇管，蛇管可分为上下两组安装，并加以固定。也有的采用在罐顶用淋水管或淋水围板使水沿罐壁流下，达到冷却发酵液的目的。对于容积较大的发酵罐，这两种形式可同时采用。发酵罐底部设置吹泡器，以便搅拌醪液，使发酵均匀，罐顶设有 CO_2 排出管、加热蒸汽管、醪液输入管。管路设置尽量简化，做到一管多用，减少管道死角，防止杂菌污染。大的发酵罐的顶端及侧面还应设有入孔，以便于清洗。图 5-10 所示设备主要用于酒精、乳酸和啤酒等厌氧发酵工艺的生产。

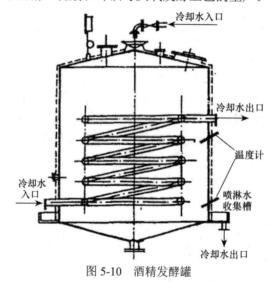

图 5-10　酒精发酵罐

（二）好氧发酵罐

好氧发酵罐有多种类型，根据通风的方式有通用式发酵罐（又称为机械搅拌式发酵罐）和通风搅拌式发酵罐。

1. 通用式发酵罐

通用式发酵罐是指既具有机械搅拌又具有压缩空气分布装置的发酵罐。现在大部分通风发酵采用通用式发酵罐，该设备的主要特点是溶氧速率高，气液混合效果好，结构严密，有利于防止杂菌污染。但其结构较复杂，动力消耗大。通用式发酵罐的结构如图5-11所示。

通用式发酵罐的罐体为带有碟形或椭圆形封头、封底的圆柱形容器，一般用碳钢或不锈钢焊接而成。罐体的几何尺寸与溶氧系数有很密切的关系，如H/D（罐高/罐径）由1增至2时，溶氧系数可增加40%左右，H/D由2增加至3时，溶氧系数又增加20%，即H/D越小，氧的利用率越差；若过大也不行，反而起到不好的作用。因此H/D一般为1.5～4。为了便于清洗和检修，发酵罐设有手孔或入孔，甚至爬梯，罐顶还装有视镜和灯孔，以便观察罐内的情况。

发酵罐的通风搅拌装置为通风管，一般采用单孔管或环形多孔管。单孔管的管口正对罐底中心位置，其距离约为200mm，环形多孔管的圈径为搅拌器的0.8倍，孔径为5～8mm。搅拌用涡轮式搅拌器，常用弯叶涡轮和箭叶涡轮两种，对于大型发酵罐，可在同一搅拌轴上配置多个搅拌器。通用式发酵罐的密封装置是采用端面轴封，其作用是使罐外空气不会进入罐内造成染菌，这是通用罐的另一特点。其密封的严密性较普通填料函式优越，密封性好，但结构稍复杂。发酵罐的冷却装置有夹套和罐内蛇管两种，具体选用时根据罐容确定，一般罐容小的采用夹套冷却，罐容在5m^{3}以上应采用罐内蛇管冷却。罐内立式蛇管也可起到挡板的折流作用，延长气液接触时间，强化液体垂直流向。此外为控制发酵操作条件，在罐体上还装有压力计、温度计、风量计或其他自动检测、自动控制仪器等。

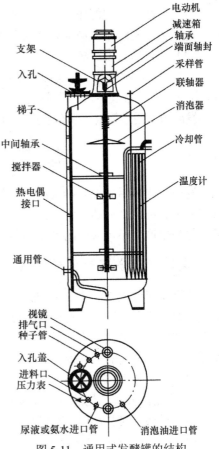

图5-11 通用式发酵罐的结构

2. 通风搅拌式发酵罐

针对通风式发酵罐结构复杂、能耗大的缺点，出现了通风搅拌式发酵罐。此设备通风的目的，不仅是供给微生物所需要的氧，同时还利用通入发酵罐的空气代替搅拌器使发酵液均匀混合，常用的有循环式通风发酵罐和高位塔式发酵罐。

（1）循环式通风发酵罐

循环式通风发酵罐无须凭借机械搅拌就能使溶解氧浓度满足要求，其罐外装设上升管，上升管两端通过与罐底及罐上部相连接构成一个循环系统。培养液进入培养罐，当罐内液体接近循环管进口时，由于上升管底部的单孔或空气喷嘴通入高速的无菌空气，空气被分割细碎，使气液充分混合，使上升管内的培养液乳化，这样有利于氧溶解于培养液中，乳化的醪液比例较罐内培养液小。此外喷嘴的高速气流产生负压，这对罐内醪液产生抽吸作用，于是培养液便产生强烈的对流动力，在罐内与上升管形成反复的循环，产生与机械搅拌相同的作用。循环式通风发酵罐也有将空气上升管安装在培养罐内的，称为内循环式发酵罐，循环管有采用单根的也有多根的。

（2）高位塔式发酵罐

高位塔式发酵罐是一种类似于塔式的反应器，其 H/D 为 1 : 7 左右，罐内装有若干块筛板，压缩空气由罐底导入，经过筛板逐渐上升，气泡上升过程中带动发酵液同时上升，上升后的发酵液又通过筛板上带有液封作用的降液管下降而形成循环，从而起到搅拌的作用。

第四节　发酵产物的后处理

发酵产物的后处理包括发酵产物的分离、提取和精制过程，是指从发酵液或酶反应液中分离、纯化产品的过程，或称为下游技术。它由各种化工单元操作组成，是生物技术转化为生产力不可缺少的重要环节。

一、发酵产物分离纯化的目的及其基本要求

生物反应过程是一个复杂的生化变化过程，得到的最终代谢产物的浓度较低，发酵液中其他杂质含量较多，对于低浓度的发酵产品不能作为其他工业生产的原料或直接为人们所利用，其工业价值较低。因此必须把发酵液中的低浓度的生物产品加以浓缩和分离，使其具有较高的工业价值。

发酵产品分离纯化的基本要求如下：

1）采用的分离纯化的方法要有利于生物产品的分离，操作简单，费用低。

2）要能够达到所要求的纯度，提取回收率高，废液中发酵产品的含量低。

3）提取方法不影响产品的质量。

4）在提取过程中所采用的试剂对设备的腐蚀性小。

5）生产中所产生的废物能够处理，对环境污染小。

二、发酵液下游处理的流程和方法

由于发酵产物存在的形式不同，用途各异，对产品的质量（纯度）要求不一，因而分离与纯化的步骤和方法可以有不同的组合。但大多数产品的后处理过程可以分为四个阶段，即发酵液的预处理和固液分离、提取（初步纯化）、精制（高度纯化）、成品加工，如图 5-12 所示。

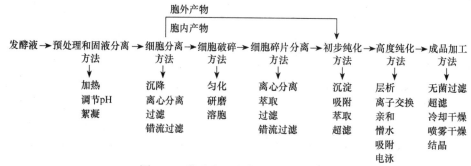

图 5-12　发酵产品分离过程的工艺流程

1. 发酵液的预处理和固液分离

从发酵液中提取生物产品的第一个必要步骤就是预处理和固液分离，其目的不仅是分离细胞、菌体和其他悬浮颗粒，还应除去部分可溶性杂质和改变滤液的性质，以利于后继各步操作。对于胞外产物，应尽可能使生物产品转移到液相中，这常常通过调节 pH 至酸性、碱性的方法达到。对于胞内产物，则应首先收集菌体或细胞，经细胞破碎后，生物产品被释放到液相中，再将细胞碎片分离，通常以含生物产品的液相为出发点，进行后继提取和精制的各步操作。

预处理采用的方法主要有调节 pH、加热、过滤、离心分离等。为了加快两相分离的速度，可采用不凝聚和絮凝等技术；为了减少过滤介质的阻力，可采用错流膜过滤技术。细胞破碎采用机械、生物和化学等方法，如研磨、溶胞、匀化等。

2. 纯化方法

经固液分离或细胞破碎后，生物产品存在于液相中，此时液体体积很大，因此必须采用一系列的方法使产品的浓度增加，并排除其他物质的含量，以达到产品的质量要求标准。此过程包括提取和精制两个部分。

（1）提取

提取没有特定的方法，主要除去与目标产物性质有很大差异的物质。提取一般发生显著的浓缩和产物质量的增加。常用的方法有吸附法、离心分离、萃取、沉淀、超滤法等。

（2）精制

经提取过程初步纯化后，滤液体积显著缩小，但纯度提高不多，需要进一步精制。此过程用于除去类似化学功能和物理性质的不纯物。初步纯化中的某些操作，如沉淀、超滤等也可应用于精制中。典型的方法有层析、离子交换、亲和、憎水、吸附、电泳等。这类技术对产物有高度的选择性。

3. 成品加工

经提取和精制后，一般根据产品的应用要求，最后还需要浓缩、无菌过滤、去热原、干燥、加稳定剂等加工步骤。采用何种方法由产物的最终用途决定，结晶和干燥是大多数产品常用的方法。随着下游技术的发展，膜技术将会越来越多被使用在下游加工的各个阶段中，如浓缩可采用升膜式或降膜式的薄膜蒸发，对热敏性物质可用离心薄膜蒸发，大分子溶液的浓缩可用超滤膜，而小分子溶液的浓缩可用反渗透膜等。干燥也有很多方式，使用时应根据物料的性质、状况，以及当地具体条件确定。常用的干燥方法有真空干燥、红外线干燥、沸腾干燥、气流干燥、喷雾干燥和冷冻干燥等。

以上各阶段都有若干单元操作可以选用，应根据具体情况确定。

第五节　发酵工程应用

一、氨基酸生产

氨基酸是构成蛋白质的基本单位，是人体及动物的重要营养物质，它广泛应用于食品、饲料、医药、化学、农业等领域。目前用发酵法生产的氨基酸种类有 22 种，其中 18 种采用直接发酵法制取，四种采用酶法转化制取。谷氨酸是目前氨基酸生产中产量最大、最典型、最成熟的一种。现以谷氨酸的发酵为例介绍氨基酸的发酵生产。

（一）谷氨酸——味精的生产工艺流程

谷氨酸是味精生产的前体物质，味精是谷氨酸单钠盐，带有一分子的结晶水，学名为 α-氨基戊二酸一钠，分子式为 $C_5H_8NO_4Na \cdot H_2O$。味精是谷氨酸生产菌以葡萄糖为碳源，经 EMP 途径和 TCA 循环生成谷氨酸，再与碱中和制成的。其过程包括五个部分：①淀粉水解糖的抽取；②谷氨酸生产菌种子的扩大培养；③谷氨酸发酵；④谷氨酸的提取分离；⑤由谷氨酸制成味精。味精生产工艺流程如图 5-13 所示。

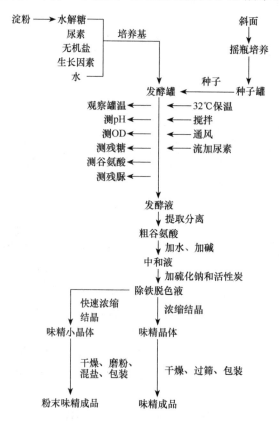

图 5-13　味精生产工艺流程

（二）谷氨酸发酵工艺控制

1. 淀粉水解糖的制取

能够用来发酵生产谷氨酸的原料很多，如淀粉质原料、含糖原料和石油副产物都可以经过微生物的发酵作用合成谷氨酸。但几乎所有的氨基酸生产菌都不能直接利用（或仅微弱利用）淀粉和糊精。因此，在发酵生产谷氨酸之前，必须将淀粉质原料水解为葡萄糖，才能供发酵使用。

淀粉水解为葡萄糖的过程称为淀粉糖化。制得的水解液称为淀粉水解糖。淀粉水解糖的制备方法有酸水解法、酶水解法、酸酶结合水解法。

（1）酸水解法

酸水解法又称为酸糖化法。它是以酸（无机酸或有机酸）为催化剂，在高温、高压下将淀粉转化为葡萄糖的方法。该方法具有生产方便、水解时间短、设备要求简单、生产效率高、设备生产能力大等优点。因此该方法目前还有厂家采用。但由于该水解作用是在高温、高压及一定酸浓度条件下进行的，因此要求有耐腐蚀、耐高温、耐高压的设备，而且水解过程生成的副产物较多，影响糖液浓度，使淀粉转化率降低。此外，酸水解对淀粉质原料要求较高，淀粉颗粒不宜过大，大小要均匀。颗粒大，易造成水解不彻底。淀粉浓度也不宜过高，浓度高时，淀粉转化率低。

（2）酶水解法

酶水解法是利用专一性很强的淀粉酶及糖化酶将淀粉水解为葡萄糖的工艺。酶水解法制葡萄糖可分为两步：第一步是利用 α-淀粉酶将淀粉液化为糊精及低聚糖，使淀粉的可溶性增加，这个过程称为液化；第二步是利用糖化酶将糊精及低聚糖进一步水解，转变为葡萄糖，这个过程称为糖化。淀粉的液化和糖化是在酶作用下进行的，故酶水解法又称为双酶法。

酶水解法的优点：①由于淀粉水解是在酶作用下进行的，所以反应条件较温和，如 BF7658 细菌淀粉酶的反应温度为 85～90℃，pH 为 6.0～7.0，糖化酶温度为 50～60℃，pH 3.5～5.0，因此，不要求设备耐高温、高压、酸碱；②酶的作用专一性强，淀粉水解副产物小，故水解糖液纯度高，淀粉转化率高；③可在较高淀粉乳浓度下水解，而且可采用粗原料；④由于微生物酶制剂中菌体细胞自溶，使糖液的营养物质较丰富，这使发酵培养基的组成可以简化；⑤用酶水解法制得的糖液颜色浅、较纯净、无苦味、质量高，有利于糖液的充分利用。其缺点是生产周期长，要求设备多，而且酶本身是蛋白质，易引起糖液过滤困难。

（3）酸酶结合水解法

酸酶结合水解法是集合了酸水解法和酶水解法的优点的生产工艺。该工艺分为酸酶法和酶酸法两种。

1）酸酶法是先将淀粉用酸水解成糊精或低聚糖，再用糖化酶将其水解为葡萄糖的工艺，有些淀粉如玉米、小麦等谷物淀粉，淀粉颗粒坚实，如果用 α-淀粉酶液化，在短时间内作用往往会导致液化反应不彻底。因此首先用酸将淀粉水解至 DE 为 10%～15%（DE

值是指葡萄糖占干物质的百分率），然后将水解液降温中和，再加入糖化酶进行糖化。采用此法具有酸液化速度快、酸用量少、产品颜色浅、糖液质量高的优点。此外由于糖化过程由酶来完成，因而可采用较高的淀粉乳浓度，提高了生产效率。其缺点是糖化时间较长，需 20～30h。

2）酶酸法是将淀粉乳先用 α-淀粉酶液化到一定程度，再用酸水解成葡萄糖的工艺。该工艺适用于大米或粗淀粉原料，可省去大米或粗淀粉原料的精制过程，避免了淀粉在加工过程中的大量流失，一般可将原料利用率提高 10%左右。

2. 谷氨酸发酵控制

谷氨酸的生物合成途径包括葡萄糖酵解途径（EMP 途径）、磷酸己糖途径（HMP 途径）、三羧酸循环（TCA 循环）、乙醛酸循环等。其具体过程为 EMP 途径和 HMP 途径生成丙酮酸，然后进入 TCA 循环和乙醛酸循环，最后在醛缩酶的催化下，草酸乙酸和乙酰辅酶 A 合成柠檬酸，进一步生成异柠檬酸和 α-酮戊二酸。在充足的氨前提下，α-酮戊二酸由还原氨基化作用生成谷氨酸，菌体内合成的谷氨酸透过细胞膜，在发酵液中大量积累谷氨酸。整个生物合成代谢途径至少有 16 步酶促反应。发酵的具体过程为谷氨酸生产菌经活化，经一级种子、二级种子的扩大培养，接入发酵罐中，在温度范围 32～38℃，pH 7.0 左右的条件下，好氧发酵 30h 左右，制得谷氨酸。

发酵是谷氨酸生产过程的关键阶段，其中许多工艺条件直接影响谷氨酸的制得率，如配料、发酵温度、pH、通风等因素。

（1）生物素对谷氨酸发酵的影响

生物素是催化脂肪酸生物合成最初反应的关键。乙酰 CoA 羧化酶的辅酶，参与了脂肪酸的生物合成，进而影响磷脂的合成。只要在生物素限量的条件下，脂肪酸合成就不完全，导致细胞发生变形，谷氨酸能够从胞内渗出，积累于发酵罐中。相反在生物素充足的条件下，发酵过程中菌体大量繁殖，不产或少产谷氨酸，代谢产物中乳酸和琥珀酸明显增多。生物素属于维生素 B 族，也称为维生素 H 或辅酶 R，广泛存在于动植物体中，麸皮、玉米浆、牛肉膏、蛋白胨和酵母膏中含量相当丰富。

（2）种龄和种量的控制

种龄是指种子的培养时间，种量是指接入发酵罐内种液量占发酵罐内发酵培养基量的百分率。谷氨酸生产菌的培养时间，一般是菌种经活化后，要经二级培养，一级种子的种龄控制在 11～12h，二级种子的种龄控制在 7～8h。接种量一般为 1%，接种量要适当，如果过多，使菌体生长速度过快，菌体娇嫩，不强壮，提前衰老自溶，后期产酸不高；如果过少，则菌体增大缓慢，会导致延长发酵时间，容易染菌。

（3）温度对发酵的影响

谷氨酸生产菌生长繁殖的最适温度为 32℃左右，产酸的最适温度为 34～36℃。如果温度过高，则菌体生长迟滞，形状不整齐，且过早衰老，以至出现发酵中期就停止发酵、不耗糖、OD（光密度）不增加、pH 下降或上升等现象。但在发酵后期短时间温度过高则影响不大。发酵过程中主要是进行降温操作，因为在发酵过程中，菌体生长繁殖的合成作用和谷氨酸的生物合成作用会放出大量的生物热，从而使发酵温度急剧上升。因此在生产中，控制温度是发酵的操作指标之一。为此在生产中采用二段温度控制法：在发酵的 0～12h 控制在 32～34℃，而在 12h 以后则维持在 34～36℃。也有采用三段温度控制法的：在发酵的 0～12h 控制在 32～33℃，在 12～24h 控制在 33～34℃，在 24h 以后则控制在 34～36℃。

（4）溶解氧对发酵的影响

溶解氧与谷氨酸发酵有密切关系。其需要量与种龄、种量、培养基成分、发酵阶段及发酵罐的大小有关。当其他因素固定下来后，通风量便成为可控制的技术条件。在长菌期，如果通风量过大，菌体细胞代谢活动过于剧烈，易引起衰老；在产酸期，通风量不足，不能进入三羧酸循环，导致乳酸积累以致酸败，因此只有在适量通风条件下，才有可能大量积累谷氨酸。一般控制方法：长菌阶段低风量，产酸阶段高风量，发酵成熟阶段又转为低风量。

（5）pH 对发酵时间的影响

不同的微生物有不同的最适 pH。谷氨酸生产菌的最适 pH 一般是中性或微碱性，而且生长 pH 和发酵 pH 又稍有不同。发酵前期 pH 控制过低，会造成菌体生长旺盛，营养成分消耗大，转入正常发酵时长菌而不产酸。如果过高，有利于抑制杂菌生长，但对菌体生长不利，糖化代谢缓慢，发酵时间延长。在谷氨酸发酵过程中，pH 是变动的，为了保证发酵顺利进行，必须根据发酵液 pH 变化的规律，通过流加尿素来及时调整发酵液的 pH 和补充氮源，使发酵得以正常进行，这也是保证谷氨酸高产的重要措施。

（6）中间补料对发酵的影响

补料是指补加适量的生物素、营养盐和糖液。如果生物素或营养盐不足，会引起细胞生长缓慢，菌体衰弱，使得菌体在生长旺盛时的 OD 值仍达不到要求。所以补料是提高谷氨酸产量的一个关键措施。

（7）防止噬菌体和杂菌污染

谷氨酸生产菌一般都是生物素缺陷型，而在发酵培养基中又大多是将生物素控制在适量的水平，所以谷氨酸生产菌对噬菌体和杂菌的抵抗能力较弱。特别是噬菌体对谷氨酸发酵危害非常大。如果发酵过程造成污染，轻的出现产酸率降低，难提取；重的倒罐，造成很大的经济损失。所以在谷氨酸生产中，杂菌和噬菌体的防治工作是非常重要的。造成噬菌体污染的途径有 3 个方面：环境中有噬菌体；环境中有活菌体；噬菌体与活菌体有相互接触的机会。活菌体排放造成环境污染是主导原因，空气是噬菌体污染的主要途径，所以要从空气过滤、培养基灭菌、设备及环境等环节严格把关。

3. 谷氨酸的提取

谷氨酸发酵结束后，发酵液的温度在 34～36℃，pH 一般在 6.0～7.0（接近中性），正常的谷氨酸发酵液比较稀薄，不太黏稠，外观呈浅黄色，表面浮有少许泡沫。其主要成分除谷氨酸外，还存在着菌体、培养基残留物、色素、胶体物质及其他发酵副产物，因此要分离菌体除去杂质。谷氨酸的分离提取通常利用它的两性电解质性质、谷氨酸的溶解度、分子大小、吸附剂的作用以及谷氨酸的成盐作用等。提取谷氨酸常用的方法有等电点法、离子交换法、锌盐法等。

4. 谷氨酸制味精

从发酵液中提取出来的谷氨酸，是味精生产过程的半成品，还需要经过中和、脱色、真空浓缩结晶、分离、干燥等操作才能制成味鲜透明、晶莹洁白的成品味精。

（1）中和

谷氨酸与碱作用生成谷氨酸钠的过程称为谷氨酸的中和。反应式如下：

$$2HOOC（CH_2）_2CH（NH_2）COOH＋Na_2CO_3 \longrightarrow$$
$$2HOOC（CH_2）_2CH（NH_2）COONa＋CO_2＋H_2O$$

中和反应时，应将 pH 控制在第二等电点 pH 6.96，如果碱放得过多、pH 过高会造成谷氨酸二钠生成量过多，此时谷氨酸二钠是没有鲜味的，从而影响精制的利率和成品味精的质量。中和整个过程应控制温度不要超过 75℃，中和后转入脱色工序。

（2）中和液的除锌和铁

中和液的铁质主要是由原辅材料及设备带入的，其中以盐酸、液碱和纯碱带入量最多。味精含铁、锌过多，一方面不符合食品规定标准，另一方面味精中铁离子过多，味精就呈红色或黄色，影响产品的色泽。因此在生产过程中，必须将铁和锌除去。通常采用硫化钠法，使铁和锌生成沉淀从而被过滤除去。

（3）谷氨酸中和液的脱色

一般谷氨酸中和液都具有深浅不同的黄褐色色素，其来源有三个方面：①原料本身的色素；②设备受到腐蚀产生的金属离子；③生产中化学变化产生的色素。为了不影响产品质量，必须在结晶前将其脱色，常用脱色方法有活性炭脱色法和离子交换树脂法两种。

（4）中和液的浓缩结晶

谷氨酸钠在水中的溶解度很大，要想从溶液中析出结晶，必须除去大量的水分，使溶液达到过饱和状态。中和液不宜在高温下进行浓缩，否则谷氨酸钠易脱水环化生成没有鲜味的焦谷氨酸钠。因此生产上常采用减压浓缩的方法来进行中和液的浓缩和结晶。浓缩时一般真空度控制在 80kPa 以上，温度为 65～70℃，pH 为 6.0～7.0。操作中边加料边浓缩，当浓缩达到 30～32°Bé 后，投入晶体，进行结晶。为了使味精的结晶颗粒整齐，一般采用投晶种结晶法。在结晶锅里完成结晶后，经离子机分离，振动床干燥、筛分，再经过包装即成成品味精。

【实例】

（1）工艺条件

1）菌株：黄色短杆菌 FM84—415。

2）斜面培养基组成：牛肉膏 10%、蛋白胨 1.0%、NaCl 0.5%、琼脂 2.0%，pH 7.0～7.2。

3）一级种子培养基组成：葡萄糖 2.5%、玉米浆 2.2%、KH_2PO_4 0.1%，pH 7.0～7.2。

4）二级种子培养基组成：葡萄糖 2.5%、玉米浆 2.8%、KH_2PO_4 0.2%、尿素 0.35%，pH 6.7。

5）发酵培养基组成：水解糖 18%～20%、MgSO_4·7H_2O 0.06%～0.065%、KH_2PO_4 0.1%～0.2%、尿素按糖浓度确定、复合生物素（糖蜜、麸水解液和玉米浆）适量、MnSO_4 1.8mg/L，pH 7.0。接种量 1%。

6）发酵温度：三级管理。

7）通风量：五级管理。

（2）操作注意事项

1）生物素用量：黄色短杆菌 FM84－415，对生物素敏感，因此掌握好复合生物素用量是发酵取得成功的关键。

2）通风量控制：发酵罐体积为24m³，按发酵时间不同，通入不同的风量：0～6h，100～120m³/h；6～12h，120～180 m³/h；12～24h，200 m³/h 左右；24～32h，180～160 m³/h；32h 至放罐，160～120 m³/h。

3）尿素用量：一次高糖发酵时，尿素用量一般为4.5%左右，碳氮比大致为100∶26。尿素可采用低初脲，在发酵过程中多次少量流加。当发酵 pH 低于 7.0 时即流加尿素，每次加量不多于 0.6%。

4）温度控制：在不同的发酵时间控制不同的发酵温度：0～12h，35℃；12～28h，36～37℃；28h 至放罐，37～38℃。

5）OD 值的控制：OD 的净增值控制在 0.7 左右，在发酵 16～20h 时，细菌进入平衡期。

二、有机酸生产

有机酸是羧酸（R—COOH）、磺酸（R—SO₂OH）、亚磺酸（R—SOOH）、硫代羧酸（R—COSH）等的总称。一般情况下，凡是能给予氢离子的有机物都可以称为有机酸，但通常仅指羧酸，包括一元羧酸、二元羧酸和多元羧酸，种类繁多。就目前市场占有率而言，以柠檬酸为主，占酸味剂市场的70%左右。现简单介绍柠檬酸发酵过程。

（一）柠檬酸概况

柠檬酸（citric acid）又名橡酸，学名 2-羟基丙烷三羧酸或 3-羟基-3-羧基戊二酸，是生物体的主要代谢产物之一。柠檬酸主要存在于柠檬、柑橘、菠萝、梅等果实中，尤其以未成熟的含量较多。植物叶子中也含有柠檬酸；在动物中，柠檬酸存在于骨髓、肌肉、血液、乳汁、唾液、汗液和尿液中。它是食品、医药、化工等领域应用广泛的有机酸之一，其中尤以食品工业用量最多，世界卫生组织（WHO）对柠檬酸在食品中的添加量未作任何限制。

（二）柠檬酸发酵用微生物

很多微生物都能产生柠檬酸，如毛霉、橘青霉、棒曲霉、泡盛曲霉、黑曲霉及假丝酵母等，但并非所有的菌株都可用于工业生产，目前采用糖质原料生产柠檬酸的菌株均为黑曲霉，有黑曲霉 N-558、川柠 19-1、G2B8、5016、3008，近年来又有 T149、Co817 等菌种。这些菌种都具有产酸力高、发酵速度快和培养条件粗放等特点。以烷烃为原料发酵生产柠檬酸的优良菌种有解脂假丝酵母、解脂复膜孢酵母等各种假丝酵母，它们的优越性是利用烷烃发酵产柠檬酸的能力远强于黑曲霉，对烷烃转化率可达 56%。

（三）柠檬酸发酵工艺

柠檬酸发酵无论采用何种微生物都必须是典型的好氧发酵，工业上采用的方法有 3

种：固体发酵法、浅盘发酵法和液态深层发酵法。

1. 固体发酵法

我国于 1976 年在上海嘉定用薯渣固体发酵法生产柠檬酸，其工艺流程如图 5-14 所示。

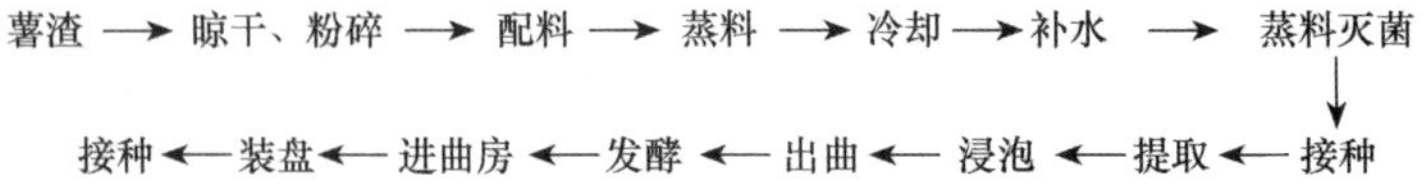

薯渣 → 晾干、粉碎 → 配料 → 蒸料 → 冷却 → 补水 → 蒸料灭菌

接种 ← 装盘 ← 进曲房 ← 发酵 ← 出曲 ← 浸泡 ← 提取 ← 接种

图 5-14 柠檬酸固体发酵法工艺流程

该工艺采用的菌种为曲霉 G2B8 及其他诱变菌株。种曲培养基由麸皮、碳酸钙和硫酸铵组成，发酵培养基由薯渣与米糠组成。种曲与蒸料的含水量不能太高，以使料的结构疏松，灭菌时易穿透，培养时易透气为宜。一般蒸料的含水量不超过 65%。冷却后补水量为 70%～77%，装盘厚度为 5cm 左右，培养温度为 25～30℃，培养时间为 96h，产酸率约为 70%，该工艺具有简单、受益快、原料来源广泛等优点。

2. 浅盘发酵法

浅盘发酵法（又称为表面发酵法）是将培养基盛于浅盘中接种，再进行发酵，主要用于糖蜜原料。其工艺过程是将糖蜜稀释至含糖 15%～20%，添加适量营养盐并加酸调节 pH 到 6.0～6.5，再加热 18～45min，最后加入抗菌剂氰基高铁酸钾于热溶液中。在 40℃ 时，进行接种，每立方米需要 100～150mg 孢子。接种后通风，35℃ 维持 3d，当柠檬酸生成时，放出热量，需要进行降温处理，使温度维持在 26～28℃，最大风量为 15～18m³/（m²·h），风温 25℃ 以下，相对湿度 75% 以上，发酵时间为 6～8d。发酵液中含柠檬酸 200～250g/L，每 100g 葡萄糖生成柠檬酸 75g。该方法具有设备简单、投资少、投产快、操作技术简单、能耗低、原料粗放、产酸浓度高等优点，但也有占地面积大、劳动强度高、发酵时间长、菌体生成量影响产酸等缺点。

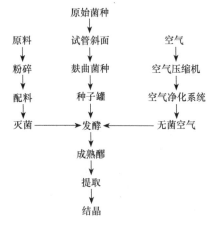

图 5-15 柠檬酸液态深层发酵法流程

3. 液态深层发酵法

液态深层发酵是在发酵罐内进行接种、培养和发酵的方法。培养过程需要通入无菌空气。该工艺在柠檬酸工业生产中占主导地位，其流程如图 5-15 所示。

工艺条件如下。

1）菌种。斜面试管培养条件：麦芽汁 7°Be′，培养温度 34℃，时间 7d。

2）三角瓶培养条件：麸皮，容量 5000～10000mL，培养温度 33～34℃，时间 1d。

3）种子罐培养条件：培养温度 34℃，时间 24～30h。

4）发酵罐培养条件：薯干粉，发酵温度 34℃±1℃，时间 4d。

发酵罐的容积一般为 50～1000m³，产量为 10.9%～13.8%，转化率可达 91%～104%。

4. 柠檬酸的提取

成熟的柠檬酸发酵醪中除含有主产物柠檬酸之外，还含有纤维、菌体、有机杂酸（如草酸、葡萄糖酸及糖、蛋白质、胶体物质、色素、无机盐及其他代谢产物）等杂质，它们来自发酵原料，或在发酵过程中产生，溶于或悬浮于发酵醪中。通过各种理化方法清除这些杂质，得到符合质量标准的柠檬酸产品的全过程，称为柠檬酸的提取。从柠檬酸发酵液中提取柠檬酸一般包括三个步骤：①去除菌丝体和其他固形物得到滤液；②用各种物质和化学方法处理滤液得到初步纯化的柠檬酸溶液；③初步纯化的柠檬酸溶液经精制后浓缩得到柠檬酸结晶。柠檬酸提取的方法有钙盐离子交换法、溶剂萃取交换法、连续离子交换法及色谱离子交换法等。我国一般采用钙盐离子交换法。柠檬酸提取的工艺流程如图 5-16 所示，发酵液经 80～90℃热处理后，滤去菌体等残渣，加 CaCO₃ 和石灰乳中和，使柠檬酸以钙盐形式沉淀下来，形成硫酸钙（石膏渣）而被滤除。所得粗柠檬酸经脱色和离子交换净化，除去色素和胶体杂质及无机杂质离子。净化后的柠檬酸溶液浓缩后结晶，离心分离晶体经干燥筛分和检验后即为成品。

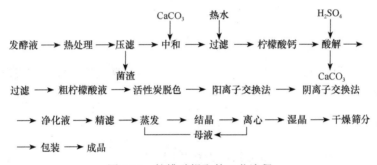

图 5-16 柠檬酸提取的工艺流程

三、饮料酒生产

酒类生产在发酵工程中是利用微生物获得的产品之一。凡是酒精含量超过 0.5% 的饮料和饮品均称为酒。目前市场上饮用的酒精饮料可分为酿造酒、蒸馏酒和配制酒。酿造酒是指使用酵母进行酒精发酵后得到发酵液，可直接饮用或经过过滤后饮用。其代表有葡萄酒、黄酒、啤酒。蒸馏酒是在酿造酒的基础上发展起来的，指凡是用水果、乳类、糖类、谷类等原料，经过酵母菌发酵后，蒸馏得到无色、透明的液体，再经陈酿和调制成透明的、含酒精浓度大于 70%（体积分数）的酒精性饮料。其代表有威士忌、俄得克、白酒等。配制酒是以发酵酒、蒸馏酒和食用酒精为酒基与各种可食用物质一起进行再加工制成的有独特风味的饮料酒。

我国的白酒是世界六大蒸馏酒之一，产品种类繁多，质量独具风格，深受广大消费者喜爱和国际市场的好评。这里主要介绍白酒的生产过程。

（一）白酒的种类

白酒又称为烧酒，是指用含淀粉或糖分的原料，经糖化发酵酿制而成的一种蒸馏酒，它无色或微黄，澄清透明，具有独特的芳香和风味，酒精含量比较高。我国白酒种类很多，按主要原料分类有粮食酒、薯类酒和代用原料酒；按生产工艺可分为固态发酵法白酒、半固态发酵法白酒和液态发酵法白酒；按采用糖化和发酵剂有大曲酒、小曲酒和麸曲白酒；按香型分类有浓香型、酱香型、清香型、米香型和其他香型白酒；按酒度高低分类有高度白酒、中度白酒和低度白酒。

（二）白酒的生产方法

白酒的生产方法有固态发酵法、半固态发酵法和液态发酵法。固态发酵法以其独特的风格和独特的生产工艺，在我国占有比较重要的地位，因此主要介绍固态发酵法白酒的生产工艺。

可以用来酿造白酒的物料是很丰富的，从理论上讲，只要含有淀粉或可发酵性糖的物料，都可作为白酒生产的原料，但在实际生产过程中也要考虑生产管理、经济等因素。白酒生产传统上多数采用谷类原料，如高粱、玉米、大米和小麦等。固态发酵法大曲白酒的物料以高粱最佳，辅料多采用一些粮食加工的副产物，如麸皮、高粱糠和稻壳等。

（三）固态发酵法白酒生产工艺（大曲酒）

大曲酒是采用大曲作为糖化、发酵剂，以含淀粉物质为原料经固态发酵和蒸馏而成的一种饮料酒。

1. 大曲的生产

大曲生产是我国传统的制曲工艺，也是我国名优白酒生产常使用的一种糖化和发酵剂。它以小麦、大麦和豌豆为原料，经粉碎生原料加水，压制成块状，在室内保温培养，让自然界中的各种微生物在上面富集生长，以产生白酒生产所需的糖化酶和酒化酶，并产生一定的香味物质，经过风干、储存，即成大曲。大曲中含有霉菌、酵母菌和细菌等多种微生物。其品种，根据培养过程中控制的品温的不同分为高温曲和中温曲。高温大曲主要用于酱香型白酒的生产，其酱香浓郁，直接影响到白酒的香味。中温大曲又分为偏高温大曲和次中温大曲两种类型。偏高温大曲是指品温在 55～60℃ 的大曲，用于浓香型酒的生产；次中温大曲分为清茬、后火、红心三种。

（1）高温大曲的生产工艺

高温大曲的生产工艺流程如图 5-17 所示。

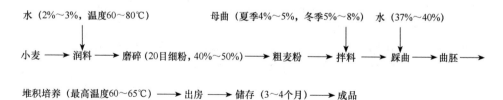

图 5-17　高温大曲的生产工艺流程

（2）中温大曲的生产工艺

偏高温大曲的生产工艺流程如图 5-18 所示。

配料 ⟶ 磨碎 ⟶ 拌和 ⟶ 踩曲 ⟶ 晾汗 ⟶ 入室安曲 ⟶ 保温培养 ⟶

前发酵（3～4d） ⟶ 放门排潮 ⟶ 潮火阶段（8～15d） ⟶ 干火阶段（8～10d） ⟶

后火阶段（10～12d） ⟶ 储存（2～3 个月） ⟶ 使用陈曲

图 5-18　偏高温大曲的生产工艺流程

次中温大曲与偏高温大曲的制曲步骤相同，但控制的品温不同，在酿酒时可按比例混合使用。其工艺流程如图 5-19 所示。

60%大麦+40%豌豆 ⟶ 混合粉碎 ⟶ 加水搅拌（水分38%） ⟶ 踩曲 ⟶ 曲胚 ⟶ 入房排列 ⟶

长霉阶段（38～39℃，冬季72h，夏季36h） ⟶ 晾霉阶段（38～39℃ 或 28～32℃，2～3d） ⟶

起潮火阶段（36～38℃ 或 45～46℃，4～5d） ⟶ 大火阶段（44～48℃，7～8d） ⟶ 后火阶段（32～33℃，3～5d） ⟶

养曲阶段（32℃） ⟶ 出房 ⟶ 储存 ⟶ 成品曲

图 5-19　次中温大曲的产生工艺流程

2. 大曲酒的生产工艺

大曲酒发酵的特点：①采用固态配醅发酵，物料含水量较低，常控制在 55%～65%，整个物料呈固体状态；②发酵结束后，酒精含量为 5%～6%（V/V）；③在较低温度下的边糖化边发酵工艺，俗称双边发酵，大曲既是糖化剂，又是发酵剂，窖内酒醅同时进行着糖化和发酵；④属多种微生物的混合发酵，参与大曲白酒生产的微生物种类繁多，它们主要来自于大曲和窖泥，以及环境、设备和工具场地，整个发酵过程在粗放的条件下进行；⑤固态甑桶蒸馏分离提取成品酒。

大曲酒生产的操作通常为清渣法、续渣法和清渣加续渣法三种方法。其香型不同，采用的生产方法就不同。现简单介绍大曲酒的生产特点。

（1）浓香型大曲酒

浓香型大曲酒以续渣法为生产工艺，其工艺特征是以高粱为原料，偏高温曲为糖化发酵剂，混蒸混烧，老五甑操作，泥窖发酵，周期 1～2 个月，酒的香气主要来源于窖泥和糟，以己酸乙酯为主体香气。在浓香型大曲酒生产的操作中，发酵好的粮醅称为母糟，母糟配粮蒸酒称为粮糟，粮糟发酵后蒸得的酒称为粮糟酒；母糟不配粮蒸酒称为红糟，蒸得的酒称为红糟酒，红糟蒸酒后不打量水，只加曲作为面糟用。工艺流程如图 5-20 所示。

（2）清香型大曲酒

清香型大曲酒以山西杏花村汾酒为典型代表，其工艺操作在整个生产过程中突出一个"清"，即原料清蒸、辅料清蒸、清蒸流酒、清渣发酵。采用次中温大曲为糖化发酵剂，工艺上采用"清蒸二次清"，地缸、固态、分离发酵法。制得的酒具有"清香芬芳、醇厚绵软、甘润爽口，酒味纯净"的特点，以乙酸乙酯为主体香气。工艺流程如图 5-21 所示。

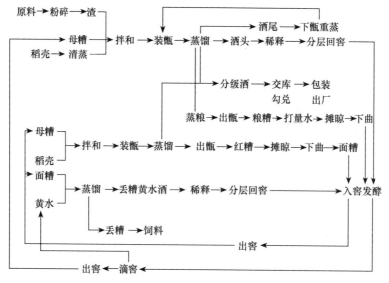

图 5-20　浓香型大曲酒的工艺流程

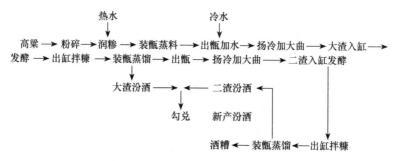

图 5-21　清香型大曲酒的工艺流程

（3）酱香型大曲酒

酱香型大曲酒以茅台酒为典型代表，其酒质微黄透明，酱香突出，以低而不淡、香而不艳、回味悠长、敞杯不饮、香气持久不散、空杯留香长而著称。它与法国科涅克白兰地、英国苏格兰威士忌并列为世界三大名酒。

酱香型大曲酒在工艺操作方面与浓香型大曲酒、清香型大曲酒的最大区别在于：酿酒用高温曲，糙沙、堆积、回沙、多轮次发酵，用曲量大，周期长。酱香型大曲酒的工艺流程如图 5-22 所示。此流程的特点为高温制曲、高温堆积、两次投料、八次发酵、七次流酒、一年一个生产周期、回流发酵、高温流酒、分质储存、精心勾兑。

随着科学技术的发展，发酵工业进入了一个新的阶段：①基因工程的发展为发酵工程带来了新的活力；②新型发酵设备的制造为了发酵工程提供了先进工具；③大型化、连续化、自动化控制技术的应用为发酵工程的发展拓展了新的方向；④强调代谢机理与调控研究，使微生物的发酵机理得到进一步开发；⑤生态型发酵工程的兴起开拓了发酵的新领域；⑥再生资源的利用给发酵工程的发展提供了新思路。

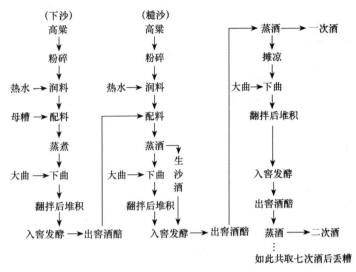

图 5-22 酱香型大曲酒的工艺流程

本章小结

本章内容结构如图 5-23 所示。

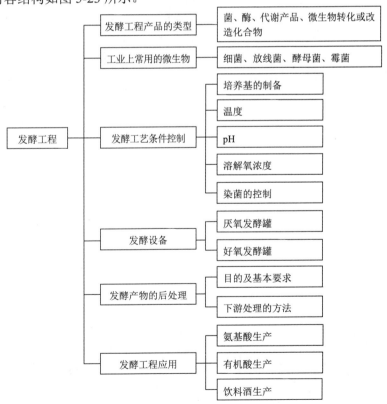

图 5-23 本章内容结构

知识链接

　　本章主要针对发酵工程的基本理论及应用领域进行简略的介绍，知识的拓展方面为发酵工艺原理、微生物学、发酵工程等。

 思考题

1. 简述发酵工程的定义及内容。
2. 发酵工程的产物有哪几种类型？
3. 发酵工业对菌种有什么要求？
4. 微生物发酵常用的微生物有哪些？有何特性？
5. 发酵方法有哪几种？各有什么优缺点？
6. 影响发酵的因素有哪些？如何控制？
7. 发酵下游处理分为哪几个步骤？相应的分离方法有哪些？
8. 简述谷氨酸的生产过程。生物素对谷氨酸的生成途径有何影响？
9. 简述柠檬酸的生产过程。

第六章 细 胞 工 程

获取生命科学知识的最终目的是改造自然和社会，改善人类健康和生活，创造和谐的人与自然的关系。细胞工程是运用细胞培养技术和对细胞进行各种遗传操作，从而得到新的生物或其产物。因此它在医药、动植物改良等方面有广泛的应用，是生物工程中的一个重要领域。该工程是在完成了基础课、专业基础课后学生必修的四大生物技术专业课程之一。

第一节　细胞工程概述

细胞是生物体的基本结构单位和功能单位。随着细胞生物学和分子生物学的迅猛发展，以培养条件下细胞全能性表达的调控为核心的一门综合性技术科学——细胞工程产生和发展起来。近年来细胞工程已经成为现代生物技术的一个重要性领域。

一、细胞工程的概念及内容

（一）细胞工程的概念

掌握细胞工程的基本概念，是从事该领域工作的基础。细胞工程是指在细胞水平上的遗传工程，即应用细胞生物学、分子生物学的方法，对细胞进行遗传操作，如细胞培养、细胞融合、细胞诱变、细胞重组、细胞遗传物质转移和生殖工程等，以获得由特定遗传物质组成的细胞或生物体，从而达到改良生物品种或创造新品种，加速繁育动植物个体，或利用细胞培养产生某种有用物质的目的。广义的细胞工程包括所有的生物组织、器官及细胞的离体操作与培养。狭义的细胞工程是指细胞融合和细胞培养技术。

以细胞工程关键技术之一的细胞融合为例，细胞工程的优势在于避免了分离、提纯、剪切、拼接等基因操作，只需将细胞遗传物质直接转移到受体细胞中就能够形成杂交细胞，因而能够提高基因转移的效率。此外，细胞工程不仅可以在植物与植物之间、动物与动物之间、微生物与微生物之间进行杂交，甚至可以在动物与植物、动物与微生物之间进行杂交，形成前所未有的杂交物种。

迄今为止，人们已经从基因水平、细胞器水平以及细胞水平开展了多层次的大量工作，在细胞培养、细胞融合、细胞代谢物的生产和生物克隆等诸多领域取得了一系列令人瞩目的成果。

（二）细胞工程的内容

细胞工程涉及的领域相当广泛，根据研究对象的不同，分为微生物细胞工程、植物细胞工程、动物细胞工程三大类。就细胞工程技术范围而言，既包括长期以来得到广泛应用的动植物细胞与组织培养技术，又有近几十年来才发展起来的细胞融合技术、细胞拆合技术、染色体导入技术、胚胎和细胞核移植技术，以及以基因转移技术为核心的细胞遗传工程。具体来讲，细胞工程的主要技术如下。

1. 细胞培养与组织培养技术

细胞培养与组织培养都属于体外培养，可分为 3 个层次的培养：细胞培养、组织培养和器官培养。

细胞培养是进行细胞工程操作的基本技术和内容。尽管动物和植物细胞在结构上有所不同，但其细胞培养的基本技术和程序是相似的。首先是取材和消毒，除了淋巴细胞可直接提取以外，动植物材料在取材后都要借助一定的化学试剂对材料进行表面清洗和消毒。其次是培养基的准备，结合培养材料的特点和目的准备相应的培养基，灭菌后备用。最后是将无菌的材料按需要接种到无菌的培养基上，并转移到培养室培养。该技术最显著的价值在于能快速、大量地繁殖一些有价值的苗木、花卉、药材和濒危植物等，并可以在培养无毒苗、长期储存种子、细胞和原生质融合以及生产次生代谢产物方面发挥作用。

动物细胞培养技术可生产许多有应用价值的细胞产品,如多种单克隆抗体、疫苗、酶、激素以及免疫调节因子等。其中单克隆抗体的生物反应器的大规模生产,已经在医药领域产生了极大的社会和经济效益。

2. 细胞融合技术

细胞融合又称为细胞杂交,是指在外力(诱导剂或促融剂)作用下,两个或两个以上的异源(种、属间)细胞或原生质体融合形成一个细胞的过程。细胞融合是转移异源遗传物质、创造新种质或新材料的一种重要的细胞工程技术。它包括原生质体的制备、细胞融合、融合细胞的培养、杂种细胞的筛选、杂种细胞的分化与再生、再生植株的鉴定等过程。

细胞融合最大的贡献是在动植物、微生物新品种的培育方面。应用该技术能把亲缘关系较远,甚至毫无亲缘关系的生物体细胞融合在一起,为远源杂交架起了桥梁,是改造细胞遗传物质的有力方法;动物细胞融合后形成的杂交瘤主要用来获得单克隆抗体,被称为"生物导弹",将为治疗癌症开辟一条新的途径;此外细胞融合技术为携带外源基因的载体(如携带抗病基因的载体 Ti 和 Ri)进入细胞创造了条件。

3. 细胞拆合技术

细胞拆合技术也称为细胞核(包括细胞器)移植技术,是用某种方法如利用显微操作技术将细胞核和细胞质拆开或者把细胞核从细胞质中吸取出来,或用紫外线等把细胞中的核杀死,再把分离的同种或异种细胞核和细胞质重新组合起来,形成一个新细胞或新生物个体,赋予重建的细胞以某种新的功能。细胞拆合技术和细胞融合技术结合形成了细胞重组技术。细胞重组技术已成为一种十分重要的现代生物技术。

4. 染色体工程

染色体工程是指按照人们一定的设计,把单个的染色体或染色体组转入或移出受体细胞,从而形成新的染色体组合和遗传构成,达到定向改变遗传性和选育新品种的一种技术。该技术最大的价值是新品种的培育,主要分为植物染色体工程和动物染色体工程两种。植物染色体工程目前主要是利用传统的杂交、回交等方法达到改变染色体的目的。动物染色体工程主要是通过对染色体应用显微操作技术达到转移基因的目的。

5. 胚胎工程

这项技术主要是对哺乳动物的胚胎进行某种人为的工程技术操作获得人们所需要的成体动物。胚胎工程采用的新技术包括胚胎分割技术、胚胎融合技术、卵核移植技术、体外受精技术、胚胎培养、胚胎移植以及性别鉴定技术、胚胎冷冻技术等。胚胎工程最成功的应用领域体现在畜牧业,主要是采用胚胎移植技术进行优良品种的快速繁殖与胚胎保存,已经产生了极大的经济效益。除畜牧业以外,胚胎工程也为人类做出了贡献。

6. 细胞遗传工程

细胞遗传工程主要包括细胞克隆和转基因技术。生物繁殖后代通常是以精、卵细胞结合的有性生殖方式进行的。通过营养体细胞繁殖个体的方法称为无性繁殖。克隆是指离体条件下的无性繁殖，现在已经在畜牧业、珍稀动植物遗传资源保护与繁衍、医学等方面展示出诱人的前景。动物克隆技术主要是指核移植技术。简单地讲，将发育各个阶段（胚胎、胎儿、幼子、成年）的一个细胞，利用显微操作技术，移植到一个去掉了细胞核的成熟的卵母细胞中，在适当的条件下，重新形成一个胚胎，把这个胚胎移植到生殖周期相近的代理母体内，最终发育成一个正常的动物个体。转基因技术是将目标的性状基因分离出来，构建重组 DNA 分子导入生物体，得到稳定表达，并能够遗传给后代的技术。目前转基因技术已成为物种遗传改良的有效途径之一。

7. 干细胞与组织工程

干细胞是一类具有多向分化潜能和自我复制能力的原始的未分化细胞，分为胚胎干细胞和组织干细胞。胚胎干细胞来自囊胚期的细胞团，属于全能干细胞，每个细胞可以发育成为完整的个体。组织干细胞存在于成体组织中，属单能或多能干细胞，可以定向分化为一种或几种不同的组织。

组织工程是在干细胞的基础上发展起来的，将干细胞与材料科学相结合，将自体或异体的干细胞经体外扩增后种植在预先构建好的聚合物骨架上，在适宜的生长条件下干细胞沿聚合物骨架迁移、铺展、生长和分化，最终发育成具有特定形态及功能的工程组织。

如果能够消除体细胞的"记忆"，它们就有可能恢复到胚胎细胞的状态——科学家称其为把细胞"重编程"。把通过"重编程"得到的干细胞在不同的环境条件下进行培养，就能得到各种分化细胞。人们通常把这种利用体细胞制造胚胎干细胞，分化后再移植回人体的技术称作"治疗性克隆"。

二、细胞工程的基本操作

在细胞工程实验中，离体细胞对任何毒性物质都十分敏感。毒性物质包括解体的微生物、细胞残余物以及非营养的化学物质。某些化学物质仅 $0.01\mu g/L$ 就会对细胞产生毒性作用，因此对培养器皿的清洗和灭菌是组织培养中一项极为重要的环节。

（一）洗涤技术

体外培养细胞使用的器材品种较多，器皿表面常残留微量有毒物质。由于离体细胞对各种毒物都很敏感，除去器皿表面残留的微量有毒物质，改善玻璃表面的性质，有利于细胞的黏着和生长，所以细胞培养所用器材的清洗、消毒处理是培养能否成功的关键之一。

1. 洗涤剂的配制

洗涤剂具有高度腐蚀性，操作时必须穿长筒胶靴，戴防酸橡胶手套、围裙和眼镜，以防清洁液溅出而灼伤。在配液时还需注意将酸缓慢放入水中，以防酸遇水放热导致酸溅出或使玻璃及陶制容器裂开而使清洁液外泄。不得将水加入酸中，以防酸溅出。常用洗涤剂的配制与适用范围如表 6-1 所示。

表 6-1 常用洗涤剂的配制与适用范围

名　　称	化学成分及配置方法	适 用 范 围	说　　明
铬酸洗液	用 5～10g $K_2Cr_2O_7$ 溶于少量热水中，冷却后缓慢加入 100mL 浓硫酸，搅动，得暗红色洗液，冷却后注入干燥试剂瓶中盖严备用	有很强的氧化性，能浸洗除去绝大多数污物	可反复使用，呈墨绿色时，说明洗液已失效。成本较高，有腐蚀性和毒性，使用时不要接触皮肤及衣物。如果用洗刷法或其他简单方法能洗去的不用此法
碱性高锰酸钾洗液	取 4g 高锰酸钾溶于少量水后，加入 100mL、100g/L 的 NaOH 溶液，混匀后装瓶备用，洗液呈紫红色	有强碱性和氧化性，能浸洗除去各种油污	洗后若仪器壁上面有褐色（二氧化锰），可用盐酸、稀硫酸或亚硫酸铀溶液洗去。可反复使用，直至碱性及紫色消失为止
磷酸钠洗液	取 57gNa_3PO_4 和 28.5g $C_{17}H_{33}COONa$ 溶于 470mL 水	洗涤碳的残留物	将待洗物在洗液中泡若干分钟后涮洗
硝酸-过氧化氢洗液	15%～20%（本书液体溶质浓度均为体积/体积百分率）硝酸和过氧化氢混合	浸洗特别顽固的化学污物	储存于棕色瓶中，现用现配，久存易分解
强碱洗液	50～100g/L 的 NaOH 溶液（或 $Na_2CO_3 \cdot Na_3O_4$ 溶液）	常用于浸洗普通油污	通常需要用热的溶液
	浓 NaOH 溶液	黑色焦油、硫可用加热的浓碱液洗去	
强酸溶液	稀硝酸	用以浸洗铜镜、银镜等	洗银镜后的废液可回收 $AgNO_3$
	稀盐酸	浸洗除去铁锈、二氧化锰、碳酸钙等	
	稀硫酸	浸洗除去铁锈、二氧化锰等	
有机溶剂	苯、二甲苯、丙酮等	用于浸洗小件异形仪器，如活栓孔、吸管及滴定管的尖端等	成本高，一般不要使用

2. 洗涤方法

（1）玻璃器皿表面附着有游离的碱性物质

玻璃器皿表面附着有游离的碱性物质时，可先用 0.5% 的去污剂洗刷，再用自来水洗净，然后浸泡在 1%～2% 盐酸溶液中（不可少于 4h），再用自来水冲洗，最后用无离子水冲洗两次，在 100～120℃ 烘箱内烘干备用。

（2）使用过的玻璃器皿的清洗

对于使用过的玻璃器皿，先用自来水洗刷至无污物，再用合适的毛刷蘸去污剂（粉）洗刷，或浸泡在 0.5% 的清洗剂中超声清洗（比色皿不得超声清洗），然后用自来水彻底洗净去污剂，用无离子水洗两次，烘干备用（计量仪器不可烘干）。清洗后器皿壁上的水不聚成水滴且不成股流下，否则重洗，若重洗后仍挂有水珠，则需用洗液浸泡数小时后（或用去污粉擦洗）重新清洗。

（3）塑料器皿的清洗

由聚乙烯、聚丙烯等制成的塑料器皿，在生物化学实验中使用得越来越多。第一次使用塑料器皿时，可先用 8mol/L 尿素（用浓盐酸调 pH＝1）清洗，然后依次用无离子水、1mol/L KOH 和无离子水清洗，然后用 10^{-3}mol/L EDTA 除去金属离子的污染，最后用无离子水彻底清洗。以后每次使用时，可只用 0.5% 的去污剂清洗，然后用自来水和去离子水洗净即可。

（4）金属用品的清洗

金属用品一般不宜用各种洗涤液洗涤（新的可以用热洗衣粉水洗净），需要清洗时，一般用乙醇擦洗，然后火焰干燥。

（5）除菌过滤器的清洗

除菌过滤器用清水冲洗后，用洗液冲洗，再用清水冲洗，最后用蒸馏水冲洗，晾干备用。

（二）灭菌技术

灭菌是指杀灭培养物、培养基、培养用具及培养环境中的杂菌，是防止微生物污染的最重要、最基本的环节，是细胞工程技术中必须注意的问题。凡是暴露在空气中的物体，至少其表面都是有菌的，如植物的表面、超净工作台的台面、未处理的工具和手等。高压高温处理（工具、器皿、培养基等）、物理或化学处理、火烤后的物体属于无菌的范畴。健康的动植物不与内外部表面接触的组织，内部可能是无菌的（有时也有内生菌，但不会影响培养，也不会污染）。

1. 灭菌的方法

灭菌的方法分为：①物理方法，如干热、湿热、过滤（0.25μm）、紫外灯、超声波等；②化学方法，如使用灭菌剂或抗生素（如乙醇、次氯酸钠、升汞、漂白粉、高锰酸钾、过氧化氢溶液、甲醛溶液等）。灭菌方法的适用范围、操作方法及注意事项如表 6-2 所示。

表 6-2　灭菌方法的适用范围、操作方法及注意事项

灭菌的方法	适用范围	操作方法	注意事项
干热灭菌	玻璃器皿和金属器械的灭菌	150℃、40min 或 120℃、120min，如果发现芽孢杆菌则是 160℃、90～120min	结束后不要立即打开烘箱，待温度降至 80℃以下方可打开烘箱
湿热灭菌	各种器皿、培养基、蒸馏水、棉塞、纸等	121℃，维持 20～30min	加足水，排尽气，气压降到 0 时，才能开盖
过滤灭菌	培养基中含有某些遇到高温分解的成分（如某些生长调节剂 GA3、玉米素等），以及酶、血清等	正压滤器的上部与气泵连接，通入空气，过滤强度增大，溶液通过滤膜过滤除菌	通过调整上端加液口处螺钉的松紧程度来调节容器内的压力，控制过滤速度

灭菌的方法	适 用 范 围	操 作 方 法	注 意 事 项
射线灭菌	适合实验室空气、操作台等	利用紫外灯进行照射灭菌，时间 20～30min	关灯后 5min 再进入。超净工作台关灯后要打开风机
火焰灼烧火菌	接种器皿的灭菌	用火焰灼烧达到灭菌目的	用火焰灼烧达到灭菌目的
消毒剂	外植体、实验器皿、操作表面、皮肤等	实验器皿、操作表面、皮肤一般用 70%～75%乙醇	甲醛具有强烈的刺激性，使用时应注意防护
	长期不用的培养室或接种室要进行熏蒸	甲醛、高锰酸钾熏蒸	

2. 灭菌的操作技术

1）实验器具和材料的准备。

2）用 75%的乙醇擦拭超净工作台，然后室内及超净工作台用紫外灯杀菌 20～30min。注意台面上的用品不要放置太多或重叠放置，以免降低灭菌效果。

3）关紫外灯，打开风机，5～10min 后进入缓冲间，以 75%乙醇洗手和手臂，更换无菌服、帽子和口罩，进入接种室。

4）用 70%～75%的乙醇擦拭台面并消毒双手。试验用具也应该用乙醇消毒。点燃酒精灯，将金属器械放在火焰上灼烧，冷却待用。注意所有操作应在火焰近处并经过灼烧进行。金属器械不能过度灼烧，以防退火。移液管不能灼烧，培养瓶口、塑料材料、橡胶材料的过火焰灼烧时间不能太长。

5）取流水冲洗（至少 30min）过的外植体，用一定的消毒剂浸泡消毒，用无菌水冲洗 3～4 次，放入无菌培养皿中，置于酒精灯火焰下方，用无菌的接种器械进行分离、切割或其他处理。

6）打开培养瓶，瓶口在灯焰处旋转灼烧，用镊子将培养材料置于培养基上，灼烧镊子放回，灼烧瓶口，盖上瓶塞。

7）用 75%乙醇擦洗工作台和手。

（三）无菌操作技术

目前无菌操作设备主要是超净工作台。无菌操作的技术要点如下。

1. 操作前的准备工作

接种室在接种前 4～5d 必须通风换气。在接种前一天对接种室进行全面消毒，一般用 40%甲醛溶液进行全面喷雾，并密闭 24h，然后打开换气窗 10～15min。接种前 1h 打开超净工作台和棚面的紫外灯照射30min。杀菌结束后，先关掉棚面的紫外灯，再打开风机，最后关掉超净工作台上的紫外灯。在接种后休息时，要先打开台面的紫外灯，再关风机，最后打开棚面紫外灯。不能将风机与台面上的紫外灯同时关闭或先关闭风机再开紫外灯。不可穿工作服离开接种室，接种期间两边的门一定要关闭。

2. 准备进台

1）用 75%的乙醇擦拭超净工作台，然后室内及超净工作台用紫外灯杀菌 20～30min。准备实验器具和材料。

2）关紫外灯，打开风机，过 5～10min 进入缓冲间，以 75%乙醇洗手和手臂，更换无菌服、帽子和口罩（盖上鼻子和嘴，着装时注意头发不得置于帽子外，袖口用皮筋扎紧），进入接种室。

3. 接种操作

1）用 70%～75%的乙醇拭擦台面并消毒双手。实验用具也应该用乙醇消毒。点燃酒精灯，将金属器械放在火焰上灼烧，冷却待用。

2）取流水冲洗（至少 30min）过的外植体，用一定的消毒剂浸泡消毒，用无菌水冲洗 3～4 次，放入无菌培养皿中，置于酒精灯火焰下方，用无菌的接种器械进行分离、切割或其他处理。

3）打开培养瓶，瓶口在灯焰处旋转灼烧，用镊子将培养材料置于培养基上，灼烧镊子放回，灼烧瓶口，盖上瓶塞。

4）用乙醇擦洗工作台和手。

5）接种完毕后注意标明接种材料的名称、日期及处理。

（四）外植体的选择与处理技术（以植物为例）

用于外植体分离的母体植物材料一般有三种来源：①生长在自然环境下的植物；②在温室控制环境条件下生长的植物；③无菌环境下已经过离体培养的植物。

1. 外植体的选择

（1）选择优良的基因型

首先要明确试验目的。例如，蔬菜、水果和粮食作物等以提高产量和品质为目的，就应该选择当地高产优质的推广品种作为脱毒快繁的材料，并且一定要保证材料的纯度；再例如，花卉和观赏植物以提高经济价值为目的，就应该选择经济价值高的品种作为脱毒快繁的材料。

（2）取材

从生长旺盛、健壮、无病虫害的植株上取材。母株代谢旺盛期切取的外植体再生能力强，试验容易成功。

（3）外植体大小的选择

尽量选择较小的外植体，例如利用茎尖进行脱毒快繁时，选取的茎尖越小脱毒的效果越好；另外利用幼胚进行脱毒快繁时，胚龄也非常重要，尽量选已经成熟的胚进行培养。

（4）选择外植体的时期

外植体的生长动态往往与该物种的生长规律（生物钟）有关。因此，最好在植物生长的最适宜时期取材培养，会得到较好的结果。

2. 外植体的处理

（1）取材母株的预处理

取材母株的预处理为人工管理，在取材前，通过预处理，促进母株生长旺盛、代谢活跃，然后再取材培养，更容易成功。

（2）外植体休眠的处理

有些植物的种子、幼胚或芽存在休眠，为了打破休眠，可利用低温处理或赤霉素等化学物质处理。因植物不同，其处理温度和时间有所不同。

（3）组织内生菌的处理

组织内生菌的处理一般是加入抗生素，注意抗生素的用量，高浓度容易造成培养物的死亡；取生长期旺盛的生长点部位作为起始培养的外植体；取被内生菌污染的培养物的茎尖不停地转接。

第二节　植物细胞工程

一、组织及细胞培养

（一）植物组织培养

植物组织培养是指在离体条件下，利用人工培养基对植物的器官、组织、原生质体等进行培养，使其长成完整的植株。根据所培养的植物材料的不同，培养方式分为器官培养（胚、花药、子房、根、茎、叶等器官）、茎尖分生组织培养、愈伤组织培养、原生质体培养等类型。其中愈伤组织培养是一种最常见的培养类型，因为除茎尖分生组织培养和少数器官培养外，其他培养类型都要经历愈伤组织阶段才能产生再生植株。

植物组织培养的基本原理是植物细胞具有全能性。植物细胞全能性是指一个完整的植物细胞拥有形成一个完整植株所必需的全部遗传信息。离体的植物器官和组织在人工培养条件下，通过不同的器官发生途径，形成体细胞胚或茎芽，进一步再生成完整植株。因此，植物器官和组织培养的基本程序包括无菌外植体的获得、初代培养物的建立、形态发生、植株再生以及移栽成活等。

1. 无菌外植体的获得

外植体是指植物组织培养中用来进行无菌培养的离体材料，可以是器官、组织、细胞和原生质体等。外植体的选择，一般以幼嫩的组织或器官为宜。从自然界和室内采集的植物器官和组织材料携带有各种微生物，污染是组织培养的一大障碍。由于不同植物或同一植物不同器官和组织的带菌程度不同，所用灭菌剂的种类、浓度及灭菌方法也不尽相同。通常幼嫩材料的处理时间比成熟材料要短些。对外植体除菌的一般程序：外植体→自来水多次漂洗→消毒剂处理→无菌水反复冲洗→无菌滤纸吸干。

2. 初代培养物的建立

外植体经过灭菌处理后，要建立起初代无菌培养材料，并使其增殖和发育，还需无菌环境、规范操作、合适的条件等技术的配合。灭菌剂处理过的外植体只进行了表面灭菌，不能除掉所有病菌，特别是无法去除侵入组织内部的病菌。因此，有时需在培养基中加入抗生素类物质，防止初代培养材料的污染。此外，还需保证培养基、接种器械和超净工作台无菌，并使接种室的环境保持清洁。无污染的培养材料在离体条件下能否正常生长发育，并形成良好的初代培养物与培养基的种类、激素的种类和浓度、其他添加物，以及外植体的来源、生长发育状态和所处的培养条件等有关。各培养基中，激动素和吲哚乙酸的变动幅度很大，这主要因培养目的而异。一般情况下，生长素（吲哚乙酸）对细胞分裂素（激动素）的比值较高，有利于诱导外植体产生愈伤组织，反之则促进胚芽和胚根的分化。

初代培养物的建立涉及组织培养工作的多个环节。进行一种植物的组织培养时，应先决定所应选用的培养基组织、外植体类型等，以减少工作的盲目性。

3. 形态发生和植株再生

建立的无菌培养物在适宜的离体环境中生长发育（形态发生），形成完整的小植株。离体材料的形态发生是通过器官发生和体细胞胚胎发生两种途径实现的。器官发生是指在愈伤组织的不同部位分别独立形成不定根和不定芽。体细胞胚胎发生是指在愈伤组织表面或内部形成类似于合子胚的结构，称其为体细胞胚、不定胚或胚状体。植物组织培养的全过程如图 6-1 所示。

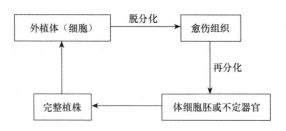

图 6-1　植物组织培养的全过程

（1）诱导去分化阶段

组织培养的第一步是让这些器官或组织切段去分化，使各细胞重新处于旺盛有丝分裂的分生状态，因此培养基中一般应添加较高浓度的生长素类激素。可以采用固体培养基（添加琼脂 0.6%～1.0%），这种方法简便易行，可多层培养，占地面积小。外植体表面除菌后，切成小片（段）插入或贴放于培养基上即可。但外植体的营养吸收不匀，气体及有害物质排换不畅，愈伤组织易出现极化现象是本方法的主要缺点。例如，把外植体浸没于液态培养基中，则营养吸收及物质交换便捷，但需提供振荡器等设备，投资较大，且一旦染菌则难以挽回。本阶段为植物细胞依赖培养基中的有机物等进行的异养生长，原则上无须光照。

（2）继代增殖阶段

愈伤组织在培养基上生长一段时间后，营养物枯竭，水分散失，并已经积累了一些代谢产物，此时需要将这些组织转移到新的培养基上，这种转移称为继代培养或传代培养。同时，通过移植，愈伤组织的细胞数显著扩增，有利于下阶段收获更多的胚状体或小苗。

（3）再分化阶段

愈伤组织只有经过重新分化才能形成胚状体，继而长成小植株。通常要将愈伤组织移置于含适量细胞分裂素和生长素的分化培养基中，才能诱导胚状体的生成。光照是本阶段的必备外因。

4. 移栽成活

生长于人工照明玻璃瓶中的小苗，要适时移栽室外以利于生长。此时的小苗还十分幼小，移栽应在能保证适度的光照、温度、湿度的条件下进行。在人工气候室中锻炼一段时间能显著提高幼苗的成活率。一般先将培养容器打开，于室内自然光照下放置 3d，然后取出小苗，用自来水把根系上的营养基冲洗干净，再栽入已准备好的基质中。移栽前要适当遮阴，加强水分管理，保持较高的空气湿度，但基质不宜过湿，以防烂苗。

（二）植物细胞培养

植物细胞培养是指植物单细胞活细胞团直接在培养基中进行培养的一种方式。该方式具有操作简单、重复性好、群体大等优点，因此被广泛应用于突变体的筛选和有机化合物生产等方面。植物细胞培养的方法，根据培养对象主要有单细胞培养、单倍体培养、原生质体培养等；按照培养系统可分为悬浮培养、液体培养、固体培养、固定化培养等。

单细胞培养的方法有液体浅层培养、微室培养（微滴培养）、平板培养、看护培养和悬浮培养等。

单倍体培养主要是指花药培养，即将花药在人工培养基中进行培养，从小孢子（雄性生殖细胞）直接发育成胚状体，然后长成单倍体植株；或通过组织诱导分化出芽和根，最终长成植株。

原生质体培养是指将植物细胞游离成原生质体，在适宜的条件下，依据细胞的全能性使其再生细胞壁，进行细胞的分裂分化，并发育成完整植株的过程。

固体培养是在微生物培养基础上发展起来的植物细胞培养方法。一般都使用添加有一定比例的琼脂培养基。固定化培养是固体培养的一种，但不是使用固体培养基，而是与固定化酶或固定化微生物细胞培养类似的一种植物细胞培养技术，是在微生物和酶的固定化培养基础上发展起来的。目前应用广泛的，能很好保持细胞活性的固定化方法是将细胞包埋于海藻酸盐卡拉胶中。

液体培养也是在微生物培养基础上发展起来的，可分为静止培养与振荡培养两种。静止培养适合某些原生质体的培养，范围较窄；振荡培养需要摇床或转床等设备。

悬浮培养属于液体培养的一种，是植物细胞大规模培养的主要方式，通常可分为分批式、流加式、半连续式、连续式和灌注式五种培养方式。可以通过机械或气体搅拌实现细胞的悬浮，类似于微生物的发酵工程技术。目前，植物细胞大规模培养多采用悬浮培养，这主要是由于悬浮培养具有以下优点：①可以增加培养细胞与培养液的接触面，促进营养的吸收；②可带走培养物产生的有害代谢产物，避免其高浓度积聚对细胞的伤害；③保证良好的混合状态，从而获得良好的气体传递效果；④可以借鉴发酵工程的成熟技术，容易放大，实现规模化。

二、植物细胞融合

植物体细胞融合或杂交又称为原生质体融合，是指将植物不同种、属甚至科之间的原生质体通过人工方法诱导融合，然后进行离体培养，使其再生杂种植株的技术。植物细胞具有细胞壁，没有去壁的细胞是很难融合的。因此，植物的体细胞杂交或融合是在原生质体状态下实现的，它是以原生质体培养技术为基础，在动物细胞融合方法的基础上发展起来的一门新型生物技术。原生质体融合过程包括原生质体的制备、原生质体的融合、杂种细胞的筛选和鉴定，以及杂种植株的鉴定等环节。

（一）原生质体的制备

1. 原生质体的分离

目前已从多种植物材料中成功分离出了原生质体，如叶片、花瓣、果实组织、茎的髓部、子叶、下胚轴、幼根、茎叶、愈伤组织、悬浮细胞等，尤其是由叶肉细胞及由各部分形成的培养细胞和悬浮细胞。叶片中的叶肉组织是游离原生质体的一种经典的材料。现在越来越多的研究者采用由愈伤组织或悬浮细胞作为原生质体的材料。常用下述各种外植体经培养脱分化形成愈伤组织，这些外植体包括种子、无菌苗（或土培苗）的下胚轴、子叶、胚根、嫩叶节、花梗、幼茎或真叶以及花药、小孢子等。

机械法分离原生质体能够排除外加酶对离体原生质体的结构和代谢活性的有害影响。但原生质体的产量很低，局限性较大。酶法分离可采用两步分离法和一步分离法。两步分离法是先用果胶酶离析植物组织，使植物细胞从组织中分离出来；然后收集细胞，经洗涤后用纤维素酶解离细胞壁，最后获得原生质体。一步分离法是把一定量的纤维素酶和果胶酶组成混合酶液，对材料进行一次性处理，处理温度为$25\sim30℃$，处理时间根据材料及酶浓度的不同而不同，一般为$2\sim24h$。由于早期使用的两步分离法十分烦琐，因而现在几乎都用一步分离法分离原生质体。

2. 原生质体的纯化

在反应液中除了大量的原生质体外，还有一些残留的组织块和破碎的细胞。为了取得高纯度的原生质体就必须进行原生质体的分离。可选取$200\sim400$目的不锈钢网或尼龙布进行过滤除渣，也可采用低速离心沉淀法、相对密度漂浮法或两种不同渗透浓度溶液接口法直接获取原生质体。

3. 原生质体的活力鉴定

只有经过鉴定确认已获得原生质体后才能进行下一阶段的细胞融合工作。形态上完整、含有饱满的细胞质、颜色新鲜的原生质体即为存活的。如果把它放入低渗溶液中，分离时缩小的原生质体又恢复原态且正常膨大的都是有活力的原生质体。例如，双乙酸盐荧光素染色法染色后，在荧光显微镜下观察到产生荧光的原生质体，是有活力的原生质体；相反表明是无活力的原生质体。

（二）原生质体的融合

1. 化学法诱导融合

化学法诱导融合无须贵重仪器，试剂易于得到，因此一直是细胞融合的主要方法。尤其是聚乙二醇（PEG）结合高钙高 pH 诱导融合法已成为化学法诱导细胞融合的主流。以下简介此方法（在无菌条件下进行）：按比例混合双亲源生质体→滴加 PEG 溶液，摇匀，静置→滴加高钙高 pH 溶液，摇匀，静置→滴加原生质体培养液洗涤数次→离心获得原生质体细胞团→筛选、再生杂种细胞。

通常，在 PEG 处理阶段，原生质体间只发生凝集现象。加入高钙高 pH 溶液稀释后，紧挨着的原生质体间才出现大量的细胞融合，其融合率可达到 10%～50%。这是一种非选择性的融合，既可发生于同种细胞之间，也可能在异种细胞中出现。有些融合是两个原生质体的融合，但也经常可见两个以上的原生质体聚合成团，不过此类融合往往不太可能成功。应当指出，高浓度的 PEG 结合高钙高 pH 溶液对原生质体是有一定毒性的，因此进行诱导融合的时间要适中。处理时间过短，融合频率降低；处理时间过长，则将因原生质体活力明显下降而导致融合失败。

2. 电融合技术

虽然化学法诱导融合的诱导频率较高，但容易引起细胞毒性。电融合技术不使用有毒害作用的试剂，融合率高，重复性好，方法简单，对原生质的伤害较小，而且基本上是同步发生融合的，融合的条件更加数据化，便于控制和相互比较。

（三）杂种细胞的筛选和鉴定

1. 互补选择法

互补选择法的前提是获得各种遗传突变细胞的株系。例如，不同基因型的白化突变株aB×Ab，可互补为绿色细胞株 AaBb，称为白化互补。甲细胞株缺外源激素 A 不能生长，乙细胞株需要提供外源激素 B 才能生长，则甲株与乙株融合，杂种细胞在不含激素 A、B 的选择培养基上可能生长。这种选择类型称为生长互补。假如某个细胞株具有某种抗性（如抗青霉素），则它们的杂种株将可在含上述抗生素的培养基上再生与分裂。这种筛选方式就是抗性互补筛选。此外，根据碘代乙酰胺能够抑制细胞代谢的特点，用它处理受体原生质体，只有融合后的供体细胞质才能使细胞活性得到恢复，这就是代谢互补筛选。

2. 机械分离杂种细胞法

该方法原则上是选择在显微镜下能区别的两类细胞为亲本。若一方细胞大，另一方细胞小，则大、小细胞融合的就是杂种细胞；若一方细胞基本无色，另一方为绿色，则白绿色结合的细胞是杂种细胞；如果双方原生质体在特殊显微镜下或双方经不同染料着色后可见不同的特征，则可作为识别杂种的标志；发现上述杂种细胞后可借助显微操作仪在显微镜下直接取出，移至再生培养基培养。

（四）杂种植株的鉴定

1. 形态学鉴定

根据融合处理后再生长出的植株的形态特征进行鉴别，这种传统的方法是鉴定杂种的最准确的方法。

休细胞杂种植株的一个突出特点是，在不同的杂种植株中，各种性状都可以产生很大的区别。许多形态学上的特征是介于两者之间的，因此可从株高、叶片的形状、花的形态和颜色、花梗和表皮毛状体的长短、分蘖、芒、结实率、种皮颜色和谷粒质量等形态特征进行比较观察。从已有的大量报道来看，在种间的体细胞杂种中，这些特性或多或少处于融合亲本双方的中间；而在属间的体细胞杂种中，这些性状的变化就复杂得多，更多的是偏于亲本的一方。

2. 采用细胞与分子生物学的方法鉴别

经细胞融合后长出的愈伤组织或植株，可进行染色体核型分析、染色体显带分析、同功酶分析以及更为精细的核酸分子杂交、限制性内切酶片段长度多态性和随机扩增多态性 DNA 分析，以确定其是否结合了双亲本的遗传性质。

三、人工种子

人工种子又称为合成种子或体细胞种子。任何一种繁殖体，无论是在涂膜胶囊中包裹的、裸露的或经过干燥的，只要能够发育成完整的植株，均可称为人工种子。一般情况下，完整的人工种子应该由 3 个部分组成：繁殖体、人工胚乳和人工种皮。人工种子的制作主要经过繁殖体预处理、包埋和种皮包被等环节。

（一）繁殖体预处理

繁殖体是人工种子的主体。早期的研究认为，体细胞胚是人工种子制作的最佳繁殖体。随着植物离体培养技术的不断完善，一些植物微型器官的规模化生产技术也相继诞生，给微器官作为人工种子繁殖体的应用奠定了基础。除了体细胞胚和微型变态器官可以作为人工种子的繁殖体外，茎类、微芽和不定芽等作为繁殖体的人工种子研究也有报道。

成批培养的繁殖体在进行人工种子组装之前需要进行筛选和处理，不同类型繁殖体的处理方法有所不同。体细胞胚形成后，需要在无激素的培养基上经过一定阶段的后熟培养，然后进行脱水干燥，再将畸形胚选出后才能进行包埋。微型变态器官繁殖体不能过度脱水，但需要适当干燥，以除去表面及内部多余的水分，同时要进行表面消毒处理，以防止包被后的感染。为了延长储存时间，需要根据使用季节进行适当的休眠处理。以芽为繁殖体的类型，则不能进行脱水处理，但必须筛选生长健壮、组织充实的芽进行包埋。

（二）包埋

1. 包埋介质的制备

使用一定的介质包埋繁殖体是人工种子制备的关键技术。包埋介质既要对繁殖体起保护作用，又要对繁殖体没有毒害，同时还要求具有一定的缓冲强度，以保证繁殖体在生产、运输和种植操作中的安全。包埋介质中最好能够混合一定的营养成分，提供类似于胚乳的营养物质以供繁殖体发芽的需要。此外，由于繁殖体的含水量较高，储存中极易受到微生物的感染危害。因此，介质中还应含有适当的杀菌剂。目前大多数研究者认为，海藻酸盐仍然是较为理想的人工种子包埋介质，因为它不仅无毒害，而且具有一定的保水和透气性能。此外，还可使用琼脂、明胶等作为包埋介质。

2. 人工胚乳的制备

在进行繁殖体包埋时，为了提供类似于胚乳的营养成分，通常设计一定配方的人工胚乳液，然后用人工胚乳液配制海藻酸钠。常用的人工胚乳液配方有两种：MS（或 SH、White）培养基加入 15g/L 的马铃薯淀粉水解物；$0.5 \times SH$ 培养基加入 15g/L 的麦芽糖。除了基本成分外，根据繁殖体的特性和具体要求，还可加入适宜浓度的激素、抗生素和杀菌剂等。

3. 包埋

通常以海藻酸钠作包埋介质的操作程序：在配制好的海藻酸钠溶液中，按一定比例加入繁殖体并混匀，然后将其逐滴滴入 20～25g/L 的 $CaCl_2$ 溶液中，经 20～30min 的离子交换作用，即能形成含有繁殖体并具有一定刚度的小球珠，再用水漂洗 20min，将其晾干后可储存或播种。

（三）人工种子的研制与应用前景

人工种子的储存与萌发是目前还未攻克的难关。一般要将人工种子保存在低温（4～7℃）、干燥（<67%相对湿度）条件下。有人将胡萝卜人工种子保存在上述条件下，2 个月后的发芽率接近 100%，但这种储存方式的费用是昂贵的。在自然条件下，人工种子的储存时间较短，萌发率较低。

目前尽管人工种子的研制还处于实验室研究阶段，但它在生物学和社会经济发展中的潜在利用价值是不容置疑的。各国政府和科学家正致力于人工种子技术的完善和产业化。

第三节　动物细胞工程

一、动物细胞工程的概念及主要技术领域

1. 动物细胞工程的概念

动物细胞工程是细胞工程的一个重要分支，它主要从生物学和分子学的层次，根据人类的需求，对动物的细胞、组织和器官进行培养、细胞融合、细胞重组、遗传物质转移和生殖工程等，从细胞水平改变动物细胞的遗传物质，用于生产特定生物制品、大量培育动物新品种和应用于人类的优生。动物细胞工程不仅具有重要的理论意义，而且具有十分广泛的应用前景。

2. 动物细胞工程的主要技术领域

就技术范围而言，动物细胞工程包括细胞培养技术（组织培养、器官培养）、细胞融合技术、胚胎工程技术（核移植、胚胎分割等）、克隆技术（单细胞系克隆、器官克隆、个体克隆），这些是动物细胞工程的主要内容。

3. 细胞与组织培养

细胞与组织培养是从动物体内取出细胞或组织，模拟体内的生理环境，在无菌、适温和丰富的营养条件下，使离体细胞或组织存活、生长并维持结构和功能的一门技术。两者的区别是，细胞培养指的是细胞在体外条件下的生长，在细胞培养的过程中，细胞不再形成组织。组织培养指的是组织在体外条件下的保存或生长，此时可能有组织分化并保持组织的结构或功能。细胞与组织培养是细胞学研究的技术之一，是动物细胞工程的基础。

4. 动物细胞融合

动物细胞融合是指用自然或人工方法，使两个或更多个不同的细胞融合成一个细胞的过程。细胞融合是研究细胞间遗传信息转移、基因在染色体上的定位，以及创造新细胞株的有效途径。

5. 胚胎工程

胚胎工程是以生殖细胞和胚胎细胞为对象进行的操作，主要技术包括体外受精、胚胎切割、胚胎移植等。胚胎移植是将一个生物体内的胚胎移植到另一个生物体内进行繁殖的技术，这样可能大量繁殖优良的品种。其具体操作是先在一雌性动物的体内注射雌性激素，促使其大量排卵，然后在体外人工授精后发育成为胚胎后再植入其他同类动物的子宫内使其发育成为个体。这样一头优良的牛、马等动物一年可以产几十头幼仔，显著提高了繁殖率，从而可以降低胚胎成本，扩大移植胚的来源，使农畜动物胚胎移植的推广应用成为可能。体外受精可以准确地确定受精的时间和胚胎发育阶段，因此利用体

外受精技术进行核移植、性别控制和基因导入，可工业化生产遗传性能稳定、生产性能优良的家畜，以加快农畜良种化。

6. 杂交瘤抗体技术制备单克隆抗体

杂交瘤抗体技术的基本原理是通过融合两种细胞而同时保持两者的主要特征。这两种细胞分别是 B 淋巴细胞和经抗原免疫的小鼠细胞作小鼠骨髓瘤细胞。B 淋巴细胞的主要特征是它的抗体分泌功能和能够在选择培养基中生长，小鼠骨髓瘤细胞则可在培养条件下无限分裂、增殖，即永生性。在选择培养基的作用下，只有 B 淋巴细胞与骨髓瘤细胞融合的杂交才具有持续增殖的能力，形成同时具备抗体分泌功能和保持细胞永生性两种特性的细胞克隆。

单克隆抗体一问世就受到高度重视并得到了飞速的发展，几乎可以用这项技术获得任何针对某个抗原决定簇的高纯度抗体。它已广泛应用于生物学和医学研究领域，如免疫学、细菌学、遗传学、肿瘤学等，但目前主要利用其高特异和高纯度的突出优点大量应用于临床诊断方面。

7. 细胞拆合

细胞拆合是指以一定的实验技术，从活细胞中分离出细胞器及其组分，然后在体外一定条件下将不同细胞来源的细胞器及其组分进行重组，使其重新装配成为具有生物活性的细胞或细胞器。只有探究了生物合成和细胞装配的全过程，才能实现掌握细胞、利用细胞、改造并进而创造出具有特定性状和功能的工程细胞这一宏伟目标。

二、动物细胞工程的发展概况

19 世纪 30 年代，米勒（Muller）、施旺（Schwann）、菲尔绍（Virchow）等相继发现了多核现象的存在。1859 年，A. 巴利（A.Barli）发现某些黏虫存在着由单个细胞核融合形成多核的原生质团的情况。据此，他认为多核细胞是由单核细胞彼此融合形成的。1885 年，Roux 开创性地把鸡胚髓板在保温的生理盐水中保存了若干天。这是体外存活器官的首次记载，不过，哈里森（Harrison）才是公认的动物组织培养的鼻祖。1907 年，Harrison 培养的蛙胚神经细胞不仅存活数周之久，而且长出了轴突。在 20 世纪 40 年代，卡雷尔（Carrel）和厄尔（Erle）分别建立了鸡胚心肌细胞和小鼠结缔组织 L 细胞系，证明了动物细胞体外培养的无限繁殖能力。21 世纪初，科学家们建立的各种连续的或有限的细胞系（株）已超过 5000 种。1958 年，冈田善雄发现已灭活的仙台病毒可以诱使艾氏腹水瘤细胞融合，从此开创了动物细胞融合的崭新领域。20 世纪 60 年代，童第周教授及其合作者独辟蹊径，在鱼类和两栖类动物中进行了大量核移植实验，在探讨核质关系方面做出了重大贡献。1975 年，科勒（Kohler）和米尔斯坦（Milstein）巧妙地创立了淋巴细胞杂交瘤技术，获得了珍贵的单克隆抗体，自此免疫学取得了重大突破。1997 年，英国威尔穆特（Wilmut）领导的小组用体细胞核克隆出了绵羊多莉，把动物细胞工程推上了辉煌的新高峰。

三、动物细胞的操作方法

动物细胞工程常用的操作方法有动物细胞培养、动物细胞融合、细胞拆合、单克隆抗体等。动物细胞培养技术是其他动物细胞工程技术的基础。

（一）动物细胞培养

动物细胞培养是指从动物机体内取出相关的组织，将它分散成单个细胞，然后放在适宜的培养基中，让这些细胞生长和增殖。

1. 选材

动物胚胎或幼龄动物的组织、器官的细胞增殖能力较强，分裂旺盛，分化程度低，容易培养。在进行动物细胞培养时，用胰蛋白酶分散细胞，说明细胞间的物质主要是蛋白质。动物细胞培养液的主要成分是葡萄糖、氨基酸、无机盐、维生素和动物血清等。

2. 动物细胞培养的过程

动物细胞培养的过程如图 6-2 所示。

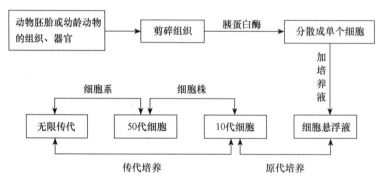

图 6-2　动物细胞培养的过程

第 1 代细胞的培养与传 10 代以内的细胞培养统称为原代培养。过程为从动物机体中取出组织→剪碎→加胰蛋白酶→细胞游离→加培养液→将细胞接种到培养瓶内→培养（1～2d 换一次培养液）→细胞贴壁生长→长成单层细胞。若原代培养的细胞生长停止，这时如果要使细胞继续生长，就要及时用胰蛋白酶等使细胞从瓶壁上解离下来；然后加入新的培养液，将细胞分离稀释，并从原培养瓶内转接到新的培养瓶内，这个过程称为传代培养。从原代培养细胞群中筛选出进行传代培养的细胞，能传到 40～50 代，其遗传物质没有发生变化，称为细胞株。传到 40～50 代后有部分细胞的遗传物质发生了变化，带有癌变的特点，可能在培养条件下无限制地传代下去，这种传代细胞称为细胞系。动物细胞培养只能使细胞数目增多，不能发育成新的动物个体。

（二）动物细胞融合

动物细胞融合是指用自然或人工方法，使两个或多个不同的细胞融合成一个细胞的过程，又称为体细胞杂交。融合后形成的具有原来两个或多个细胞遗传信息的单核细胞，称为杂交细胞。动物细胞融合方法有以下 3 种。

1. 化学法

PEG 诱导融合一直是动植物细胞融合的主要方法。具体方法参见植物细胞的化学法诱导融合。

2. 物理法

电激诱导融合方法参见植物原生质体电融合技术。

3. 仙台病毒法

仙台病毒诱导细胞融合经过四个阶段：①两种细胞在一起培养，加入病毒，在 4℃ 条件下病毒附着在细胞膜上，并使两细胞相互凝聚；②在 37℃ 中，病毒与细胞膜发生反应，细胞膜受到破坏，此时需要 Ca^{2+} 和 Mg^{2+}，最适 pH 为 8.0～8.2；③细胞膜连接部穿通，周边连接部修复，此时需 Ca^{2+} 和 ATP；④融合成巨大细胞，仍需 ATP。

（三）细胞拆合

从不同的细胞中分离出细胞及其组分，在体外将它们重新组装成具有生物活性的细胞或细胞器的过程称为细胞拆合。细胞拆合的研究大多以动物细胞为材料，其中尤以核移植和染色体转移的工作令人瞩目。

1. 动物体细胞核移植技术

将动物的一个细胞的细胞核，移入一个已经去掉细胞核的卵母细胞中，使其重组并发育成一个新的胚胎，这个新的胚胎最终发育成动物个体。用核移植的方法得到的动物称为克隆动物。核移植有胚胎细胞核移植和体细胞核移植两种。体细胞核移植难度较高。

2. 染色体转移

为了改变真核细胞的遗传性状和控制高等生物的生命活动，除了需在细胞整体水平和胞质水平上转移整个核的基因组外，还有必要在染色体水平上建立一种新的技术体系。通过这种技术将同特定基因表达有关的染色体或染色体片段转入受体细胞，使该基因能得以表达，并能在细胞分裂中逐代传递下去。这种技术称为染色体转移（或染色体转导）。染色体转移技术不仅可以将各种可供选择的基因导入受体细胞，而且还可以用于确定基因在染色体上的连锁关系。自从 1973 年染色体转移技术首创以来，随着体细胞遗传学的发展，染色体转移技术正日益发展成为一项重要的既具有理论价值，又具有广阔应用前景的细胞工程技术。

（四）单克隆抗体

只针对某一抗原决定簇的抗体分子称为单克隆抗体。单克隆抗体技术的核心是用骨髓瘤细胞与经特定抗原免疫刺激的 B 淋巴细胞融合得到杂交瘤细胞，杂交瘤细胞既能像骨髓瘤细胞那样在体外无限增殖，又具有 B 淋巴细胞产生特异性抗体的能力。因此，单克隆抗体技术又称为杂交瘤技术。

长期以来，为了获得抗体，采用的是把某种抗原反复注射到动物体内，然后从动物血清中分离出所需抗体的方法。用这种方法获得的抗体，不仅产量低，而且抗体的特异性差，纯度低，反应不够灵敏。人们发现，在动物发生免疫反应的过程中，体内的 B 淋巴细胞可以产生多达百万种以上的特异性抗体，但是每个 B 淋巴细胞只分泌一种化学性质单一、特异性强的抗体。要想获得大量的单一抗体，必须用单个 B 淋巴细胞进行无性繁殖，即克隆。

通过克隆形成的细胞群就有可能产生出化学性质单一、特异性强的抗体，即单克隆抗体。不过，B 淋巴细胞在体外不能无限分裂繁殖。1975 年，柯列和米尔斯坦利用肿瘤细胞无限增殖分生的特征，将 B 淋巴细胞与骨髓瘤细胞融合，终于获得了既能产生单一抗体又能在体外无限生长的杂交细胞。

第四节　微生物细胞工程

微生物是一个相当笼统的概念，既包括细菌、放线菌这样微小的原核生物，又涵盖菇类、霉菌等真核生物。

微生物作为可以独立存在的个体，其生长、代谢的特点与植物、动物有着显著的区别。一般情况下，微生物由其自身完成其基本功能。微生物细胞工程是指应用微生物细胞进行细胞水平的研究和生产，具体内容包括各种微生物细胞的培养、遗传性状的改变、微生物细胞的直接利用或获得细胞代谢产物等。

由于微生物细胞结构简单、生长迅速、实验操作方便，有些微生物的遗传背景已经研究得相当深入，因此它已在国民经济的不少领域，如抗生素以及其他发酵工业、防污染与环境保护、灭虫害与农林发展、深开采与贫矿利用、资源保护与能源再生等方面发挥了非常重要的作用。

一、原核细胞的原生质体融合

细菌是最典型的原核生物，属于单细胞生物。细菌细胞外有一层成分不同、结构相异的坚韧细胞壁，形成抵抗不良环境因素的天然屏障。根据细胞壁成分的差异一般将细菌分成革兰氏阳性细菌和革兰氏阴性细菌两大类，前者肽聚糖约占细胞壁成分的 90%，而后者的细胞壁上除了部分肽聚糖外还有大量的脂多糖等有机大分子。由此决定了它们对溶菌酶的敏感性有很大差异。

溶菌酶广泛存在于动植物、微生物细胞及其分泌物中。它能特异地切开肽聚糖中 N-乙酰胞壁酸与 N-乙酰葡萄糖胺之间的 β-1,4 糖苷键，从而使革兰氏阳性细菌的细胞壁溶解。但由于革兰氏阴性细菌细胞壁组成成分的差异，处理革兰氏阴性细菌时，除了溶菌酶外，一般还要添加适量的 EDTA（L-胺四乙酸）才能除去它们的细胞壁，制得原生质体或原生质球。

革兰氏阳性细菌细胞融合的主要过程如下：①分别培养带遗传标志的双亲本菌株至指数生长中期，此时细胞壁最易被降解；②分别离心收集菌体，用高渗培养基制成菌悬液，以防止下阶段原生质体破裂；③混合双亲本，加入适量的溶菌酶，作用 20～30min；④离心后得原生质体，用少量高渗培养基制成菌悬液；⑤加入 10 倍体积的聚乙二醇（40%）促使原生质体凝集、融合；⑥数分钟后，加入适量的高渗培养基进行稀释；⑦涂接于高渗选择培养基上进行筛选。长出的菌落很可能已结合双方的遗传因子，要经数代筛选及鉴定才能确认已获得能稳定遗传的杂合菌株。

对于革兰氏阴性细菌而言，在加入溶菌酶数分钟后，应添加 0.1mol/L 的 EDTANa$_2$ 共同作用 15～20min，则可使 90% 以上的革兰氏阴性细菌转变为可供细胞融合用的球状体。

尽管细菌间细胞融合的检出率仅为 10^{-5}～10^{-2}，但由于菌数总量十分巨大，检出数仍是相当可观的。

二、真菌的原生质体融合

真菌主要包括单细胞的酵母类和多细胞的菌丝类。降解细胞壁制备原生质体是细胞融合的关键。

真菌细胞壁的成分比较复杂，主要由几丁质及各类葡聚糖构成纤维网状结构，其中夹杂着少量的甘露糖、蛋白质和脂类。因此可在含有渗透压稳定剂的反应介质中加入消解酶进行酶解，也可用取自蜗牛消化道的蜗牛酶（复合酶）进行处理，原生质体的制得率都在 90% 以上。此外还有纤维素酶、几丁质酶、新酶等。

真菌原生质体融合的要点与前述细胞融合类似，一般都以聚乙二醇作为融合剂，在特异的选择培养基上筛选融合子。但由于真菌一般都是单倍体，融合后，只有那些形成真正单倍重组体的融合子才能稳定传代。具有杂种双倍体和异核体的融合子的遗传特性不稳定，还需经多代考证才能最后断定是否为真正的杂种细胞。目前国内外已成功地进行过数十例真菌的种内、种间、属间的原生质体融合，大多是大型的食用真菌，如香菇、木耳、凤尾菇、平菇等，取得了相当可观的经济效益。

细胞工程诞生于 20 世纪初，一个世纪过去了，人类在动植物、微生物细胞工程等领域都取得了辉煌的成就。科学家不仅能培养许多类型的细胞和组织，还能从单个细胞克隆出高等植物（被子植物）、高等动物（哺乳动物）；我们不仅在努力撩去自然界神秘的重重面纱，而且已不满足于大自然亿万年的恩赐，正在用智能的大脑和勤奋的双手改造生物种性，创造更加美好的未来。

 本章小结

本章内容结构如图 6-3 所示。

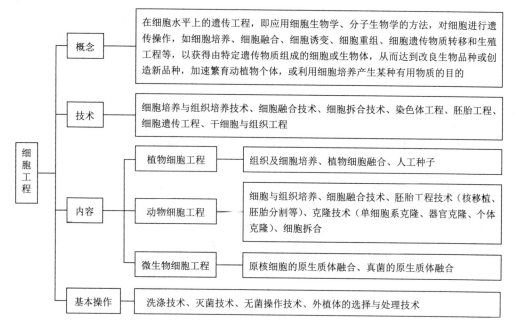

图 6-3　本章内容结构

 知识链接

　　细胞工程是生物工程的基础，是目前较为成熟、应用广泛的生物工程。通过对本章的学习，使学生对细胞工程有一个概括、系统的了解，并在此基础上激发学习专业课"细胞工程""植物组织培养"等的兴趣。

 思考题

　　1. 什么是细胞工程？其主要技术有哪些？
　　2. 如何从一片嫩叶组织培育出众多的完全植株？
　　3. 简述植物细胞融合的步骤及方法。
　　4. 目前人工种子生产中需要研究解决的主要技术问题是什么？
　　5. 比较原代培养和传代培养两种培养方式有何异同？
　　6. 采用什么方法可以去除革兰氏阴性细菌和革兰氏阳性细菌的细胞壁？

第七章　蛋白质工程

知 识 导 入

　　通常饭后 30～60min，人血液中胰岛素的含量达到高峰，120～180min 内恢复到基础水平。而目前临床上使用的胰岛素制剂注射后 120min 后才出现高峰且持续 180～240min，这与人的生理状况不符。实验表明，胰岛素在高浓度（大于 10^{-5}mol/L 时）以二聚体形式存在，低浓度（小于 10^{-9}mol/L）时主要以单体形式存在。设计速效胰岛素的原则就是避免胰岛素形成聚合体。类胰岛素生长因子-I（IGF-I）的结构和性质与胰岛素具有高度的同源性和三维结构的相似性，但 IGF-I 不形成二聚体。IGF-I 的 B 结构域（与胰岛素 B 链相对应）中 B28-B29 氨基酸序列与胰岛素 B 链的 B28-B29 相比，发生颠倒。因此，将胰岛素 B 链改为 B28Lys-B29Pro，获得单体速效胰岛素。该速效胰岛素已通过临床实验。

　　你能说出其中的原理和方法吗？

　　蛋白质工程是指在基因工程的基础上，结合蛋白质结晶学、计算机辅助设计和蛋白质化学等多学科的基础知识通过对基因的人工定向改造等方法，对蛋白质进行修饰，改造和拼接以生产出能满足人类需要的新型蛋白质的技术。蛋白质工程是 20 世纪 80 年代在基因工程基础上发展起来的第二代基因工程，这一名词最早是 1981 年由美国基因公司的 Ulmer 提出的。

蛋白质工程是基因工程的深化和发展，也是生物工程中富有发展前景的高新技术领域之一。随着分子生物学、晶体学及计算机技术的迅猛发展，蛋白质工程在近十几年中取得了长足的进步，成为研究蛋白质结构和功能的重要方法，同时广泛应用于制药及其他工业生产中。

第一节　蛋白质的结构基础

一、蛋白质概述

蛋白质是重要的生物大分子物质，在人体内分布广泛，含量丰富，种类繁多。每种蛋白质都有特定的空间构象及生物学功能。

组成蛋白质的基本单位为氨基酸，共 20 种，除甘氨酸外均为 L-α-氨基酸。氨基酸为两性电解质，在溶液的 pH 等于其 pI 时氨基酸呈电中性。含有共轭双键的色氨酸、酪氨酸在 280nm 波长附近有最大吸收峰。氨基酸之间通过肽键相连形成肽。肽键是蛋白质分子中的主要共价键，也称为主键。少于 10 个氨基酸组成的肽为寡肽，多于 10 个氨基酸为多肽，其为链状称为多肽链。多肽链是蛋白质的基本结构，两端分别称为氨基末端（N-末端），羧基末端（C-末端）。

二、蛋白质的基本化学结构

蛋白质的基本化学结构（蛋白质一级结构）主要是指氨基酸在蛋白质分子中的排列顺序。尽管蛋白质具有极其复杂的总体结构，但在化学上它们都是由 20 种氨基酸按特定的顺序通过肽键连接形成的具有有限长度的多肽链。不同蛋白质间最基本的差别就是其组成多肽链的氨基酸序列和长度不同。

从蛋白质的水解产物就可得知其分子组成。蛋白质受酸、碱或酶的催化作用，其大分子逐次水解为分子量较小的多肽、寡肽、二肽，最终生成 α-氨基酸（详见第二章）。

（一）蛋白质的一级结构

蛋白质的一级结构是指蛋白质多肽链中氨基酸的排列顺序以及二硫键的位置。一级结构是蛋白质分子结构的基础，它包含了决定蛋白质分子所有结构层次构象的全部信息。蛋白质一级结构研究的内容包括蛋白质的氨基酸组成、氨基酸排列顺序和二硫键的位置、肽链数目、末端氨基酸的种类等。

一级结构是高级结构的化学基础，也是认识蛋白质分子生物功能、结构与生物进化的关系、结构变异与分子疾病的关系等许多复杂问题的重要基础。研究一级结构需要阐明的内容：①蛋白质分子的多肽链数目；②每条肽链的末端残基种类；③每条肽链的氨基酸顺序；④链内或链间二硫键的配制等。

肽键（—CO—NH—）是由一个氨基酸的羧基（—COOH），与另一个氨基酸的 α-氨基（—NH$_2$）脱水缩合形成的键。

肽键 $\left(\begin{smallmatrix}O & H\\ -C-N-\end{smallmatrix}\right)$ 又称为酰胺键。两个氨基酸缩合成二肽（图 7-1）两端，仍然分别有一个自由氨基（—NH$_2$）和一个自由羧基（—COOH），它们仍可以同第 3 个、第 4 个或更多的氨基酸缩合起来，形成一种链状结构，称为多肽链。

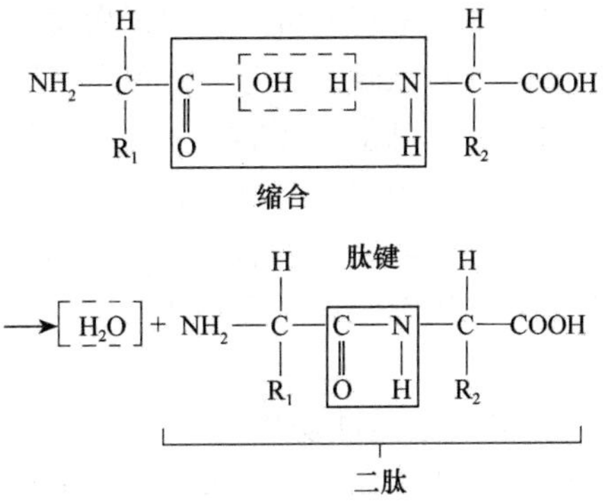

图 7-1　二肽

多肽链中的 R$_1$、R$_2$、R$_3$、…、R$_n$ 称为侧链。肽键两端仍遗留有自由氨基和羧基。在一条多肽链中含有自由氨基的一端称为 N—末端（或氨基端），而含有自由羧基的一端称为 C—末端（或羧基端）。书写时，一般是将 N—末端写在左边，C—末端写在右边（图 7-2）。

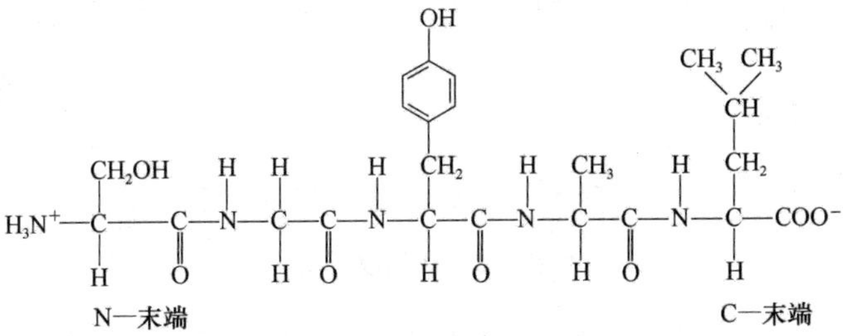

图 7-2　多肽链书写

蛋白质是由氨基酸通过肽键连接起来的生物大分子，不同蛋白质的氨基酸种类、数量和排列顺序都不同，这是蛋白质生物学功能多样性的基础。一级结构是蛋白质的共价键结合的全部情况，在生物化学及其相关领域中，许多问题都需要知道蛋白质的一级结构。

有些蛋白质不是简单的一条肽链，而是由两条以上肽链组成的，肽链之间通过二硫键连接起来，还有的在一条肽链内部形成二硫键。二硫键在蛋白质分子中起着稳定空间结构的作用。一般二硫键越多，蛋白质的结构越稳定。蛋白质的氨基酸排列顺序对蛋白质的空间结构以及生物功能起着决定作用，通常氨基酸的排列顺序是不能轻易改变的，有的蛋白质分子只改变一个氨基酸的就可能改变整个蛋白质分子的空间结构和功能，所以蛋白质的一级结构包含着决定其空间结构的因素。

（二）蛋白质一级结构的测定

蛋白质一级结构的测定就是测定蛋白质多肽链中氨基酸的排列顺序，这是揭示生命本质、阐明结构与功能的关系、研究酶的活性中心和酶蛋白高级结构的基础，也是基因表达、克隆和核酸顺序分析的重要内容。蛋白质一级结构的测定主要包括以下基本步骤：

1）测定蛋白质的分子质量和氨基酸组成。

2）进行末端分析，确定蛋白质的肽链数目及 N—端和 C—端氨基酸的种类。

3）拆开二硫键并分离出每条多肽链。

4）分析每条多肽链的 N—末端和 C—末端残基。

5）用两种不同方法将肽链专一性地水解成两套肽段并进行分离。

6）测定各个肽段的氨基酸排列顺序并拼凑出完整肽链的氨基酸排列顺序。

7）二硫键位置的确定。

应用这种方法，Sanger 等人于 1953 年完成了第一个蛋白质——牛胰岛素一级结构的测定。胰岛素是动物胰脏中胰岛细胞分泌的一种激素蛋白，其功能是调节糖代谢。胰岛素分子由 51 个氨基酸残基组成，相对分子质量为 5734，由 A、B 两条肽链组成，A 链含 21 个氨基酸残基，B 链含 30 个氨基酸残基。A 链和 B 链通过两个二硫键连接在一起，在 A 链内部还有一个二硫键，图 7-3 为胰岛素的氨基酸顺序。

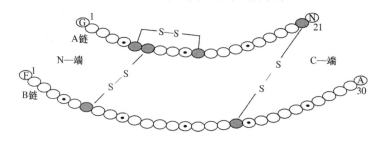

图 7-3　胰岛素的氨基酸顺序

不同来源的蛋白质其一级结构是有差异的，说明蛋白质一级结构与生物的种族特异性有关。不同来源的胰岛素在 A 链环状结构的氨基酸配置方面与牛胰岛素不同。例如，马胰岛素含苏氨酸、甘氨酸和异亮氨酸，而猪胰岛素含苏氨酸、丝氨酸和异亮氨酸。

几十年来，随着生化分离技术的飞速发展，被确定的蛋白质一级结构越来越多，到目前为止，已经被确定的蛋白质一级结构就有一百多种，为进一步分析确定蛋白质的空间结构打下了基础。

三、蛋白质的空间结构

蛋白质的空间结构（即蛋白质的二级、三级和四级结构），对蛋白质的生理活性很重要。当其空间构象有损害，蛋白质的构象随即改变或失去其原有的生理活性。

蛋白质空间结构的确定，主要利用 X 射线衍射法，形成衍射图像，再经过数学推导和计算，得出晶体中原子的分布和分子的空间构象。蛋白质多肽链的卷曲、折叠形成的紧密结构，是由于蛋白质多肽链间各种化学键交互作用的结果。故在具体介绍蛋白质空间构象之前，必须首先了解其有关的各种化学键的性质及其作用。

（一）维持蛋白质分子空间构象的化学键

蛋白质的空间结构一般是通过非定向的静电引力、范德瓦耳斯力和氢键等形成的。维持蛋白质三级结构的各种作用力如图 7-4 所示。一般这些键的键能比较小，故不太稳定，容易受各种理化因素的影响而破坏。有关的化学键主要有以下几种。

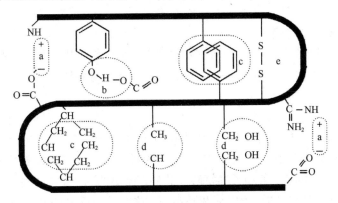

图 7-4 维持蛋白质三级结构的各种作用力

a—盐键；b—氢键；c—疏水相互作用力；d—范德瓦耳斯力；e—二硫键

1. 氢键

氢键$\left(\!\!\begin{array}{c}\\ \end{array}\!\!C=O\cdots H-N\!\!\begin{array}{c}\\ \end{array}\!\!\right)$主要由肽链上的羰基$\left(\!\!\begin{array}{c}\\ \end{array}\!\!C=O\right)$和亚氨基$\left(\!\!\begin{array}{c}H\\ |\\ -N-\end{array}\!\!\right)$之间通过氢原子被两个负电性较大的原子所吸引而形成的一种键。由于肽链上有许多羰基和亚氨基。因此，蛋白质分子中氢键较多。氢键具有离子的特性，只有负电性较大的原子间才能形成，它需要极化的—OH、—NH—、—NH$_2$等基团作为供氢体。而负电性较大的原子，如 O、N、Cl、F 等作为受体。

氢键为蛋白质空间结构中最重要的副价键，它普遍存在于蛋白质分子中，无论在肽键与肽键间或是一条多肽键卷曲后相邻的基团之间，都可以形成氢键。氢键的键长约为0.27nm，键能小，约 5.6kcal（1cal＝4.1868J），故容易受外力影响而破坏。这一点与蛋白质生理活性有紧密关系。

2. 盐键

蛋白质分子中自由的氨基及羧基，在适当的条件下，可以分别以正负离子的形式存在，因而形成盐键（—NH$_3^+$—O$^-$OC—）。盐键的结合力较为牢固，是稳定蛋白质空间结构的一个因素，但其在蛋白质分子中一般数量不多，而且容易受酸、碱的作用而破坏。

3. 二硫键

蛋白质分子中的二硫键（—S—S—），是两个半胱氨酸分子通过脱氢氧化而结合形成的一种化学键。此键在蛋白质一级结构中是连接不同肽链或同一肽链不同部分的键。它结合得比较牢固，在蛋白质空间结构中起着稳定肽链空间构型的作用。二硫键一旦遭受破坏，蛋白质的生理活性随即丧失。这种键的数目越多，其蛋白质就越稳定，对抗外界的能力就越强。例如，毛、发、鳞、甲壳之所以比较坚固，其原因之一是其蛋白质中含有较多的二硫键。

4. 酯键

酯键$\left(R-\overset{\displaystyle O}{\overset{\displaystyle \|}{C}}-O-R'\right)$是由羟基氨基酸分子中的羟基（−OH）与二羧酸 β 或 γ-羧基脱水缩合而成的键。酯键在蛋白质分子中不多，水解时可被破坏。

5. 离子键

离子键（ionic bond）是带相反电荷的基团之间的静电引力，也称为静电键或盐键。蛋白质的多肽链由各种氨基酸组成，有些氨基酸残基带正电，如赖氨酸和精氨酸；有些氨基酸残基带负电，如谷氨酸和天冬氨酸。此外，游离的 N—端氨基酸残基的氨基和 C—端氨基酸残基的羧基也分别带正电荷和负电荷，这些带相反电荷的基团，如羧基和氨基、胍基、咪唑基等基团之间都可以形成离子键。

6. 疏水键

蛋白质分子含有许多非极性侧链和一些极性很小的基团，这些非极性基团避开水相互相聚集在一起而形成的作用力称为疏水键（hydrophobic bond），也称疏水作用力。例如，缬氨酸、亮氨酸、异亮氨酸、苯丙氨酸、色氨酸等氨基酸的侧链基团具有疏水性，在水溶液中它们会离开周围的溶剂聚集在一起，在空间关系上紧密接触而稳定起来，从而在分子内部形成疏水区。这种疏水相互作用在维持蛋白质的三级结构中也起到重要的作用。

7. 范德瓦耳斯力

范德瓦耳斯力（van der waals force）是一种非特异性引力，任何两个相距 $0.3 \sim 0.4 nm$ 的原子之间都存在范德瓦耳斯力，范德瓦耳斯力比离子键弱，但在生物体系中却是非常重要的。这些次级键的键能都较弱，但由于它们在蛋白质分子中广泛存在，因此在维持蛋白质的二级结构、三级结构和四级结构的构象上起着非常重要的作用。如果外界因素影响或破坏了这些次级键的形成，则会引起蛋白质空间结构的变化。

8. 金属键

许多蛋白质的三、四级结构需要金属键参与维持其构型。这类金属键所起的作用，也属于一种化学键的作用。当金属键被除去时，四级结构也随即破坏，蛋白质则解离为亚基，或者三级结构局部破坏，其生理活性则减弱或丧失。

（二）蛋白质的二级结构

蛋白质的二级结构（secondary structure）是指蛋白质多肽链本身的折叠和盘绕的方式。氢键是稳定二级结构的主要作用力。

常见的二级结构（图 7-5）有 α-螺旋、三股螺旋、β-折叠、β-转角、β-凸起和无规卷曲。α-螺旋中肽链骨架围绕一个轴以螺旋的方式伸展，它可能是极性的、疏水的或两亲的。β-折叠是肽链的一种相当伸展的结构，有平行和反平行两种。如果β股交替出现极性残基和非极性残基，那么就可以形成两亲的β-折叠。β-转角是指伸展的肽链形成180°的U型回折结构而改变了肽链的方向。β-凸起是由于β-折叠股中额外插入一个氨基酸残基形成的，它也能改变多肽链的走向。无规卷曲是在蛋白质分子中的一些极不规则的二级结构的总称。无规卷曲无固定走向，有时以环的形式存在，但不是任意变动的。从结构的稳定性上看，α-螺旋>β-折叠>U型回折>无规卷曲；但在功能上，酶与蛋白质的活性中心通常由无规卷曲充当，α-螺旋和β-折叠一般只起支持作用。

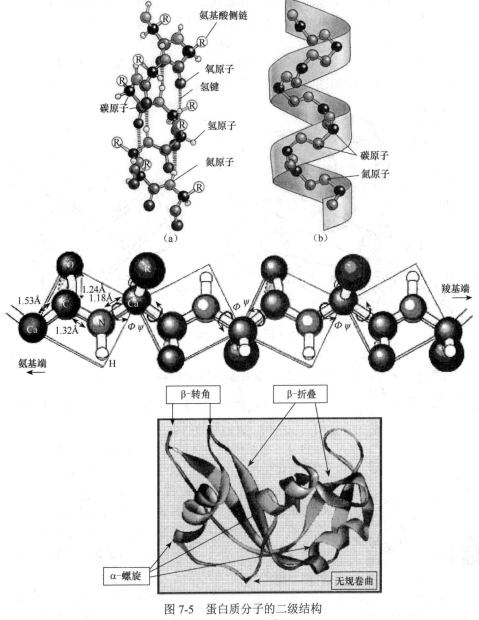

图 7-5　蛋白质分子的二级结构

注：1Å=10^{-10}m。

（三）蛋白质的三级结构

蛋白质的三级结构（tertiary structure）是指多肽链在二级结构、超二级结构以及结构域的基础上，进一步卷曲折叠形成复杂的球状分子结构。三级结构包括多肽链中一切原子的空间排列方式。蛋白质多肽链如何折叠卷曲成特定的构象，是由它的一级结构即氨基酸的排列顺序决定的，是蛋白质分子内各种侧链基团相互作用的结果。维持这种特定构象稳定的作用力主要是次级键，它们使多肽链在二级结构的基础上形成更复杂的构象。肽链中的二硫键可以使远离的两个肽段连在一起，所以对三级结构的稳定也起到重要作用。

蛋白质的三级结构主要由盐键、氢键和疏水键来维持。经过盘绕和弯曲后，蛋白质多肽链虽然很长，但由于二、三级结构的存在，蛋白质形成更紧密的空间构型。例如，由 153 个氨基酸组成长肽链的肌红蛋白，经过折叠弯曲，便形成一个球状蛋白。肌红蛋白的三级结构如图 7-6 所示。

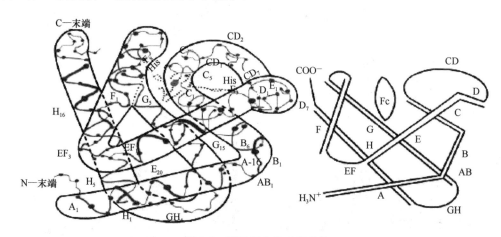

图 7-6　肌红蛋白的三级结构

图 7-7　蛋白质一级、二级、三级以及四级结构的关系

（四）蛋白质的四级结构

有些蛋白质分子含有多条肽链，每一条肽链都具有各自的三级结构。蛋白质的四级结构（quaternary structure）是具有独立三级结构的多肽链彼此通过非共价键相互连接形成的聚合体结构。在具有四级结构的蛋白质中，每一个具有独立的三级结构的多肽链称为该蛋白质的亚单位或亚基（subunit）。亚基之间通过其表面的次级键连接在一起，形成完整的寡聚蛋白质分子。亚基一般只由一条肽链组成，亚基单独存在时没有活性，具有四级结构的蛋白质当缺少某一个亚基时也不具有生物活性。

蛋白质结构就像一座精美的建筑，层次丰富，构造多彩。蛋白质一级、二级、三级以及四级结构的关系如图 7-7 所示。

第二节 蛋白质工程的原理和方法

一、蛋白质工程的主要研究内容

蛋白质工程是指人们在深入了解蛋白质空间结构以及结构与功能关系，并且在掌握基因操作技术的基础上，设计和改造蛋白质，借以改善蛋白质的物理和化学性质，如提高蛋白质的热稳定性、酶的专一性等，使其更好地为人类所用。蛋白质工程的流程如图7-8 所示。它的主要研究内容包括以下几个方面。

图 7-8　蛋白质工程的流程

1. 蛋白质结构分析

蛋白质工程的核心内容之一就是收集大量的蛋白质分子结构的信息，以便建立结构与功能之间关系的数据库，为进行蛋白质结构与功能之间关系的理论研究奠定基础。三维空间结构的测定是验证蛋白质设计的假设，即证明是新结构改变了原有生物功能的必需方法。

蛋白质的结构分析主要包括一级、二级、三级与四级结构研究，以及形成这些结构（主要是立体结构）的机理和一般规律。

2. 蛋白质结构与功能的关系

根据天然蛋白质结构与功能分析建立起来的数据库中的数据，可以对某一氨基酸序列肽链的空间结构和生物功能进行预测；反之也可以根据特定的生物功能，设计蛋白质的氨基酸序列和空间结构。通过基因重组等实验可以直接考察分析结构与功能之间的关系；也可以通过分子动力学、分子热力学等，根据能量最低、同一位置不能同时存在两个原子等基本原则分析计算蛋白质分子的立体结构和生物功能。虽然这方面的工作还在起步阶段，但可预见将来能建立一套完整的理论来解释结构与功能之间的关系，用以设计、预测蛋白质的结构和功能。

3. 蛋白质的改造

可以通过物理、化学及复杂的基因重组等方法对蛋白质进行改造。采用物理、化学方法可以对蛋白质进行变性、复性处理，修饰蛋白质侧链官能团，分割肽链，改变表面电荷分布，促进蛋白质形成一定的立体构象等；采用生物化学法使蛋白酶选择性地分割蛋白质，利用转糖苷酶、酰酶等对其侧链化学基团进行修饰。以上方法只能对相同或相似的基团或化学键发生作用，缺乏特异性，不能针对特定的部位起作用。基因重组技术不但可以改造蛋白质，还可以合成全新的蛋白质。根据蛋白质的结构规律和预期功能，设计目的蛋白的结构，或直接人工合成基因，再通过原核或真核表达系统获得目的蛋白，并对其结构与功能进行鉴定。

二、蛋白质的分子设计

蛋白质的分子设计可分为两个层次，一种是在已知立体结构的基础上进行的直接将立体结构信息与蛋白质的功能相关联的高层次的设计工作，另一种是在未知立体结构的情形下借助于一级结构的序列信息及生物化学性质进行的分子设计工作。此处只探讨第一类分子设计，因为在利用三级结构信息的同时也运用了一级结构序列及有关的生化信息，第一类分子设计工作实际上已包含了第二类分子设计工作，而后者实际上是在不得已的情形下所进行的努力。

蛋白质的分子设计就是为有目的的蛋白质工程改造提供设计方案。虽然经过漫长岁月的进化，自然界已经筛选出了数量众多、种类各异的蛋白质，但天然蛋白质只有在自然条件下才能起到最佳功能。例如，在工业生产中常见的高温高压条件下，大多数天然蛋白质都会失活。因此就需要对蛋白质进行改造，使其能够在特定条件下起到特定的功能。蛋白质的分子设计又可以按改造部位的数量分为三类：①小改，可通过定位突变或化学修饰来实现；②中改，对来源于不同蛋白的结构域进行拼接组装；③大改，从头设计全新的蛋白质。

蛋白质设计目前存在的问题是设计的蛋白质与天然蛋白质相比，缺乏结构的独特性及明显的功能优越性。所有设计的蛋白质有正确的一级结构、显著的二级结构及合理的热力学稳定性，但一般情况下它们三级结构的准确性较差，如设计的蛋白质的核磁共振谱有限的分散、非协同的热折叠等。

（一）小改——少数残基的替换

小改是指对已知结构的蛋白质进行少数几个残基的替换，这是目前蛋白质工程中广泛使用的方法。这种方法通过定点突变技术或盒式替换技术有目的地改变几个氨基酸残基，借以研究和改善蛋白质的性质和功能。例如，蛋白质的稳定性是蛋白质正常发挥生物活性的重要前提，因此改善蛋白质的稳定性成为蛋白质设计和改造的重要目标之一。

在改造中如何恰当地选择突变残基是一个关键问题，这不仅需要分析残基的性质，同时还需要借助于已有的三维结构或分子模型。例如，通过蛋白质工程途径引入二硫键，期望提高蛋白质的稳定性，面临的一个问题就是怎样选择合适的突变位点。蛋白质中的二硫键具有一定的结构特征，随机选择突变位点引入二硫键会给整体分子带来不利的张力，这会降低蛋白质的稳定性。为了解决这个问题，人们尝试了几何方法、分子力学方法、分子动力学方法等多种方法，并已经编制了一些实用程序。可以在实验之前筛选可能的以及较好的突变位点。同理，对于其他类型的突变也可以进行预测。目前已有许多方法和程序可以在已知天然蛋白质结构的基础上预测突变体的结构和性质。

（二）中改——分子剪裁

分子剪裁是指在对天然蛋白质的改造中替换一个肽段或一个结构域。Winter 等将分子剪裁技术成功用于抗体分子的改造。他们将小鼠单克隆抗体分子重链的互补决定用基因操作方法插到人的抗体分子的相应部位上，使得小鼠单抗体分子所具有的抗原结合专一性转移到人的抗体分子上。这项实验有重要的医学价值。

蛋白质结构及功能对残基的替换是有一定条件的，即结构与功能的关系有一定的稳定度。

（三）大改——从头设计

从头设计蛋白质是在人们认识蛋白质，掌握其结构规律，了解结构功能关系的基础上进行的。同时它也是人们更加深入、全面理解蛋白质的一个过程，它的目的是人工创造出自然界中不存在的蛋白质分子，使其具有需要的特殊结构和功能，为人类所利用。

目前人类已经迈进蛋白质设计的时代，并且正在以越来越快的步伐前进。蛋白质分子设计有助于进一步揭示蛋白质的结构原理以及结构与功能的关系，同时也有助于指导药物合成以及工业产品的设计。因此它既是基础研究的方法，同时也为实业界展示了诱人的应用前景。

（四）蛋白质的分子设计过程

蛋白质的分子设计过程：首先建立所研究对象的结构模型，在此基础上进行结构—功能关系研究，然后提出设计方案，通过实验验证后进一步修正设计，这往往需要几次循环才能达到目的。蛋白质的分子设计过程如图7-9所示。

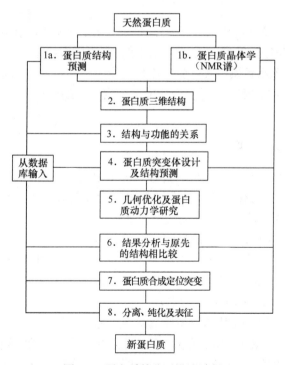

图7-9 蛋白质的分子设计过程

一般的蛋白质分子设计工作可以按以下5个步骤进行：

1）建立所研究蛋白质的结构模型，可以通过 X 射线晶体学、二维核磁共振等测定结构，也可以根据类似物的结构或其他结构预测方法建立起结构模型。

2）找出对要求的性质有重要影响的位置。同一家族中的蛋白质的序列对比、分析往往是一种有效的途径。需要认真考虑此种性质受哪些因素的影响，然后逐一对各因素进行分析，找出重要位点，这是分子设计工作的关键。

3）选择一系列在 2）中所选出位点上改变残基得到的突变体，一方面使蛋白质可能具有要求的性质；另一方面又尽量维持原有结构，使其不做大的变动。尽量在同源结构中此位点已有的氨基酸残基序列中进行选择，同时考虑残基的体积、疏水性等性质的变化所带来的影响。

4）预测突变体的结构。

5）定性或定量计算优化得到的突变体结构是否具有要求的性质。能否成功地进行分子设计，除了要求有好的计算机软件和高质量的力场以外，还要求工作者具有坚实的结构化学和物理化学基础，同时对研究的问题有深入细致的了解。

定点突变的工作是当前蛋白质工程研究的主体。人们已经对枯草杆菌蛋白酶、T4溶菌酶、二氢叶酸还原酶、胰蛋白酶以及核糖核酸酶等许多种类的蛋白质进行过改造实验。

蛋白质突变体的设计涉及如下 3 个步骤。

1）从天然蛋白质的三维结构出发（实验测定或预测），利用计算机模拟技术确定突变位点及替换氨基酸。

2）利用能量优化及蛋白质动力学方法预测修饰后的蛋白质结构。

3）预测的结构与原先的蛋白质结构相比较，利用蛋白质结构—功能或结构—稳定性相关知识及理论计算预测新蛋白质可能具有的性质。

在上述设计工作完成后，要进行合成或突变实验并经分离、纯化及表征后得到要求的新蛋白质。

（五）蛋白质的设计原理

1）内核假设。假设蛋白质独特的折叠形式主要由蛋白质内核中的残基相互作用决定。内核是指蛋白质在进化过程中的保守区域，由氢键连接的二级结构单元组成。

2）所有蛋白质内部都是密堆积且没有重叠的。

3）所有内部的氢键都是最大满足的（主链和侧链）。

4）疏水和亲水基团需要合理地分布在溶剂的可及与不可及表面。疏水和亲水基团的分布代表了疏水效应的主要驱动力。要在原子水平上区分疏水和亲水部分；表面安排少许疏水基团，内部安排少许亲水基团。

5）金属蛋白质中配位残基的替换要满足金属配位几何。

6）对于金属蛋白，围绕金属中心的第二壳层的相互作用是最重要的。金属的第二壳层通常涉及蛋白主链的相互作用，有时也参与同侧链或水分子的相互作用。这些相互作用符合蛋白质折叠的热力学要求，以及氢键固定在空间的配位位置。

7）最优的氨基酸侧链几何排列。蛋白质侧链构象决定于立体势垒和氨基酸的位置。

8）结构及功能的专一性。

（六）蛋白质设计中的结构与功能关系研究

蛋白质的序列、三维结构、热力学及功能性质之间的关系是广泛关注的热点。它对于蛋白质工程及蛋白质设计都是非常重要的。这方面的研究有助于基于序列和三维结构信息预测蛋白质的功能以及了解序列的改变如何影响蛋白质的功能。这将提高设计具有预定结构与功能的蛋白质的能力。对蛋白质结构与功能的认识过程始于蛋白质中重要功能残基及蛋白质等其他分子相互作用的确定。通过定位突变替换单独的氨基酸残基是分析功能残基的有力工具。选择突变残基，最重要的信息来自结构特征。因此如果蛋白质的立体结构是未知的，则突变功能残基的研究带有不确定性，不能很好区别蛋白质构象扭曲变化的影响与原有功能残基突变的影响。可以根据序列同源性或原先的生物化学实验证据选择突变残基，也可以通过随机或合理筛选技术鉴定重要的功能区域，以便进一步重点分析蛋白质的功能残基。

定位突变可以在蛋白质中引入特殊的替代氨基酸，并显示蛋白质功能的损失及变化。因此，它是鉴定蛋白质功能残基的重要方法。对于蛋白质中某些已经通过结构及生物化学实验证明其功能重要性的残基，通过定位突变可以探测它们的作用机理。这些研究为认识蛋白质—蛋白质相互作用及酶催化的本质提供了理论基础，也为蛋白质工程及蛋白质设计提供了依据。蛋白质结构与功能关系研究也可用于药物开发。

根据上述目的，可以进行 3 类突变：插入一个或多个氨基酸残基、删除一个或多个氨基酸残基、替换或取代一个或多个氨基酸残基。最大量的定位突变是在体外利用重组 DNA 技术或 PCR 法。图 7-10 是通过替换氨基酸残基来进行定位突变改造。

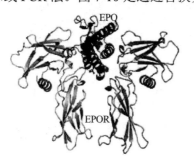

(a) EPO与EPOR的复合物结构　　　　(b) 设计蛋白ERPHI与EPOR的复合物结构模型

图 7-10　氨基酸残基的替换

三、蛋白质工程的研究方法

1. 蛋白质的氨基酸序列测定方法

（1）Edman 降解法

用于测定从 N—末端开始的氨基酸序列，基本原理是通过偶联、裂解和转化三步反应完成测定。

1）偶联：在 pH 为 8～9 的条件下，多肽链 N—末端氨基酸的氨基与异硫氰酸苯酯（PITC）试剂偶联，生成苯异硫甲氨酰基多肽（PTL-肽）。

2）裂解：在无水、强酸的条件下，与 PTC 相联的氨基酸环化、肽键断裂，形成 ATZ-氨基酸和一个减少了 1 个氨基酸的新肽链，此新肽链仍有 N—末端游离氨基。

3）转化：ATZ-氨基酸极其不稳定，在三氟乙酸的水溶液中可转化成稳定的乙内酰苯硫脲氨基酸（PTH-氨基酸），再用薄层色谱、HPLC、气相色谱及质谱等方法进行分析。

（2）用 cDNA 序列推导出氨基酸序列

根据三联密码子顺序推导出氨基酸序列。

2. 蛋白质结晶和晶体生长技术

在确定蛋白质的结构方面，晶体学的技术有了很大发展。但是，最明显的不足是需要分离出大量的纯蛋白质（几毫克至几十毫克），制备出单晶体，然后再进行复杂的数据采集、计算和分析。

在分析的时候要考虑到蛋白质的晶体状态与自然状态不尽相同这个问题。核磁共振技术可以分析液态下肽链的结构，这种方法绕过了结晶、X 射线衍射成像分析等难点，直接分析自然状态下的蛋白质结构。现代核磁共振技术已经从一维发展至三维，通过计算机辅助作用，可以有效地分析并直接模拟出蛋白质的空间结构、蛋白质与辅基和底物结合的情况以及酶催化的动态机理。

核磁共振可以更有效地分析蛋白质突变。国外有许多研究机构正在致力于研究蛋白质与核酸、酶抑制剂与蛋白质的结合情况，以开发具有高度专一性的药用蛋白质。

3. 蛋白质立体结构测定方法

1）X 射线晶体衍射：X 射线又称为伦琴射线，其波长为 0.01～10nm。晶体结构分析用 X 射线的波长为 0.1nm，与分子中原子的距离相当。衍射是指光线通过光栅后其传播方向发生改变的物理现象。晶体是一种衍射光栅，其特点是内部高度的有序性。

2）核磁共振：核磁共振是目前唯一能够用来测定蛋白质溶液三维结构的方法。核磁共振波谱仪如图 7-11 所示。核磁共振是磁矩不为零的原子核，在外磁场作用下自旋能级发生塞曼分裂，共振吸收某特定频率的射频辐射的物理过程。核磁共振波谱学是光谱学的一个分支，其共振频率在射频波段，相应的跃迁是核自旋在核塞曼能级上的跃迁。

图 7-11　核磁共振波谱仪

第三节　蛋白质工程的应用和发展

　　蛋白质工程是发展较好、较快的分子工程。这是因为在进行蛋白质分子设计后，可应用高效的基因工程来进行蛋白的合成。最早的蛋白质工程是福什特（Forsht）等在 1982～1985 年间对酪氨酰-t-RNA 合成酶的分子改造工作。他根据 XRD（X 射线衍射）实测该酶与底物结合部位的结构，用定位突变技术改变与底物结合的氨基酸残基，并用动力学方法测量所得变体酶的活性，深入探讨了酶与底物的作用机制。佩里（Perry）在 1984 年通过将溶菌酶中 Ile（3）改成 Cys（3），并进一步氧化生成 Cys（3）-Cys（97）二硫键，使酶的热稳定性提高，显著改进了这种食品工业用酶的应用价值。1987 年，福什特通过将枯草杆菌蛋白酶分子表面的 Asp（99）和 Glu（156）改成 Lys，使活性中心 His（64）质子 pKa 从 7 下降到 6，使酶在 pH=6 时的活力提高了 10 倍。

　　由于以上原因，蛋白质工程得到了许多国家政府和公司的极大关注，纷纷投入巨大的资金和力量进行研究和开发，已有一些工业用酶和家用产品进入市场，一些项目得到了专利保护，商业竞争趋势异常激烈。在开发产品的同时，蛋白质工程的基础研究也在不断加强，研究对象由单一蛋白质扩充到糖蛋白、糖、蛋白核酸复合物以及核酸酶等生物分子和复合体。研究内容从蛋白质修饰延伸到分子设计、构象设计、药物设计等。研究技术方法日新月异，基因资源的积累和计算机应用软件的大量涌现，促成了生物信息研究（bioinformatic）技术，为加强蛋白质工程的高效性、合理性和创造性奠定了基础，必将显著加快研究和开发的进程。进入 20 世纪 90 年代以后，对天然蛋白质进行改造的技术越来越成熟，设计合成新的蛋白质的途径已取得突破性进展，为蛋白质工程树立了新的里程碑。

　　根据已有的研究成果可以看到蛋白质工程在生命科学研究和医药、工业、农业等各行各业中具有广阔的应用前景，突出表现有以下几个方面。

一、蛋白质工程在医学上的应用

　　利用生物细胞因子进行人类疾病治疗的独到作用已越来越被人们重视，基因工程技术诞生后首先就被用于人生长激素释放抑制因子、胰岛素等医用蛋白质产品开发，显著降低了用于治疗的成本。利用大肠杆菌进行真核生物蛋白质表达会遇到生物活性低等问题，要解决这些问题，一方面要研究开发新的表达系统，如酵母、哺乳动物细胞等，这方面已取得很大的成效；另一方面需要借助蛋白质工程，如利用分子设计和定点突变技术获得胰岛素突变体的工作在国内外都取得了相当多的成果，此外干扰素、尿激酶等蛋白质工程也都取得了进展，即将得到长效、速效、稳定、作用更广泛的蛋白质药物。医用蛋白质的市场很大，待开发的产品也非常多。此外，利用蛋白质工程技术进行分子设计，通过肽模拟物（peptidomimetics）构象筛选药物等方面的研究（图 7-12）更加丰富了蛋白质工程的内容。

　　另据实验，蛋白质工程还可以改变 α-1 抗胰蛋白（ATT）。运用此工程技术在 ATT 的 Met358 和 Ser359 之间切开后，可以与嗜中性白细胞弹性蛋白酶迅速结合而引发抑制作用；在病理学的氧化条件下可导致 Met358 变成蛋氨酸硫氧化物使 ATT 不可能与弹性蛋白酶的弹性位点相结合，通过位点直接诱变，Met358 被 Val 代替就成为抗氧化疗法的 AAT 突变体。含 AAT 突变体的血浆静脉替代疗法已经用于 AAT 产物基因缺陷疾病患者的治疗，并已取得明显疗效。

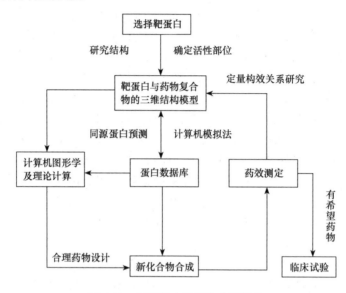

图 7-12　新型蛋白质药物分子设计

（一）病毒疫苗的蛋白质工程

疫苗在病毒等病原引起的人及畜禽传染性疾病的预防中起着不可替代的作用，从制备疫苗的途径来说已有几代产品，目前如乙肝等基因工程疫苗已开始得到应用。通过抗原移植，构建各种颗粒体、活载体，以及多价疫苗的研究已经成为生物技术领域的研究热点，但也遇到了一些问题，主要是移植抗原三级结构没有完全恢复天然状态，因而使得抗原性不够理想。蛋白质工程技术将在以后的疫苗改造中发挥重要的作用，不但可使抗原性得到最大的提高，还可使重组疫苗的抗病作用更加广泛。近年来越来越多的病毒精细结构的阐明正在为开展蛋白质工程奠定基础。

（二）抗体的蛋白质工程

科学家在 20 世纪证明了抗体是一类免疫球蛋白，并相继阐明了抗体的产生及其多样性的细胞和分子机制，使免疫学研究成为生命科学的前沿领域。抗体不仅在哺乳动物机体中担负着重要的体液免疫功能，还在医学、生物学免疫诊断中被广泛地应用。同时抗体的制备技术也经历着一次又一次革命，由血清抗体到单克隆抗体，再到基因工程抗体库技术，可谓日新月异。单克隆抗体给人类疾病的药物导向治疗带来了曙光，其流程如图 7-13 所示，但在应用上遇到了鼠抗体对人具有免疫原作用的问题，蛋白质工程现在已成功解决了这个问题。通过结构分析表明，抗体可变区内具有 6 个互补决定区（CDR）与抗原结合发生作用，其他区域作为支架（FR）维持构象，通过 CDR

移植已构建了 30 多种改型的人源化鼠抗，并通过序列分析比较和计算机模拟进行分子设计，对 FR 区特定碱基进行替换，保证了改型后抗体亲和力不下降，这种抗体称为第二代基因工程抗体，即蛋白质工程抗体。可以相信，蛋白质工程在未来改造抗体中还将发挥更大作用，目前有人研究通过抗体的多样性从抗体库中筛选具有酶活性的分子，从而得到抗体酶。

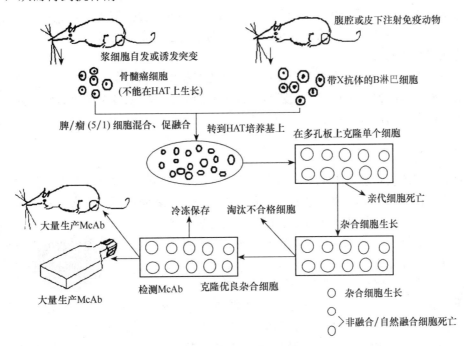

图 7-13　单克隆抗体流程

二、蛋白质工程在农业上的应用

蛋白质工程正在成为改造农业、大幅度提高粮食产量的新途径，如植物光合作用是利用光能将二氧化碳转化成储存能量的淀粉，在植物叶片中普遍存在着一种重要的起催化作用的酶，它能固定住二氧化碳，这种酶称为核酮糖-1,5-二磷酸羧化酶。这种酶具有双重性，既能固定二氧化碳，又会使二氧化碳在光照条件下通过光呼吸作用损失一半，即光合效率只有50%。现在人们已经了解了这种酶的三维结构，参与研究的工作人员认为，可以通过蛋白质工程改造这种酶，控制其不利于人类需要的一面，从而显著提高其光合作用效率，增加粮食产量。

近年来，美国雷普里根公司的科研人员立题，以蛋白质工程作为设计优良微生物农药的新思路，他们对微生物蛋白质的结构进行修改，使微生物农药的杀虫率提高了 10 倍。

三、蛋白质工程在工业上的应用

以酶的固定化技术为核心的酶工程是 21 世纪继生物发酵工程后又一次创造出巨大工业应用价值的现代生物工程技术，蛋白质工程在这一领域中具有重大应用前景。通过酶的结构或局部构象调整、改造，可显著提高酶的耐高温、抗氧化能力，增加酶的稳定性和适用 pH 范围，从而获得性质更稳定、作用效率更高的酶用于食品、化工、制革、洗涤等工业生产中，如食品工业中用于制备高果糖浆的葡萄糖异构酶、用于干酪生产的凝乳酶、用于洗涤工业的枯草杆菌蛋白酶等。

此外，美国、日本等国家的科学工作者在利用蛋白质工程研制生物元件来取代"硅芯片"、研制生物计算机、开发用于生物传感器的蛋白质方面都取得了重大进展。还有利用蛋白质（酶）生产模仿羊毛、蚕丝、蜘蛛丝的，其强度高、质量小，均是蛋白质工程取得的应用性研究成果。

蛋白质工程作为一项新的生物技术可以说还刚起步，它的发展前景十分广泛。以后蛋白质工程将和其他生物技术一同发展，并为阐明生命科学领域中的重大问题并尽快转变成实用技术做出巨大的贡献。

四、展望

以上提到的只是蛋白质工程应用上的几个具有代表性的领域，实际上它的作用远非如此。随着蛋白质工程研究对象的扩大和技术的成熟，其应用领域也将不断拓宽，除用于直接生产蛋白质产品外，还将通过操作生物体内蛋白质而获得特定的生物性状。有人根据植物叶绿体中 1,5-二磷酸核酮糖羧化酶、加氧酶的双重活性，提出通过蛋白质工程途径提高其还原能力、降低其氧化能力从而提高光合效率的设想，目前进行了大量探索工作，一旦成功必将给农业生产带来巨大的效益。

蛋白质工程作为分子生物学水平上对蛋白质结构和功能进行改造的方法已经受到越来越多的研究人员的关注，并且其应用广泛，目前已经在蛋白质药物、工业酶制剂、农业生物技术、生物代谢途径等研究领域取得了很大进步。在分子生物学方法日益发展的今天，新的蛋白质工程方法逐渐面世，对于蛋白质分子改造起到了极其重要的作用，通过这种方法提高蛋白质的特性如热稳定性、耐酸性、耐碱性等仍然是目前的重要研究方向。

蛋白质工程的应用领域极为广泛，现在已对探索环境保护、控制和设计与 DNA 相互作用的某些调控蛋白、进一步实现控制遗传、改造生物体、创造符合人类需求的新生物类型等方面发挥着重要作用。学者们普遍认为，蛋白质工程是在生物工程领地上崭露出的一片特富魅力的新芽。它不仅可以带动生物工程进一步发展，还可以推动与人类生产、生活关系密切的相关科学的发展，如抗蛋白质变性延缓衰老、遗传病的防治、农牧业遗传育种、航天科技、新型材料学等。

 **本章小结**

本章内容结构如图 7-14 所示。

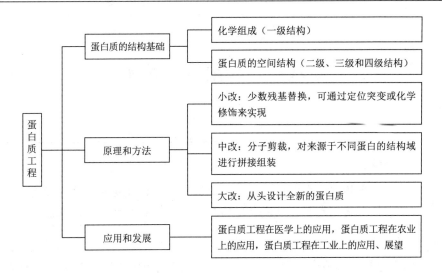

图 7-14　本章内容结构

 知识链接

　　蛋白质工程是生物工程的基础，是目前较为成熟、应用广泛的生物技术。本章旨在使学生在对蛋白质工程有个概括、系统了解的基础上，引发学习专业课"蛋白质工程""酶工程"等的兴趣。

 思考题

1. 简述蛋白质工程、蛋白质分子设计的定义。
2. 蛋白质工程操作程序的基本思路与基因工程有什么不同？
3. 蛋白质工程与基因工程相比，合成的蛋白质有何特点？
4. 目前有哪些常用的蛋白质分子改造方法？
5. 维持蛋白质分子空间构象的化学键包括哪些？
6. 简述蛋白质的一级、二级、三级以及四级结构的概念，及其各自的特点。
7. 举例说明蛋白质工程在医药上的应用。谈谈你对蛋白质工程发展前景的看法。

第八章　应用生物技术

　　能源生物技术就是用可再生的生物资源生产各种能源产品。其中，农林生物技术提供能源作物，工业生物技术则将能源作物以最经济的方式加工成能源产品，这些能源产品包括以燃料乙醇、生物柴油为主的液体燃料，以甲烷为主要成分的沼气。另外，还有可再生的生物氢能。

第一节　生物技术在医药上的应用

一、生物药物

（一）生物药物的概念

　　化学药物、生物药物与中草药是人类防病、治病的三大药源。生物药物是指利用生物体、生物组织或其成分，综合应用生物学、生物化学、微生物学、免疫学、物理化学和药学的原理与方法进行加工、制造形成的一类用于疾病预防、治疗和诊断的物质。广义的生物药物包括从动物、植物、微生物等生物体中制取的各种天然生物活性物质及其人工合成或半合成的天然物质类似物。由于抗生素的迅速发展，已成为制药工业的独立门类，因此生物药物主要包括生化药品与生物制品及其相关的生物医药产品。

生化药品主要是指以天然动物及其组织为原料，通过分离纯化制备的生物药物，历史上曾通俗地称其为脏器制药。而生物制品是以微生物、细胞、动物或人体组织和体液等为原料，应用传统技术或现代生物技术制成的。

随着分子生物学、免疫学、现代生化技术和生物工程学的迅猛发展，生物药物已经成为当前新药研究中极具前景的一个领域。

（二）生物药物的来源

生物药物的来源主要有动物、植物和微生物的组织、器官、细胞代谢物。应用动植物细胞培养与微生物发酵也是获得生物药物原料的重要途径。随着生物技术的发展，人工制备的生物原料也成为当前生产生物药物的重要原料，例如人工构造的工程菌、工程细胞及转基因动植物等。

1. 动物脏器

以动物组织器官为原料可以制备 100 多种生物药物（表 8-1）。动物组织器官的主要来源是猪，其次是牛、羊、家禽和鱼类等的脏器。

表 8-1　常见的动物脏器提取的生物药物

动 物 脏 器	可提取的生物药物
胰脏	激素、酶、多肽、核酸、多糖、脂类及氨基酸等
肝脏	肝注射液、肝细胞生长因子、抑肽酶、促进组织呼吸物及造血因子等
脑	脑磷脂、卵磷脂、胆固醇等
胃黏膜	胃蛋白酶、胃膜素、凝乳酶等
脾脏	脾水解物、脾 RNA、脾转移因子、脾混合淋巴因子制剂等
小肠	肝素、类肝素、冠心舒、胃肠道激素等
脑垂体	促皮质素、促黑激素、促黄体激素、生长激素、催产素等
心脏	细胞色素 C、辅酶 Q_{10}、心血通注射液等

2. 血液、分泌物和其他代谢产物

血液占体重的 6%～10%，可用于生产药品、生化试剂、营养食品、医用化妆品和饲料添加剂等。此外，尿液、胆汁、蛇毒和蜂毒也是重要的生物材料。以人血液为原料制备的制品有人血液制剂、免疫球蛋白、人血液蛋白等；以动物血液为原料可生产凝血酶、血红蛋白、血红素等；以尿液为原料可制备尿激酶、蛋白酶抑制剂、表皮生长因子等；以胆汁为原料可制备胆酸、胆红素；从蛇毒中可提取纤溶酶。

3. 海洋生物

海洋生物是开发防治常见病、多发病和疑难病药物的重要生物原料。常见的利用海洋生物提取的生物药物如表 8-2 所示。

表 8-2　常见的利用海洋生物提取的生物药物

海 洋 生 物	可提取的生物药物
海藻	烟酸甘露醇、六硝基甘露醇、海草酸等
腔肠动物	活性多肽、毒素、前列腺素 A_2 等
节肢动物	壳多糖、龙虾肌碱等
软体动物	多糖、多肽、糖肽、毒素等
棘皮动物	龙虾肌碱、5-羟色胺、磷肌酸、黏多糖、乙酰胆碱等
爬行动物	蛋白酶、胆碱酯酶、核糖核酸酶、抗胆碱酯酶等
鱼类	激素、鱼精蛋白、软骨素、脑磷脂等
海洋哺乳动物	维生素 A 制剂、维生素 D 制剂、垂体激素等

4. 植物

药用植物品种繁多，除含有生物碱、强心苷、黄酮、挥发油类、醌类、类脂类等药理成分外，还含有氨基酸、蛋白质、酶、激素、脂类、维生素等众多生化成分。以植物为原料提取有效生物药物已逐渐引起人们的重视，如人参多糖、红花多糖等。

5. 微生物

微生物资源十分丰富，在发酵工程制药中被广泛使用。常见的微生物生产的生物药物如表 8-3 所示。

表 8-3　常见的微生物生产的生物药物

微生物种类	所生产的生物药物
细菌	氨基酸、有机酸、糖类、核苷酸、维生素、酶
放线菌	氨基酸、核苷酸类、维生素、酶
真菌	酶、有机酸、氨基酸、核酸及相关物质、维生素、促生素、多糖
酵母菌	维生素、蛋白与多肽、核酸

生物药物的原料来源广泛，具有多样性的特点，并且大部分有效成分在生物原料中的含量很低，杂质多，如胰岛中胰岛素含量仅为 0.002%，因此生产工艺复杂，收率低。此外，生物药物的原料均含有丰富的营养物质，极易腐败、染菌，易被微生物分解或被自身的酶所分解，造成有效物质活性丧失，并产生热源或致敏物质，因此，对原料的保存、加工有一定的要求，尤其是对温度和时间有严格的要求。

（三）生物药物的分类

生物药物可以按照药物的结构、来源、生理功能及临床用途等不同方法进行分类。每种分类方法有不同的特点，但都有不完善的地方。

1. 按药物的结构分类

按结构分类有利于比较一类药物的结构与功能的关系、分离制备方法的特点和检验方法，简单直观。

（1）氨基酸及其衍生物类药物

氨基酸及其衍生物类药物包括天然氨基酸和氨基酸混合物及衍生物。蛋氨酸可用于防治肝炎、肝坏死和脂肪肝，谷氨酸可用于防治肝昏迷、神经衰弱和癫痫。

（2）多肽和蛋白质类药物

多肽和蛋白质类药物化学本质相同，但分子质量有差异。蛋白质类药物有血清白蛋白、丙种球蛋白、胰岛素；多肽类药物有催产素、胰高血糖素。

（3）酶和辅酶类药物

酶类药物按功能分为消化酶（胃蛋白酶、胰酶、麦芽淀粉酶）、消炎酶（溶菌酶、胰蛋白酶）、心血管疾病治疗酶（激肽释放酶）等。辅酶类药物在酶促反应中起着传递氢、电子和基团的作用，辅酶药物已广泛用于肝病和冠心病的治疗。

（4）核酸及其降解物和衍生物类药物

DNA 可用于治疗精神迟缓、虚弱和抗辐射，RNA 用于慢性肝炎、肝硬化和肝癌的辅助治疗，多聚核苷酸是干扰素的诱导剂。

（5）糖类药物

糖类药物以黏多糖为主，主要有抗凝血、降血脂、抗病毒、抗肿瘤、增强免疫功能和抗衰老的作用。

（6）脂类药物

磷脂类中的脑磷脂、卵磷脂可用于治疗肝病、冠心病和神经衰弱症。脂肪酸类可用于降血脂、降血压、抗脂肪肝。

（7）细胞因子

细胞因子是人类或动物各类细胞分泌的具有多种生物活性的因子。细胞因子类药物是近年来发展迅速的生物药物之一，也是生物技术在生物制药领域中应用较多的产品，如干扰素、白细胞介素、肿瘤坏死因子等。

（8）生物制品类

生物制品类是指从微生物、原虫、动物和人体材料直接制备或用现代生物技术、化学方法制成作为预防、治疗、诊断特定传染病或其他疾病的制剂。

2. 按来源分类

按来源分类有利于对不同原料进行综合利用、开发和研究。

（1）人体组织来源

以人体组织为原料制成的生物药物具有品种多、疗效好、无毒副作用等优点，但由于人体组织原料受到法律以及伦理的限制，来源非常有限。现在投入生产的主要有人血液制品类、人胎盘制品类、人尿制品类。

（2）动物组织来源

动物组织药物包括动物全部脏器制备的药物。动物原料主要是指一些动物脏器，来源丰富并且价格低廉，可以批量生产，但由于种属差异，在利用前要进行严格的药理、毒理实验。

（3）植物组织来源

植物组织药物是中草药的主要组成成分。它的有效成分为具有生物活性的天然有机化合物，如酶、蛋白质、核酸等。

（4）微生物来源

微生物药物以抗生素生产最为典型。此外，氨基酸、维生素、酶的生产也大量采用微生物发酵技术。

（5）海洋生物来源

海洋生物种类繁多，包括一些动植物、微生物，是丰富的药物资源。此类药物具有很大的新药开发潜力。

3. 按生理功能和临床用途分类

（1）治疗药物

生物药物对许多常见病、多发病有着很好的疗效。尤其对一些疑难杂症，如肿瘤、艾滋病、心脑血管疾病等，生物药物的疗效是其他药物不能比拟的。

（2）预防药物

以预防为主是我国医疗卫生工作的一项重要方针。许多疾病，尤其是传染性疾病，如天花、麻疹、百日咳等，预防比治疗更重要。常见的预防药物有疫苗、菌苗、类毒素等。

（3）诊断药物

大部分临床诊断试剂都来自生物药物，这也是生物药物的重要用途之一。生物药物诊断的特点是速度快、灵敏度高、特异性强。现已成功使用的有免疫诊断试剂、酶诊断试剂、放射性诊断试剂、基因诊断试剂等。

（4）其他

用于生化试剂、保健品、化妆品、食品、医用材料等方面的生物药物。

（四）生物药物的特性

1. 药理学特性

1）治疗的针对性强，如细胞色素 C 用于治疗组织缺氧所引起的一系列疾病。

2）药理活性高，如注射用的纯 ATP 可以直接供给机体能量。

3）毒副作用小、营养价值高，如蛋白质、核酸、糖类、脂类等生物药物本身就直接取自人体内。

4）生理副作用时有发生。生物体之间的种属差异或同种生物体之间的个体差异都很大，所以用药时会发生免疫反应和过敏反应。

2. 生产、制备中的特殊性

1）原料中的有效物质含量低，如激素、酶在体内含量极低。

2）稳定性差。生物药物的分子结构中具有特定的活性部位，该部位有严格的空间结构，一旦结构发生破坏，生物活性也就随之消失。很多理化因素都会使酶失活。

3）易腐败。生物药物营养价值高,易染菌、腐败。生产过程中应低温、无菌。

4）注射用药有特殊要求。生物药物易被肠道中的酶所分解,所以多采用注射给药,注射药比口服药要求有严格的均一性、安全性、稳定性、有效性。其理化性质、检验方法、剂型、剂量、处方、储存方式也有严格的要求。

3. 检验上的特殊性

由于生物药物具有生理功能,因此生物药物不仅要有理化检验指标,更要有生物活性检验指标。

(五) 生物药物的制备

原材料、药物种类和性质不相同,提取和分离方法也有很大差异,具体如下。

1. 生物药物原料的选择、预处理与保存

(1) 原料选择原则

原料选择原则是指有效成分含量高,原料新鲜,来源丰富、易得,产地较近,原料中杂质含量少,成本低。

(2) 预处理与保存

预处理:就地采集后去除结缔组织、脂肪组织等不用的成分,将有用成分保鲜处理;收集微生物原料时,要及时将菌体与培养液分开,进行保鲜处理。

保存:冷冻法(-40℃),适用于所有生物原料;有机溶剂脱水法(常用丙酮),适用于原料少、价值高的生物原料,有机溶剂对原料生物活性无影响;防腐剂保鲜法(常用乙醇、苯酚等),适用于液体原料,如发酵液、提取液。

2. 生物药物的提取

(1) 组织与细胞的破碎

常用破碎方法:磨切法、机械破碎法(设备为组织捣碎机、胶体磨、匀浆器、球磨机)、压力法(加压和减压,设备有法兰西压釜)、反复冻融法、超声波震荡破碎法(局部发热,对活性有损失)、自溶法或酶解法。

(2) 提取

根据具体对象选择提取试剂,常用水、缓冲溶液、盐溶液、乙醇、有机溶剂(如氯仿、丙酮)。控制提取剂的用量、次数、时间,保证充分提取,且不变性。

3. 蛋白质类药物的分离提取方法

蛋白质类药物包括蛋白质、多肽和酶类等药物。它们的分离提取方法有以下几种。

(1) 沉淀法

沉淀法也称为溶解度法,纯化生命大分子物质的基本原理是根据各种物质的结构差异性来改变溶液的某些性质,进而导致有效成分的溶解度发生变化,包含以下几种方法:

1）盐析法。盐析法的根据是蛋白质在稀盐溶液中，溶解度会随盐浓度的增高而上升，但当盐浓度增高到一定数值时，使水活度降低，进而导致蛋白质分子表面电荷逐渐被中和，水化膜逐渐被破坏，最终引起蛋白质分子间互相凝聚并从溶液中析出。

2）有机溶剂沉淀法。有机溶剂能降低蛋白质溶解度的原因：与盐溶液一样具有脱水作用；有机溶剂的介电常数比水小，导致溶剂的极性减小。

3）蛋白质沉淀剂。蛋白质沉淀剂仅对一类或一种蛋白质沉淀起作用，常见的有碱性蛋白质、凝集素和重金属等。

4）聚乙二醇沉淀作用。聚乙二醇和右旋糖酐硫酸钠等水溶性非离子型聚合物可使蛋白质发生沉淀作用。

5）选择性沉淀法。根据各种蛋白质在不同物理化学因子作用下稳定性不同的特点，用适当的选择性沉淀法，即可使杂蛋白质变性沉淀，而有效成分则存在于溶液中，从而达到纯化有效成分的目的。

（2）吸附层析

1）吸附柱层析。吸附柱层析是以固体吸附剂为固定相，以有机溶剂或缓冲液为流动相构成吸附柱的一种层析方法。

2）薄层层析。薄层层析是以涂布于玻板或涤纶片等载体上的基质为固定相、以液体为流动相的一种层析方法。这种层析方法是把吸附剂等物质涂布于载体上形成薄层，然后按纸层析操作进行展层。

3）聚酰胺薄膜层析。聚酰胺对极性物质的吸附作用是由于它能和被分离物之间形成氢键。这种氢键的强弱决定了被分离物与聚酰胺薄膜之间吸附能力的大小。层析时，展层剂与被分离物在聚酰胺薄膜表面竞争形成氢键。因此选择适当的展层剂使被分离物在聚酰胺薄膜表面发生吸附、解吸附、再吸附、再解吸附的连续过程，就能使被分离物发生分离从而达到分离的目的。

（3）离子交换层析

离子交换层析是在以离子交换剂为固定相、液体为流动相的系统中进行的。离子交换剂是由基质、电荷基团和反离子构成的。离子交换剂与水溶液中离子或离子化合物的反应主要以离子交换方式进行，或借助离子交换剂上的电荷基团对溶液中离子或离子化合物的吸附作用进行。

（4）凝胶过滤

凝胶过滤又称为分子筛层析，其原理是凝胶具有网状结构，小分子物质能进入其内部，而大分子物质却被排除在外部。当一混合溶液通过凝胶过滤层析柱时，溶液中的物质就按不同分子量筛分开了。

（5）亲和层析

亲和层析的原理与抗原—抗体、激素—受体和酶—底物等特异性反应的机理相类似，每对反应物之间都有一定的亲和力。正如在酶与底物的反应中，特异的废物（S）才能和一定的酶（E）结合，产生复合物（E-S）一样。在亲和层析中是特异的配体才能和一定的生命大分子之间具有亲和力，并产生复合物。而亲和层析与酶—底物反应不同的是，前者进行反应时，配体（类似底物）呈固相存在；后者进行反应时，底物呈液相存在。实质上亲和层析是把具有识别能力的配体 L（对酶的配体可以是类似底物、抑制剂或辅基等）以共价键的方式固化到含有活化基团的基质 M（如活化琼脂糖等）上，制成亲和吸附剂 M-L，或者称为固相载体。而固化后的配体仍保持束缚特异物质的能力。因此，当把固相载体装入小层析柱（几毫升到几十毫升柱床体积）后，使待分离的样品液通过该柱。这时样品中对配体有亲和力的物质 S 就可借助静电引力、范德瓦耳斯力，以及结构互补效应等作用吸附到固相载体上，而无亲和力或非特异吸附的物质则被起始缓冲液洗涤出来，并形成了第一个层析峰。然后，适当地改变起始缓冲液的 pH、增加离子强度、加入抑制剂等，即可把物质 S 从固相载体上解离下来，并形成了第 m 个层析峰。显然，通过这一操作程序就可把有效成分与杂质有效分离开。如果样品液中存在两个以上的物质与固相载体具有亲和力（其大小有差异）时，采用选择性缓冲液进行洗脱，也可以将它们分离开。用过的固相载体经再生处理后，可以重复使用。

4. 核酸类药物的分离提取方法

提取法生产 DNA 和 RNA 的主要技术是先提取核酸与蛋白质复合物，再解离核酸与蛋白质，最后分离 DNA 和 RNA。

5. 糖类药物的分离提取方法

由于各种糖类药物的性质和原料来源不同，没有统一的规范提取和纯化工艺，这里只介绍多糖和黏多糖的一般分离提取方法。

常见的提取方法是非降解法和降解法。其中，非降解法适用于从含一种黏多糖的动物组织中提取黏多糖，主要用水或盐。降解法适用于从组织中提取结合比较牢固的黏多糖，一般利用酶解进行操作。

常见的分离方法是乙醇沉淀法和离子交换层析法。乙醇沉淀法是从提取液中沉淀多糖的简易方法，也适用于分级分离。

6. 脂类药物的分离提取方法

脂类药物的提取一般可以用有机溶剂将所需成分从原料中溶解出来。常见的溶剂有组合溶剂，醇是其中的主要成分，此外还有氯仿、甲醇、水等。脂类药物的分离可以用前面介绍的沉淀法、层析法、离子交换法等方法。

7. 氨基酸类药物的分离提取方法

氨基酸类药物的提取方法：蛋白质水解法，盐酸水解迅速、完全，色氨酸被破坏，丝氨酸部分破坏，碱水解易产生消旋作用，酶水解不完全；发酵法，主要是选育特异产生某种氨基酸的菌株，经过发酵后，从培养液中提取氨基酸。

氨基酸类药物的分离方法一般有沉淀法（溶解度差异）、吸附法（吸附能力差异）、离子交换法（所带电荷不同）。

（六）生物制药的关键技术

生物制药是一个高度综合性的工程领域，涉及化学、药学、医学、生物学、生理学甚至信息学、电子学等多个学科领域。其中生物制药中的几个关键技术包括发酵工程制药、细胞工程制药、酶工程制药、基因工程制药等。

1. 发酵工程制药

发酵工程制药又称为微生物工程制药，通过大规模微生物培养和代谢控制技术以及与化学工程技术结合进行药物生产。微生物制药开创了生物工程制药的先河，为各种生物工程制药打下了技术基础。目前，临床应用的微生物工程药物有 60 多种，加上半合成产品有 200 余种，产值约占医药工业总产值的 15%。

发酵工程在生物制药领域的应用比较广泛。发酵工程药物是指包含抗生素在内的，在抗生素研究发展过程中逐渐扩展的，由微生物生产的具有抗细菌、抗真菌、抗病毒、抗肿瘤、抗高血脂、抗高血压作用的药物，以及抗氧化剂、酶抑制剂、免疫调节剂、强心剂、镇定止痛剂等药物的总称。它们都是微生物的代谢产物，具有相同的生物合成机制，有相似的筛选研究程序和生产工艺。发酵工程制药的一般工艺过程：冷冻干燥管→斜面→米孢子→摇瓶→种子罐→发酵罐→过滤→一次萃取→反萃取→二次萃取→脱色→过滤→结晶→过滤→洗涤→过滤→干燥→分包装。

发酵工程药物研究开发的一般程序如图 8-1 所示。

2. 细胞工程制药

细胞工程制药包含动物细胞工程和植物细胞工程。

（1）动物细胞工程

动物细胞工程是根据细胞生物学及工程学原理，定向改变动物细胞内的遗传物质从而获得新型生物或特种细胞产品的一门技术。这一技术在生物制药的研究和应用中起关键作用，目前全世界生物技术药物中使用动物细胞工程生产的已超过 80%，例如，蛋白质、单克隆抗体、疫苗等。当前动物细胞工程制药所涉及的主要技术领域包括细胞融合技术、转基因动物技术、细胞核移植技术和动物细胞大规模培养技术等方面。

1）细胞融合技术。细胞融合是指在诱导剂或促融剂作用下，两个或两个以上的异源细胞或原生质体相互接触，进而融合并形成杂种细胞的现象。细胞融合技术作为细胞工程的核心基础技术之一，不仅在工农业的应用领域不断扩大，而且在医药领域也取得了开创性的研究成果，如单克隆抗体、疫苗等生物制品的生产。

2）转基因动物技术。利用转基因动物乳腺反应器生产药用或食品蛋白是生物制药领域近年来研究的热点之一。因为乳腺是一个外分泌器官，乳汁不进入体内循环，不会影响到转基因动物本身的生理反应，从转基因动物的乳汁中获取的目的基因产物，不但产量高、易提纯，而且表达的蛋白经过了充分的修饰加工，具有稳定的生物活性，因此又被称为动物乳腺生物反应器，所以用乳腺表达人类所需蛋白基因的羊、牛等产量高的动物就相当于一座药物工厂。

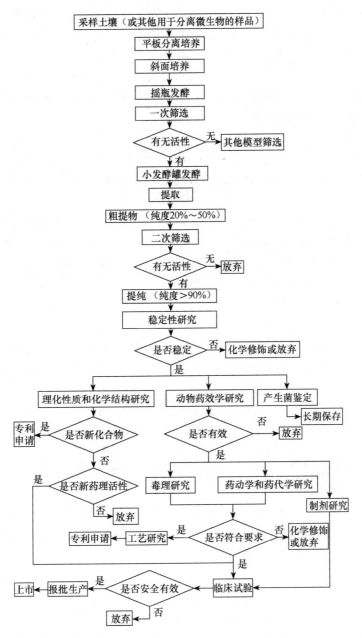

图 8-1 发酵工程药物研究开发的一般程序

3）细胞核移植技术。细胞核移植技术是指将一个动物细胞的细胞核移植至去核的卵母细胞中，产生与供细胞核动物的遗传成分一样的动物的技术。科学家们已经先后在绵羊、小鼠、牛、猪、山羊等动物上获得胚胎细胞核移植后代，目前体细胞克隆也在牛、山羊、小鼠等物种上获得了成功。若将转基因与细胞核移植技术获得的克隆动物工厂相结合，在生物制药方面具有巨大的潜在应用价值。

4）动物细胞大规模培养技术。动物细胞大规模培养技术是生物制药的关键技术，通过动物细胞培养生产生物产品已成为全球生物工业的主要支柱。目前动物细胞培养生产较多的生物制剂是蛋白质和抗体，通常采用中国仓鼠的卵巢细胞，首先将能产生某种蛋白质药品的基因片段与仓鼠卵巢细胞的 DNA 融合，再在培养液中大量培养它们，最后得到所需药品。与微生物发酵法相比，虽然产量相对较低，但设备费用节省得多，如属于小品种、小产品类生物工程产品，可采用此法。

（2）植物细胞工程

植物细胞工程是以植物细胞为基本单位在体外条件下进行培养、繁殖和人为操作，改变细胞的某些生物学特性，从而改良品种加速繁育植物个体或获得有用物质的技术。

植物细胞含有人类所需的成分，以前采用传统的方法提取分离这些物质，但受提取技术限制，采用传统方法已经很难满足人类的需要，而人们发现，离体的高等植物细胞也具有合成并积累人类所需要的这些成分，因此利用植物细胞培养技术生产内含药物以其独特的优势逐渐受到重视。植物细胞培养除了可以生产原植物本身含有的天然药物外，还可进行生物转化生产原植物没有的化合药物，植物细胞生产药用有效成分技术便应运而生。

1）细胞培养。近年来植物细胞培养技术主要致力于高产细胞株选育方法、悬浮培养技术、多级培养和固定化细胞技术、培养工艺优化控制、生物反应器研制、下游纯化技术等方面，并取得了较大进展。

2）遗传特性的改造。仅仅对细胞进行培养还不够，要使培养的细胞能为人类服务，就要对其进行一定的改造。采用基因工程方法对植物细胞进行改造，可以让细胞性状更好地为我们服务，次级代谢产物的产量、质量更满足人类的要求。

3）影响植物次级代谢产物积累的因素。在植物组织和细胞培养过程中，影响植物次级代谢产物产生和累积的因素主要有以下几类：①生物条件，如外植体、季节、休眠、分化等；②物理条件，如温度、光、通气、pH 和渗透压等；③化学条件，如无机盐、碳源、植物生长调节剂、维生素、氨基酸、核酸、抗生素、天然物质、前体等；④工业培养条件，如培养罐类型、通气、搅拌和培养方法等。

3. 酶工程制药

酶工程是将酶、含酶细胞器或细胞（微生物、动物、植物）等在一定的反应装置中，利用酶所具有的生物催化功能，借助工程方法将相应的原料转化成有用的物质并用于工业生产的一门科学。它包括酶制剂的制备、酶的固定化、酶的修饰与改造及酶反应器等方面的内容。其应用主要集中于医药工业、食品工业及轻工业中。以下介绍固定化细胞法生产 6-氨基青霉烷酸。

青霉素 G 经青霉素酰化酶作用，水解除去侧链后的产物称为 6-氨基青霉烷酸，也称为无侧链青霉素。6-氨基青霉烷酸是生产半合成青霉素的基本原料之一。工艺路线如下：

（1）大肠杆菌的培养

斜面培养基为普通肉汤琼脂培养基，发酵培养基的成分为蛋白胨、氯化钠、苯乙酸、自来水。用氢氧化钠调节 pH 至 7.0，在 55℃，16kPa 下灭菌 30min 后备用。在 250mL 摇瓶中加入发酵液培养液 30mL，将斜面接种后培养 18～30h 的大肠杆菌 D816（产青霉素酰化酶）用 15mL 无菌水制成菌细胞悬液；取 1mL 悬浮液接种至装有 30mL 发酵液培养基的摇瓶中，在摇床上 28℃，170r/min 振荡培养 15h。如此依次扩大培养，直至 1000～2000L 规模通气搅拌培养，培养结束后用高速管式离心机收集菌体，备用。

（2）大肠杆菌固定化

取湿菌体 100kg，置于 40℃反应罐中，在搅拌下加入戊二醛 5L，再转移至搪瓷盘中使其成为 3～5cm 厚的液层；室温放置 2h，再转移至 4℃冷库，待形成固体凝胶后通过粉碎和过筛，使其成为直径为 2m 左右的颗粒状固定化大肠杆菌细胞；用蒸馏水以 pH7.5 和 0.3mol/L 磷酸缓冲液先后充分洗涤，抽干，备用。

（3）固定化大肠杆菌反应堆制备

将上述充分洗涤后的固定化大肠杆菌细胞装填于带保温夹套的填充式反应器中，即成为固定化大肠杆菌反应堆，反应器规格为 70cm×160cm。

（4）转化反应

取 20kg 青霉素 G 钾盐，加入到配料罐中，用 0.03mol/L pH 7.5 的磷酸缓冲液溶解并使青霉素 G 钾盐浓度为 3%，用 2mol/L 氢氧化钠溶液调节 pH 至 7.5～7.8；然后将反应器及 pH 调节罐中反应液的温度升到 40℃，维持反应体系的 pH 在 7.5～7.8 范围内；以 70L/min 的流速使青霉素 G 钾盐溶液通过固定化大肠杆菌反应堆进行循环转化，直至转化液酸度不变化为止。循环时间一般为 3～4h，反应结束后，放出转化液，再进入下一批反应。

（5）6-氨基青霉烷酸的提取

上述转化液经过滤澄清后，滤液用薄膜浓缩器减压浓缩至 100L 左右，冷却至室温后，于 250L 搅拌罐中加 50L 乙酸丁酯充分搅拌提取 10～15min；取下层水相，加 1g 活性炭于 70℃的温度中搅拌脱色 30min，滤除活性炭，滤液用 6mol/L 盐酸调节 pH 至 4 左右；5℃温度下静置结晶，次日滤取结晶，用少量冷水洗涤，抽干，115℃烘 2～3h 得成品 6-氨基青霉烷酸，收率为 70%～80%。

4. 基因工程制药

自重组 DNA 技术于 1972 年诞生以来，作为现代生物技术核心的基因工程技术得到了飞速发展，基因工程药物成为各国政府和企业投资研究开发的热点领域，大量的基因工程药品连续问世，年产值达数十亿美元。

利用基因工程技术开发一个药物，一般要经过以下几个步骤：①目的基因片段的获得，既可以通过化学合成的方法来合成已知核苷酸序列的 DNA 片段，也可以通过从生物组织细胞中提取分离得到，对于真核生物则需要建立 cDNA 文库；②将获得的目的基因片段扩增后与适当的载体连接，再导入适当的表达系统；③在适宜的培养条件下，使目的基因在表达系统中大量表达目的药物；④将目的药物提取、分离、纯化，然后制成相应的制剂。目前基因工程药物的应用实例如下。

（1）胰岛素

胰岛素是基因工程药物的重要代表之一。胰岛素是由胰腺产生的一种蛋白质，它在人体新陈代谢中起着重要作用，如果体内胰岛素不足就会引发糖尿病，因此胰岛素是治疗糖尿病的特效药。糖尿病发病率很高，困扰着上千万人。过去从猪、牛胰腺中提取胰岛素，产量低，满足不了患者的需求。现在利用基因工程技术，有两种方法可以让微生物发酵产生胰岛素：一种是先在大肠杆菌中分别合成胰岛素 A 链和 B 链，然后在体外用化学方法将两条链连接成胰岛素，美国 Eli Lilly 公司采用这种方法生产胰岛素；另一种是采用分泌型载体表达胰岛素原，再将其转化为胰岛素，丹麦 Novo Nordisk 公司就是采用重组酵母分泌产生胰岛素原，再用酶法转化为人胰岛素。

（2）干扰素

干扰素是病毒入侵人体或其他动物后，机体产生的对多种病毒具有抵抗能力，抑制它们复制、增殖的一种蛋白质。它是一类在同种细胞上具有广谱抗病毒活性的蛋白质，其活性受细胞基因组的调控。在一般生理状态下，细胞的干扰素基因呈静止状态，只有在干扰素诱导剂作用下，干扰素基因才进行转录并翻译出具有种属特异性的干扰素。干扰素本身不能直接杀灭活病毒，但是它能使细胞产生许多抗病毒蛋白质，使病毒的 mRNA 不能和核酸体结合，因而无法合成病毒蛋白质，从而减少了新病毒粒子的合成，阻断了病毒的增殖。它在临床上主要用于恶性肿瘤和病毒性疾病的治疗。过去，干扰素一般只能从感染病毒的人血液中的白细胞或纤维中提取，量少价贵，难以应用于临床。1980 年，美国基因技术公司把人体血细胞干扰素基因转移到大肠杆菌或酵母菌中，成功表达。其中α型、β型、γ型干扰素已工业化生产，产品已投放市场。我国也已生产出α型和γ型干扰素。

（3）重组疫苗

重组疫苗是利用重组 DNA 技术，克隆并表达抗原基因的编码序列，并将表达产物用作疫苗。重组疫苗的重要性在于它可以替代灭活或无感染力的病原微生物来进行免疫。第一个应用于人体的重组疫苗是用酵母菌生产的乙肝疫苗。它是将乙肝表面蛋白抗原基因在酵母菌中克隆和表达，生产出来的蛋白及其聚合物与在感染体内发现的十分相似，将这些聚合物纯化，制成乙肝疫苗，可以用于使人体产生对乙肝病毒的免疫力。

在生物技术总的发展趋势下，基因工程制药仍是 21 世纪生物制药中极具活力的研究领域。随着人类基因组中更多基因的功能被研究清楚和药物基因组学的不断完善，将可能有数以千计的具有特殊疗效的蛋白质药物问世。这将使传统的医药业发生革命性变化。药物的生产和使用将会更加趋于种族化、家族化甚至个体化。

二、酶制剂在生物医药方面的应用

目前的生物药物当中酶制剂的应用是相当广泛的，以下内容着重介绍酶制剂在生物医药方面的应用。

酶在药物生产方面的应用是利用酶的催化作用将前体物质转化为药物。这方面的应用日益增多，目前已有不少药物包括一些贵重药物都是由酶法生产的（表8-4）。

表 8-4　酶在药物制造方面的应用

酶	主要来源	用　途
青霉素酰化酶	微生物	制造半合成青霉素和头孢菌素
11-β-羟化酶	霉菌	制造氢化可的松
L-酪氨酸转氨酶	细菌	制造多巴（L-二羟苯丙氨酸）
β-酪氨酸酶	植物	制造多巴
α-甘露糖苷酶	链霉菌	制造高效链霉素
核苷磷酸化酶	微生物	生产阿拉伯糖腺嘌呤核苷（阿糖核苷）
酰基氨基酸水解酶	微生物	生产 L-氨基酸
5'-磷酸二酯酶	橘青霉等微生物	生产各种核苷酸
多核苷酸磷酸化酶	微生物	生产聚肌胞，聚肌苷酸
无色杆菌蛋白酶	细菌	由猪胰岛素（Ala-30）转变为人胰岛素（Thr-30）
核糖核酸酶	微生物	生产核苷酸
蛋白酶	动物、植物和微生物	生产 L-氨基酸
β-葡萄糖苷酶	黑曲霉等微生物	生产人参皂苷-Rh_2

1. 青霉素酰化酶生产半合成抗生素

青霉素和头孢霉素及其衍生物因都含β-内酰胺结构，而统称为β-内酰胺类抗生素。该类抗生素可以通过青霉素酰化酶的作用，改变其侧链基团而获得具有新的抗菌性及有抗β-内酰胺酶能力的新型抗生素。

青霉素酰化酶是在半合成抗生素的生产上有重要作用的一种酶。它可以催化青霉素或头孢霉素水解生成 6-氨基青霉烷酸（6-APA）或 7-氨基头孢酶烷酸（7-ACA），又可催化酰基化反应，由 6-APA 合成新型青霉素或由 7-ACA 合成新型头孢霉素。其化学反应式如下：

通过青霉素酰化酶的作用，得到的半合成青霉素有氨苄青霉素、羟氨苄青霉素、噻孢霉素、头孢利定、头孢力新、头孢甘氨酸、头孢环己二烯等。

2. 核苷磷酸化酶制造阿糖腺苷

腺苷中的核糖被阿拉伯糖取代可以形成阿糖苷。阿糖苷具有抗癌和抗病毒的作用，其中阿糖腺苷疗效显著。

阿糖腺苷（腺嘌呤阿拉伯糖苷）可由核苷磷酸化酶催化阿糖尿苷（尿嘧啶阿拉伯糖苷）转化而成，而阿糖尿苷（阿拉伯糖尿嘧啶核苷）可以通过化学方法转化而成。

由阿糖尿苷生成阿糖腺苷的反应分两步完成。首先阿糖尿苷在尿苷磷酸化酶的作用下生成阿拉伯糖-1-磷酸，其化学反应式如下：

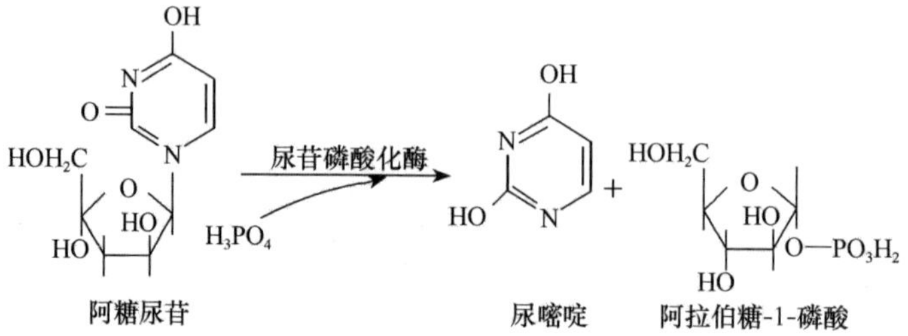

阿糖尿苷　　　　　　　尿嘧啶　　　　阿拉伯糖-1-磷酸

然后阿拉伯糖-1-磷酸在腺嘌呤核苷酸磷酸化酶的作用下生成阿糖腺苷，其化学反应式如下：

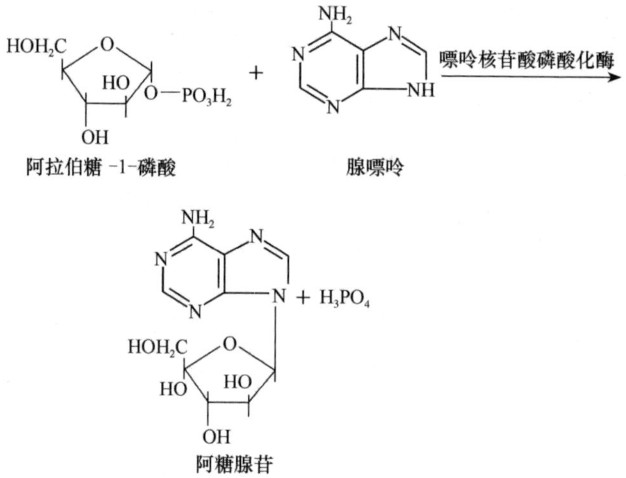

阿拉伯糖-1-磷酸　　　　　　腺嘌呤

阿糖腺苷

三、生物医学材料

材料科学与物理学、化学、生物学及临床科学紧密的结合产生了一个新兴的产业——生物医学材料产业。生物医学材料已经成为生物医学工程的四大支柱产业之一，它的研究涉及细胞生物学、材料科学、工程技术和临床应用等领域，为医学、药物学及生物学等学科的发展提供了丰富的物质基础。

（一）生物医学材料的定义

狭义的生物医学材料，是指长期与活体组织接触或植入活体内部，起某种生物功能的材料。而广义的生物医学材料还包括制造生物医药的原材料、医学诊断试剂、药物送达释放体系用材料以及一次性使用的医学材料。生物医学材料及其制品已广泛应用于人体植入体。以现代科技方法生产的生物医学新材料及其制品在代替、修补、辅助修复人体组织器官上取得了显著的进展，医学上已广泛用于制造人工心脏、心脏瓣膜、人造血管、人工肾、人造皮肤、人工骨，以及药物释放体系等。

（二）生物医学材料的性能特点

作为体内移入物的材料，不仅要在生物条件下物理、力学性能长期稳定，而且要对人体的组织、血液、免疫等系统不产生不良影响。

1. 生物相容性

生物相容性是生物医学材料特定应用中伴随着适应宿主反应发挥有效作用的能力。生物医学材料和生物系统接触后，一方面材料要受生理环境的作用，引起可能导致其降解和性质蜕变的材料反应；另一方面材料也将对周围组织和整个机体发生作用，引起如炎症、局部或全身毒性等宿主反应，所以要求材料没有毒性和过敏反应，具有化学稳定性、良好的耐蚀性，没有致癌性和抗原性，不会引起血液凝固和溶血，不会引起异常的新陈代谢，不会在生物体内变质、产生吸收物等。应该注意的是，在某种应用条件下是生物相容的材料在另一种条件下则不一定是生物相容的。直接接触血液，主要考查与血液互相作用的生物相容性，称为血液相容性；直接与肌肉、骨骼、皮肤等组织接触并互相作用的生物相容性，称为一般生物相容性。

2. 力学性能

一些生物医学材料的最终使用是制成生物体内可接受的器官和器件，这样的生物医学材料必须与生物结构（包括器官）的力学性能相容。因此，生物医学材料应具备适当的力学性能：一定的静载强度（包括抗拉、压缩、弯曲和剪切强度），适当的弹性模量和硬度，良好的耐磨性（其中耐摩擦磨损是人工关节材料的关键性能）、耐腐蚀和耐腐蚀疲劳性、润滑性等。力学的相容性并不是要求力学性能一定要高，而是取决于它承受的应力大小要和相应的被置换的组织相匹配。

3. 与组织的结合性

生物医学材料与组织的结合可以是组织长入不平整的植入表面而形成的机械嵌联，也可以是植入材料和生理环境之间发生化学反应而形成的化学键结合。

4. 耐生物老化性能

材料在活体内要有较好的化学稳定性，能够长期使用，即在发挥其医疗功能的同时要耐生物腐蚀和生物老化。

（三）生物医学材料的分类

根据物质属性，生物医学材料大致可以分为以下五种。

1. 生物医学金属材料

生物医学金属材料是作为生物医学材料的金属或合金，具有很高的机械强度和抗疲劳特性，是临床应用十分广泛的承力植入材料，主要有钴合金（Co-Cr-Ni）、钛合金（Ti-6Al-4V）和不锈钢的人工关节与人工骨。镍钛形状记忆合金具有形状记忆的智能特性，能够用于矫形外科、心血管外科。

2. 生物医学高分子材料

生物医学高分子材料有天然的和合成的两种，发展迅速的是合成高分子材料。通过分子设计，可以获得很多具有良好物理、力学性能和生物相容性的生物材料。例如，软性材料常用作人体软组织如血管、食道等的代用品；合成的硬性材料常用作人工硬脑膜、笼架球形人工心脏瓣膜的球形阀等；液态的合成材料如室温硫化硅橡胶可以用作注入式组织修补材料。

3. 生物医学无机非金属材料或生物陶瓷

生物陶瓷化学性质稳定，具有良好的生物相容性。生物陶瓷主要包括两类：①惰性生物陶瓷（如氧化铝、医用碳素材料等），这类材料具有较高的强度，耐磨性能良好。②生物活性陶瓷（如羟基磷灰石和生物活性玻璃等），这类材料具有能在生理环境中逐步降解和吸收，或与生物机体形成稳定的化学键结合的特性，因而具有极为广阔的发展前景。

4. 生物医学复合材料

生物医学复合材料是由两种或两种以上不同材料复合而成的生物医学材料，主要用于修复或替换人体组织、器官或增进其功能，以及人工器官的制造。其中由钛合金和聚乙烯组成的假体常用作关节材料；碳-钛合成材料是临床应用良好的人工股骨头；高分子材料与生物高分子（如酶、抗原、抗体和激素等）结合可以作为生物传感器。

5. 生物医学衍生材料

生物医学衍生材料是由经过特殊处理的天然生物组织形成的生物医学材料，是无生物活力的材料，但是由于具有类似天然组织的构型和功能，在人体组织的修复和替换中具有重要作用，主要用作皮肤掩膜、血液透析膜、人工心脏瓣膜等。

（四）生物医学材料的发展远景

纳米生物材料及软纳米技术是当前生物材料的前沿和研究热点。生物医学材料科学是当代科学技术中涉及学科十分广泛的多学科交叉领域，它不仅是构成现代医学基础的生物医学工程和生物技术的重要基础，而且对材料科学、信息科学及生命科学等相关学科的发展有重要的促进作用，具有重大的科学意义。设计和合成可引导或诱导组织再生和重建，或恢复病变或损伤组织生物功能的材料，是新一代生物医学材料研究和生物材料科学与工程追求的目标。十分活跃的研究领域：①组织诱导生物材料，即可诱导组织再生和重建的细胞支架材料；②类似于自然组织高水合状态环境的水凝胶；③智能生物材料。纳米生物材料及软纳米技术是当今生物材料的前沿和研究热点，研究发现，纳米增强高分子复合材料的结构、生物力学相容性和生物活性更接近于自然骨，可望成为优良的组织工程支架材料；而且纳米尺度的材料颗粒可穿透细胞膜进入细胞，从而在基因控制中具有重要应用。虽然纳米生物材料的生物学效应还远未被认识，但是现有研究表明纳米生物医学材料的纳米效应可增进材料的生物学性能，还有可能表现出还未发现的优良生物学性能。但是，纳米生物材料也可导致生物学风险，这是纳米生物材料研究必须解决的问题。

第二节　工业生物技术

随着工业发展要求和技术的提高，生物技术的应用是不断深入的，并产生了巨大的经济效益。这一技术除了在前几章中介绍过的在医药、农业行业中起到的作用外，还在食品、化工、纺织和制革方面得到了广泛而又深入的应用，既起到了对传统企业改造升级的作用，又起到了拓展高新技术产业化的作用，并以年增长率近10%的幅度展示出诱人的发展前景。

一、生物技术与食品工业

（一）概述

食品工业是最早广泛应用生物技术的领域。进入新世纪以来，我国的食品生物技术已经取得了较大的突破，食品生物技术产业年增长率大约为30%。此数据在"十一五"后呈稳步提高的态势。据报道2020年食品生物技术产业的年产总值为3万亿元。

食品生物技术是食品科学与生物技术相互渗透形成的一门交叉学科。从广义上来说，食品生物技术包括所有以生产和加工食品为目的的生物技术，涉及基因工程、细胞工程、酶工程和发酵工程等主要生物技术。从目前生物技术在食品工业中应用的深度和广度来看，它不仅使古老的食品发酵工业焕发青春，而且正在开创生物技术新产业。食品生物技术包含的内容有醇饮料、发酵调味品、发酵乳制品等产品的生产，提高食品的质量、营养、安全性，以及食品保藏等方面的应用。特别是基因工程等生物新技术的兴起和发展，为传统食品生物技术的突破性发展提供了技术基础。

（二）基因工程在食品工业中的应用

基因工程自问世以来，无论是基础理论研究领域，还是生产实际应用方面，都已取得了惊人的成绩，给国民经济的发展和人类社会的进步带来了深刻、广泛的影响。

1. 改良食品营养品质

在植物食品品质的改良方面，基因工程技术得到了广泛的应用，并取得了丰硕成果，主要集中于改良蛋白质、碳水化合物及油脂等食品原料的产量和质量。

2. 改良微生物菌种的性能

发酵工业的关键是优良菌株的获取，除选用常用的诱变、杂交和原生质体融合等传统方法外，还与基因工程相结合，大力改造菌种，给发酵工业带来新的发展。食品工业如酒类、酱油、酱类、食醋、乳酸菌饮料等的发展，关键在于是否有优良的微生物菌种，应用基因工程、细胞融合及传统微生物突变育种技术从事发酵菌种的改良研究已为数不少。例如，乳酸菌（*Lactic acid bacteria*）常被用于食品发酵加工，不但富含营养且具有低胆固醇、低热量等优点。

3. 生产特殊食品

用转基因植物生产基因工程疫苗——食品疫苗是当前食品生物技术研究的热点之一。食品疫苗就是将某些致病微生物的有关蛋白质（抗原）基因，通过转基因技术导入某些植物受体细胞中，并使其在受体植物细胞中得以表达，从而使受体植物直接成为具有抵抗相关疾病的疫苗。用转基因植物生产的疫苗保持了重组蛋白的理化特征和生物活性。有的需提纯后作疫苗使用，有的则不经提纯即可直接食用，如口服不耐热肠毒素转基因马铃薯后即可产生相应抗体。目前，已获成功的还有狂犬病病毒、乙肝表面抗原、链球菌突变株表面蛋白等十多种转基因马铃薯、香蕉、番茄的食用疫苗。由于这些重组蛋白基因可以长期地储存于转基因植物的种子中，十分有利于疫苗的保存、生产、运输和推广。因此转基因植物作为廉价的疫苗生产系统，虽然才刚刚起步，却具有很好的发展潜力。

4. 改善发酵食品的品质与风味

酱油风味的优劣与酱油在酿造过程中所生成氨基酸的量密切相关，而参与此反应的羧肽酶和碱性蛋白酶的基因已克隆并转化成功，在新构建的基因工程菌株中碱性蛋白酶的活力可提高 5 倍，羧肽酶的活力可提高 13 倍。此外，在酱油酿造过程中，木糖可与酱油中的氨基酸反应产生褐色物质，从而影响酱油的风味。而木糖的生成与制造酱油用曲霉中木聚糖酶的含量与活力密切相关。现在，米曲霉中的木聚糖酶基因已被成功克隆。用反义 RNA 技术抑制该酶的表达所构建的工程菌株酿造酱油，可显著降低这种不良反应的进行，从而酿造出颜色浅、口味淡的酱油，以适应特殊食品制造的需要。双乙酰是影响啤酒风味的重要物质，当啤酒中双乙酰的含量超过阈值（0.02～0.10mg/L）时，就会产生一种馊酸味，严重破坏啤酒的风味与品质。可以用乙醇脱氢酶的启动子和穿梭质粒载体 Yep13 将产气肠杆菌α-乙酰乳酸脱羧酶基因导入啤酒酵母，并使其表达。但由于用此法所构建的基因工程菌株中α-乙酰乳酸脱羧酶基因是存在于酵母的质粒中而不是染色体中，因而使该基因易于随着细胞分裂代数的增加而发生丢失，造成性能的不稳定。因此，也可以将外源的α-乙酰乳酸脱羧酶整合入啤酒酵母的染色体中，从而构建了能稳定遗传的转基因啤酒酵母。使用这两种转基因酵母酿制啤酒，都能明显地降低啤酒中的双乙酰含量，而且不会对啤酒的正常风味和酿造过程中的其他发酵性能造成不良影响。

（三）酶工程在食品工业中的应用

酶的作用条件相对温和，催化效率高，还具有很高的专一性，利用它能选择性地将个别食品组分改性，而不影响到其他组分。因此，酶在食品加工中相当重要，通过酶的作用能引起食品原料的品质发生变化，也能在比较温和的条件下加工和改良食品。再加上酶的使用安全环保，使得酶制剂广泛应用于食品工业方面。目前生产和应用都比较成熟的有α-淀粉酶、糖化酶、蛋白酶、果胶酶、脂肪酶、纤维素酶等。

酶在食品加工方面应用非常广泛，下面从淀粉类、蛋白质类和果蔬类3类酶制剂运用最广泛的食品介绍酶制剂在食品工业方面的应用。

1. 酶制剂在淀粉类食品加工中的应用

淀粉类食品是指含有大量淀粉或以淀粉为主要原料加工制成的食品，是世界上产量很大的一类食品。在淀粉加工过程中，利用淀粉酶的水解作用可以生成糊精、低聚糖、麦芽糖和葡萄糖等。继续用葡萄糖异构酶、环糊精葡萄糖苷酶等酶处理还能生产果葡糖浆、环糊精等产品。

淀粉加工中用到的酶主要是各种淀粉酶，如α-淀粉酶、β-淀粉酶、糖化酶、脱支酶、葡萄糖异构酶等。

α-淀粉酶，又称为液化型淀粉酶，能随机地从分子内部水解淀粉产生低聚糖或单糖。它只水解α-1,4糖苷键，所生成产物均为α型。

β-淀粉酶，又称为麦芽糖苷酶，从淀粉非还原端开始水解α-1,4-糖苷键，顺次切下麦芽糖单位；同时，发生沃尔登转位反应，使生成的麦芽糖由α-型转为β-型。它不能水解支链淀粉的α-1,6糖苷键，也不能绕过支链淀粉的分支点继续作用于α-1,4键。

糖化酶，又称为葡萄糖淀粉酶，能从淀粉的非还原性末端水解α-1,4糖苷键产生葡萄糖，也具有一定的水解α-1,6糖苷键和α-1,3糖苷键的能力。

脱支酶，又称为支链淀粉酶，是催化支链淀粉、糖原、限制糊精等的α-1,6-糖苷键水解的一类酶。

葡萄糖异构酶，又称为木糖异构，催化 D-木糖、D-葡萄糖和 D-核糖等醛糖可逆地转化为相应的酮糖。

下面以葡萄糖和果葡糖浆的生产为例介绍酶制剂的具体应用。

传统葡萄糖生产采用酸法生产，即采用盐酸直接水解为葡萄糖。工艺简单，但设备腐蚀严重，葡萄糖的转化率低，杂质多，味道不纯正，色泽较重，需要除盐。

目前工业生产中一般采用双酶法生产葡萄糖。首先将淀粉溶液用α-淀粉酶水解液化生成低聚合度的糊精，然后再添加糖化酶水解，水解后葡萄糖纯度高，基本无色泽和杂质，味道纯正，为目前生产葡萄糖的常用方法。

果葡糖浆是20世纪60年代开发的一种代替蔗糖的甜味剂，甜味与蔗糖相近，是由淀粉制成的葡萄糖和果糖的混合糖浆，故称为果葡糖浆。果葡糖浆是淀粉糖中甜度最高的糖品，除可代替蔗糖用于各种食品加工外，还具有许多优良特性，如味纯、清爽、甜度大、渗透压高、不易结晶等，可广泛应用于糖果、糕点、饮料、罐头、焙烤等食品中，提高制品的品质。

果葡糖浆生产工艺流程如图 8-2 所示，淀粉经α-淀粉酶液化和糖化酶糖化得到的葡萄糖液，用葡萄糖异构酶进行转化，将一部分葡萄糖转变成含有一定数量果糖的糖浆。

液化和糖化过程与前面介绍的葡萄糖生产工艺类似，糖化后葡萄糖异构酶的体系与糖化酶不同，如糖化酶体系中起保护作用的钙离子对葡萄糖异构酶有抑制作用。因此糖化后需要经离子交换等步骤精制，再加入葡萄糖异构酶进行异构化。葡萄糖异构酶催化的葡萄糖与果糖转化的反应是可逆的，不同温度的平衡点不同（表8-5），温度越高反应越趋向于果糖；而当温度超过70℃时葡萄糖异构酶容易失活，因此一般反应控制在60～70℃，反应至异构化率42%～45%。

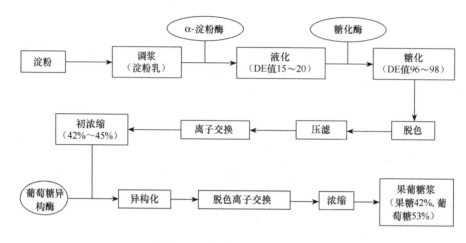

图 8-2　果葡糖浆生产工艺流程

表 8-5　不同温度异构反应至平衡点时的果糖含量

反应温度/℃	果糖含量/%	反应温度/℃	果糖含量/%
25	42.5	70	56.5
40	47.9	80	58.8
60	53.5	—	—

　　异构化后经脱色、精制、浓缩得到固形物含量约为71%，其中含有果糖约42%，葡萄糖约53%，其他的主要是液化和糖化过程形成的低聚糖。若改变工艺条件继续加工还得到果糖含量更高的高果糖浆。

2. 酶制剂在蛋白质类食品加工中的应用

　　以蛋白质为主要成分或以蛋白质为主要原料的食品称为蛋白质类食品，如肉制品、蛋制品、鱼制品和乳制品等。在蛋白质类食品加工中用到的酶主要是各种蛋白酶以及乳糖酶等。

　　根据蛋白酶所作用的 pH 不同，可分为酸性蛋白酶（pH≤5）、碱性蛋白酶（pH≥9）和中性蛋白酶（pH 为 5～9）；按作用方式不同，可分为内肽酶和端肽酶；按活性中心不同，可分为丝氨酸蛋白酶、巯基蛋白酶、羧基蛋白酶和金属蛋白酶；按来源不同，可分为动物蛋白酶、植物蛋白酶和微生物蛋白酶。

　　乳糖酶又称为β-半乳糖苷酶，可以将乳糖水解为葡萄糖和半乳糖，主要用于乳品工业，可使低甜度和低溶解度的乳糖转变为较甜的、溶解度较大的单糖；使冰淇淋、浓缩乳、淡炼乳中乳糖结晶析出的可能性降低，同时增加甜度。

酶制剂在蛋白质类食品加工中的用途十分广泛，常被用于水解蛋白和水解氨基酸的生产、肉类嫩化剂、活性肽的提取、凝乳类产品的生产、低乳糖奶的生产、面包类产品的生产等。

水解蛋白和水解氨基酸的生产：蛋白质在蛋白酶的作用下，水解为蛋白胨、多肽、氨基酸等，统称为水解蛋白。水解蛋白的用途很广泛，如各种肉类生产的水解蛋白可用于保健食品、营养食品、调味品和饲料等；用鱼类生产的鱼粉、可溶性鱼蛋白粉、大豆蛋白、乳蛋白等水解得到的水解蛋白可用于微生物和细胞培养。

老龄动物中的胶原蛋白因交联作用呈交链状、网状，肉粗糙、坚韧，故需进行嫩化处理。作为嫩化剂使用的蛋白酶多为耐热性较强的木瓜蛋白酶，因为木瓜蛋白酶较易作用于因加热变性的胶原蛋白和弹性蛋白。

3. 酶制剂在果蔬类食品加工中的应用

果蔬类食品是指以各种水果或蔬菜为主要原料加工成的食品。在果蔬加工过程中，常加入各种酶以提高产品质量和产量。在果蔬类食品加工中，用得最多的是果胶酶。

果胶酶是分解果胶的多酶复合物，通常包括果胶酯酶（PE）、聚半乳糖醛酸酶（PG）、聚甲基半乳糖醛酸酶（PMG）、聚半乳糖醛酸裂合酶（PGL）和聚甲基半乳糖醛酸裂合酶（PMGL）。通过这些酶的联合作用使果胶质得以完全分解。果胶酶中 PE 和 PG 最常见。PE 水解果胶生成果胶酸和甲醇，果胶酸再经 PG 降解生成半乳糖醛酸。

在果汁生产中，水果中大量的果胶会使果汁生产时难以压榨、出汁率低，并造成果汁的混浊。因此果汁生产过程中常用果胶酶来提高出汁率或澄清果汁，而且经酶处理的果汁较稳定，可防止混浊。

在果酒的生产中也常用到果胶酶，如葡萄酒的生产中使用果胶酶提高葡萄汁的出汁率和澄清度，并降低单宁抽出率，提高色素抽出率，有助于增加风味和酒香。

除了果胶酶还有很多酶用于果蔬类食品加工，如利用柚苷酶去除柑橘制品的苦味物质柚苷；利用花青素酶水解水果蔬菜中的花青素，达到脱色的效果。

（四）发酵工程在食品工业中的应用

1. 发酵工程与番茄红素

番茄红素是由11个共轭双键及2个非共轭碳碳双键构成的高度不饱和直链型烃类化合物，具有预防癌症、防治心血管疾病、缓解骨质疏松症和提高免疫等重要的生理功能。番茄红素的生产方法主要有提取法、化学合成法和微生物发酵法。由于番茄红素含量低，提取法无法满足市场需求；化学合成法存在收率低、产物不稳定及合成成本高等缺点；因此微生物发酵法被认为是生产番茄红素极具潜力的方法。微生物发酵法利用特定微生物的代谢将淀粉、葡萄糖、黄豆饼粉等廉价原料转化为番茄红素，不受原材料、地理环境和气候等因素的影响，工艺简单、生产周期短、生产效率高、生产成本低，且产物质量可控，减少了对环境的污染。

2. 大型真菌的开发

功能性食品的有效成分主要来自名贵中药材如灵芝、冬虫夏草、茯苓、香菇、蜜环菌等药用真菌，因为这些真核微生物含有调节机体免疫机能、抗癌或抗肿瘤、防衰老的有效成分，是发展功能性食品的主要原料来源之一。功能性食品的有效成分一方面直接取自天然源的药用真菌，用于功能性食品的开发；另一方面通过发酵途径实行工业化生产。灵芝、冬虫夏草菌的发酵培养都已取得成功，如河北省科学院微生物研究所等筛选出繁殖快、生物量高的优良灵芝菌株，应用于深层液体发酵研究，建立了一整套发酵和提取新工艺，为研制功能性食品提供了更为广阔的药材原料源。人工发酵培养的虫草菌已在中国医学科学院药物研究所实现，通过分析产品的化学成分和药理等方面发现，其与天然冬虫夏草的功能类同，临床应用方面对高脂血症、性功能障碍、慢性支气管炎等均有疗效，而在治疗性功能障碍方面其效果优于天然冬虫夏草；并且对病毒性肝炎（乙肝）有显著疗效。因此，通过发酵途径生产这种药用真菌所具有的有效成分，按科学配比掺入功能性食品的研制，必将产生极大的市场价值。

3. 发酵工程与"人造肉"

近年来，国内外市场上出现了一种引人注目的新食品，它们的样子很像鸡肉、鸭肉、鱼肉或猪肉，但却不是通过饲养畜禽获得的制品，也不是耕种收获的五谷杂粮，而是利用现代发酵工程技术制成的，因此人们将其称为"人造肉"。现代发酵工程，就是利用微生物的许多特殊本领，通过现代的工程技术来生产对人类有用的物质，或者把微生物直接运用于工业生产的一类技术。它以培养微生物发酵为主，因此又称为微生物工程。我们知道，蛋白质是生命活动的基础，一切有生命的地方都有蛋白质，微生物也不例外。不过目前能够生产微生物蛋白质的菌种还不多，主要是一些不会引起疾病的细菌、酵母和微型藻类。这些生物的结构非常简单，一个细胞就是一个个体，用发酵法生产这些单细胞微生物，就可以得到大量的单细胞蛋白质。在生产单细胞蛋白质的工厂里，人们为微生物提供了适宜的居住环境，即一个个大小不等的发酵罐，罐里存放着适合不同类微生物的食料，保证它们在这里能"吃饱喝足"，迅速繁殖。当发酵罐里的微生物繁殖到足够数量时，便可收集起来加工利用了。用发酵工程生产单细胞蛋白质，繁殖速度快，如一头体重500kg的牛，每天只能合成0.5kg蛋白质，而500kg的活菌体，只要条件合适，在24h内能够生产1250kg蛋白质。生产单细胞蛋白质的原料十分丰富，如农作物的秸秆，农副产品加工业的大量废水、废渣，以及石油产品、甲醇等，都可用来发酵生产单细胞蛋白质。单细胞蛋白质具有很高的营养价值。它的蛋白质含量很高，可达细胞干重的70%，比一般植物高4~6倍；而且单细胞蛋白质中氨基酸的种类比较齐全，几种在一般粮食里缺少的氨基酸，在单细胞蛋白质里却大量存在。另外，单细胞蛋白质还含有多种维生素，这也是一般食物不具有的。正是由于单细胞蛋白质具有这些突出的优点，现在人们用它加上相应的调味品做成鸡肉、鱼肉、猪肉的代用品，不仅外形相像，而且味道鲜美，营养价值也不亚于天然的肉类制品；用它掺和在饼干、饮料、奶制品中，能提高这些传统食品的营养价值。在畜禽的饲料中，只要添加3%~10%的单细胞蛋白质，便能显著提高饲料的营养价值和利用率，用来喂猪可增加瘦肉率，用来养鸡能提高产蛋率，用来饲养奶牛可提高产奶量。在井冈霉素、肌苷、抗菌素等发酵工业生产中，它又可以代替粮食原料。因此，单细胞蛋白质用途广泛，极具应用前景。随着世界人口的不断增长，粮食和饲料不足的情况日益严重。面对这一严峻的现实，开发利用单细胞蛋白质已成为增产粮食的新途径。

4. 微生物油脂的生产

我们平常吃的油脂既有由芝麻、花生、油菜籽、大豆等油料作物榨取的植物油脂，也有由猪、牛、羊等动物熬制的动物油脂，但很少考虑微生物油脂。其实，在许多微生物中含有油脂，含油率低的只有 2%～3%，含油率高的可达 60%～70%，且大多数微生物油脂富含多不饱和脂肪酸（polyunsaturated fat acids，PUFA），有益于人体健康。当前，利用低等丝状真菌发酵生产多不饱和脂肪酸已成为国际发展的趋势。在我国，武汉福星生物制药有限公司目前已实现大规模生产富含花生四烯酸（arachidomic acid，AA）的微生物油脂。微生物油脂的应用已受到越来越多的关注，富含 AA 和 DHA 的微生物油脂已在美国、日本、英国、法国等国上市。

二、生物技术与纺织皮革工业

（一）生物技术在纺织工业中的应用

1. 酶制剂在退浆工序中的应用

织物在织造过程中，纤维需要上浆，以提高质量；织坯进行染色、漂白印花时需要将浆料去掉，印花后也需要把印花的浆料去掉。退浆的质量，直接影响成品的质量，如手感、白度、光洁度、给色量、白芯及强度等。目前大多采用淀粉上浆，而退浆的方法很多，可以用烧碱、硫酸、双氧水等，但这些化工产品不仅有损织物，操作麻烦，而且污染环境。利用酶制剂——淀粉酶在一定的条件下，可将淀粉浆迅速变为糊精，液化后的可溶性糊精随水洗洗净，可达到退浆的目的。酶法退浆与化学法相比具有如下特点：①织物不受损伤，退浆后织物手感柔软、丰满、表面粗糙度优良、染色鲜艳；②高效高速，适合高温退浆，作业时间短，退浆率可达 90%～95%；③退浆和固色可以同浴处理，缩短工艺流程，提高劳动效率；④用于炼白能提高毛细管效应，并能改善劳动生产条件、节约燃料、降低成本，可用于连续化大生产。酶法退浆可用于棉布、丝绸、维纶、粘胶纤维、混纺织物、色织府绸和化纤混纺等织物。

退浆所用的淀粉酶有两种：一种为耐高温 α-淀粉酶；另一种是中温淀粉酶，选用时应根据各工厂设备条件及织物的性能来决定。退浆工艺方法有 3 种：①堆叠退浆法，织物浸湿后铺开或成束浸在 50～70℃配有（100～250mL)/100L 中温淀粉酶的退浆剂水浴中，织物应被水完全淹盖，并循环 40～60min，温度应控制在 50～70℃，排去退浆水后用热水冲洗；②染布机退浆法（热浴法），水浴加热到沸腾后，先清洗一次织物，水温降到 65℃时，按量加入退浆剂（中温淀粉酶）及其他原料，织物缓慢转动 2～4 次，前半部温度 65～75℃，再加热水温至 80～85℃，放出退浆水，并用热水冲洗 1～2 次；③连续退浆法，加热水至 70℃，按量加入 250mL/100L 中温淀粉酶退浆剂，将织物在热水浴中浸透并吸附退浆剂，加热水浴 1～2min，然后进行清洗和煮洗，如用耐高温 α-淀粉酶，热水浴的温度提高到 95℃左右，连续液化，再清洗至干净。

热浴法退浆工艺流程：烧毛→平洗槽轧流动热水（75～80℃）→平洗槽轧流动热水（55～60℃）→平洗槽轧酶→进堆布池，堆置 30min→绳洗机热浴→强法机热水洗。

轧酶处方和条件：

2000 倍中温淀粉酶 500g（轧槽配液），1500g（补充配液）；食盐 1000g（轧槽配液），3000g（补充配液）；轧酶温度（80±2）℃；轧酶 pH 为 6.5～7.0；布重对酶液吸液量为 25%；轧酶浓度为 2U/（mL·h）左右（1U=1.66×10^{-27}kg）；补充配液浓度为 6g/（mL·h）左右；热浴温度为 95～98℃；热浴时间为 11～13s；热洗温度为 65～70℃。

退浆要点：

1）为了使织物纱线充分膨化，提高酶液的渗透效力，轧酶液前要充分用流动热水水洗。

2）用酶浓度要按实际情况变化。因为不同品种的织坯有不同的上浆率，即使用同一品种上浆，情况也会有所不同。

3）轧酶配液的 pH 应控制在 6.5～7.0。

4）操作中要注意车速、轧滚压力、浸轧次数、膨化程度、织坯等因素的控制。如需加助剂应采用对酶无抑制作用的渗透剂。

5）轧酶液槽前轧滚的轧液效率，一定要大于后轧液，尽量使轧酶后的布上带有较多的酶液，从而控制轧槽酶液面的高度，达到稳定酶液浓度的目的。

6）织物轧酶后堆置，其目的是使酶液渗透到织物里面。堆置时间随季节、织物有所不同，人造棉再生纤维渗透性好，可堆置 5min 左右，棉布因抗水性能较强需堆置 30min左右。

7）热浴温度要严格控制，应保持均匀。

2. 纤维素酶、蛋白酶在精炼中的应用

纯棉织物、羊毛织物和丝绸的纤维表面存在一些杂质如果胶、蜡状物质、木质素、鳞、胶质蛋白等，这些物质的存在影响组织物的质量，利用纤维素酶、蛋白酶可以分解这些物质，从而使织物的吸湿性、柔软性、光泽度提高，从而提高织物的质量。例如，用中性蛋白酶对羊毛表面结构中的一部分蛋白质进行溶解，鳞片层受到一定的破坏，达到减量的目的。经剥鳞处理后，可使羊毛变细，给予羊毛纤维优良的防缩性，并使其柔软，具有光泽。真丝绸类产品只有经过精炼脱胶才产生鲜艳的光泽，柔软的手感，发挥出天然丝特有的特点。用蛋白酶脱胶与化学脱胶相结合处理，能使脱胶迅速、均匀，并使丝绸富有弹性，白度较好，手感柔软。

3. 纤维素酶在棉织物中的应用

纤维素酶在纺织工业中的应用是一项新的高科技工艺，它的发展是随着人民生活水平的提高，人们崇尚回归自然，回归穿着天然纤维的需要，将生物技术应用于纺织领域的一项新的重大改革。由于经纤维素酶整理的纤维织物及其混纺织物的性能有了极大改善，手感柔软，光滑光洁，穿着舒服、自然，因此此工艺发展非常迅速，在短时间内被

广泛采用。

用纤维素酶处理织物主要有两个方面：一是纤维素酶对混纺织物（包括机、针织物）的光洁、柔软处理；二是牛仔服的酶洗整理。纤维织物经纤维素酶的处理，能发生风格的变化，且表面效果也比较特殊，具体体现在：由于质量减小，所以穿着轻快，而且会产生永久性柔软手感，悬垂性增加。表面还可产生绒面，摸上去有温暖的感觉，同时产生漂亮的光泽。经酶处理后，由于除去了死棉与棉结，使布面更光洁，斜纹织物纹路更清晰，凹凸感更明显。牛仔服经过多种酶的复合作用，产生了减量、剥色、柔软和陈旧感效果。为了达到上述效果，在用纤维素酶水洗时应注意如下几点：

1）选择最佳的加酶量、浴比，使产品达到预期的效果。

2）控制好处理液的 pH，一般为 4.5～5.5。

3）控制好处理液的温度，应在纤维素酶最适温度范围内，使纤维素酶发挥最佳水平，从而达到理想的酶洗效果。

4）确定适宜的酶洗时间，一般棉织物为 30～60min。

5）加强搅拌使酶与织物均匀接触，避免造成产品褪色不均匀的现象。如用化学添加剂要注意使用量，因为有些化学剂对酶有抑制作用。

总之，纤维素酶在纺织工业中的应用，提高了产品的档次，大幅增加了产品的附加值。另外，纤维素酶的处理液还可以回收使用，反复多次使用时，只要测一下残余的酶活力，再适当追加一些酶，补充至所要求的酶浓度即可。因此，这一技术的应用前景十分可观。

（二）生物技术在皮革生产中的应用

1. 蛋白酶在皮革生产脱毛工序中的应用

用来制造皮革的原料皮，从组织方面来说，是利用真皮层部分；从化学组成方面来说，是用其胶原部分，除此以外，其他组织如真皮、毛、皮下组织等以及化学组成中的白蛋白、球蛋白、黏蛋白等，在生产过程中都应该除去。用于除去这些物质的方法有很多，一般有碱法脱毛、二甲胺脱毛、氧化脱毛以及酶法脱毛。由于传统脱毛工序会产生硫化物等有毒物质污染环境，为了解决这个问题，20 世纪 70 年代开始研究利用蛋白酶的水解作用达到脱毛的目的，从而消除硫化物对环境的污染。用于脱毛的蛋白酶主要来自微生物蛋白酶制剂，常用的有 1398 中性蛋白酶、3942 中性蛋白酶、166 中性蛋白酶等。利用酶脱毛的方法很多，国内常用的为有液酶脱毛和无液酶脱毛两大类。有液酶脱毛（湿法）是使生皮经碱膨胀处理（为蛋白质渗透入皮内部创造有利条件），再用少量的酶，在短时间内就可以达到脱毛的目的。无液酶脱毛是将回软或脱脂后的猪皮，加入适量的酶制剂，转动使酶制剂能均匀地透入皮内，由于未加入水，酶的浓度高，因此能在短时间内使毛松动、脱去。影响脱毛效果的因素有酶制剂的性能、酶浓度、作用温度及 pH。酶脱毛与传统脱毛比较具有如下优点：①皮革质量好（正品率高、皮质柔软光滑）；②脱毛时间快；③显著减少环境污染；④劳动强度低。

2. 酶制剂在毛皮软化中的应用

毛皮旧的软化方法是采用米硝法，此方法劳动强度大，生产周期长，皮板生臭，不可水洗；用醛铬鞣的成品皮板僵，响板裂面较多。用蛋白酶分解纤维间的蛋白质，可使皮纤维松散，经化学鞣制后，成品轻、软、薄、暖、毛头灵活、无灰无臭，不怕水洗，出皮率提高 5%～10%，增加皮板抗张强度 30%，提高收缩温度，质量减小 5%～10%，周期缩短 50%，显著降低生产成本。例如，用脂肪酶对多脂改良绵羊毛进行脱脂，可使产品丰满柔软、弹性好、皮板牢固、染色均匀、色泽鲜艳、便于控制厚度。皮革软化时采用的酶软化剂一般多用动物蛋白酶如碱性蛋白酶（540、289）、中性蛋白酶（1398、3942）、酸性蛋白酶（3350）。酶制剂使用时要注意调整到要求的 pH 及适宜的温度范围，一般不超过 37℃，温度控制的原则是宁可降低温度并延长时间来保存皮质，也不采用有害于皮质的较高温度。无论使用何种酶制剂进行软化，都需要先对生皮进行酶试验；决定采用何种酶后，要找出其他相宜的加工条件，以免出现软化不足和软化过度的缺陷。

第三节　环境生物技术

随着人类生产活动的高速发展和人口急剧增长，人类赖以生存的环境受到越来越严重的污染。工业"三废"、生活垃圾和污水的排放，农业生产过程中使用化肥和农药，已超过了环境通过稀释、水解、氧化、光分解和微生物降解等作用的自然净化能力，从而导致环境遭受严重污染。环境的污染不仅破坏了生态平衡，而且危及人类健康。面对日益严重的环境污染问题，仅靠传统的污染防治技术和方法已不能满足人类对生存环境质量的要求。生物工程与环境工程的渗透和结合，为治理环境提供了一条新的途径。

一、环境生物技术概述

（一）环境生物技术解决环境污染的特点

环境生物技术（environmental biotechnology，EBT）是高新技术应用于环境污染防治的一门新兴边缘学科，诞生于 20 世纪 80 年代，以高科技为主体，包括对传统生物技术的强化与创新。它是开发、利用和调节生物系统对被污染环境（土地、水、空气）进行补救和环境友好产品的生产过程（包括绿色加工技术和可持续发展技术）；也可以说，是直接或间接利用完整的生物体或生物体的某些组成部分或某些机能，建立降低或消除污染物产生的生产工艺，或者能够高效净化环境，同时生产有用物质的工程技术。

生物技术在解决环境问题的过程中具有速度快、消耗低、成本低、反应条件温和以及无污染等显著优点，从根本上体现了可持续发展的战略思想。随着生物技术研究的进展和对环境问题认识的深入，人们已意识到现代生物技术的发展为从根本上解决环境问题带来了无限的希望。因此，它具有广阔的市场前景，受到各国政府、科技工作者和企业家的重视，发展极其迅速，已成为一种经济和环境效益俱佳、解决复杂环境污染问题的有效方法。目前生物技术在环境保护中的应用主要是利用微生物，少部分利用植物作为环境污染控制的生物，在水污染控制、大气污染治理、有毒有害物质的降解、环境监测、环境友好材料的合成、被污染环境的修复等方面，发挥着极为重要的作用。其特点如下：

1）生物技术处理污染物时，最终产物都是无毒、无害、稳定的物质如 CO_2、H_2O、N_2、CH_4 等，利用生物技术处理污染物通常能一步到位，避免了污染物的多次转移，因此它是一种消除污染安全而彻底的方法。

2）环境微生物能以大部分有机污染物为底物进行反应，产生沼气、酒精、生物蛋白质等有用物质，因此它是处理有机废物的首选技术。

3）生物反应过程是以酶促反应为基础，具有活性的酶蛋白作为催化剂，因此反应通常在常温、常压下进行，与化学法相比反应条件显著简化，因而投资小、费用低，而且效果好、过程稳定、操作简便，还可以和其他技术结合使用。此外，酶对底物具有高度的特异性，因此具有生物转化率高、副产物少等特点。

4）用生物过程代替化学过程可以降低生产活动的污染水平，有利于实现工艺过程生态化或无废物生产，真正实现清洁生产的目标。

5）生物处理技术可以利用天然水体或土壤作为污染物的处理场所，从而显著节约处理过程的费用。生物技术的产品或副产品基本上都是可以较快生物降解的。

6）用环境友好材料取代化学药物、化石能源、人工合成物等物质，有利于把人类活动产生的环境污染降到很低的程度，使经济发展进入可持续发展的轨道。

（二）环境生物技术的内容

环境生物技术包括的内容很广泛，根据技术难度和理论深度，可分为高、中、低三个层次。第一层次为现代环境生物技术，是指以基因工程为主导的近代污染防治生物技术。例如，用基因工程构建高效降解杀虫剂、除草剂、多环芳烃类化合物等污染物的基因工程菌；创造抗污染型转基因植物等。这是一个高层次、以知识密集型为主的生物技术，寻求的是快速、有效地防治污染的新途径，为治理环境污染开辟了广阔的前景，使解决大量的环境难题成为可能。第二层次是中层次环境生物技术，以废物的生物处理为主要内容，包括污水处理的活性污泥法、生物膜法及其在新的理论和技术支撑下开发出来的一系列废物强化处理工艺，是目前广泛使用的治理污染的环境生物技术，具有悠久的历史，应用性强、性能稳定，现在依然在不断地改进，已是当今环境生物处理的"主力军"，对目前环境质量的控制起到了极其重要的作用。第三层次是低层次环境生物技术，包括氧化糖、人工湿地和农业生态工程及厌氧发酵等技术。其特点是以较少的资金投入，最大限度地发挥自然界的生物环境系统的自净化及自平衡功能。它同中层次环境生物技术一样，仍处在不断发展和改进之中，应用也极为广泛。这三个层次没有重要不重要之分，只有难易之别。在处理环境污染物时是互相联系、相辅相成的。例如，降解有毒性污染物时，可采用基因工程构建的高效菌；对于厌氧发酵处理可以改进反应器以提高产品的质量；还有些污染物可以通过低层次环境生物技术进行预处理。因此处理具体环境问题时，三个层次的环境生物技术可以科学地规划、合理配合使用，使其发挥出较大的效率。

从国内外的研究与应用现状来看，目前环境生物技术较有应用前景的领域是高效的废物生物处理技术、污染事故的现场补救和现场修复技术以及可降解材料的生物合成技术。我国的环境生物技术处于刚刚起步阶段，目前我国环境生物技术的主要内容包括以下几个方面：

1）高效降解污染物的基因工程菌和抗污染型转基因植物的研究。

2）无害化或无污染生物生产技术研究。

3）生物反应器和固定化技术高效处理废水的工业应用研究。

4）废物资源化工程研究。

5）引入 DNA 扩增和其他生物技术的环境监测方法研究。

二、废水生物处理技术

（一）废水水质指标与排放标准

废水包括生活污水和工业废水两大类。生活污水是人们在日常生活中产生的废水，包括厨房洗涤、沐浴、衣物洗涤等产生的废水。工业废水是在工业生产过程所排出的废水，其成分主要取决于生产过程中应用的原料、化学品、生产方法。根据所含的污染物的程度及种类，又可分为生产废水（即不经处理即可排放的工业废水，也称为较净废水）、生产污水（污染较严重，需要经处理后方可排放的工业废水）。

水质是指水和其中所含的杂质共同表现出来的物理学、化学和生物学综合特性。各项水质指标则表示水中杂质的种类、成分和数量，是判断水质的具体衡量标准。污水污染程度的主要指标有有机物、有毒和有用物质、固体物质、pH、微生物等。

（1）有机物

有机物进入水体有两方面的污染：一方面是在微生物作用下进行氧化反应，使水中溶解氧逐渐减少。当没有新的溶解氧补充时，就会腐化，发出臭味，影响环境卫生。另一方面它是许多微生物的食料，促进微生物（包括病原细菌）的生长繁殖。因此，有机物的浓度是废水的一个重要指标。

由于废水中有机物种类繁多，我们不可能通过测定废水中某一种成分的含量来了解废水的浓度。废水的有机污染物与氧进行氧化反应时，耗氧量是与有机物的浓度成正比的，所以通常采用生化需氧量、化学需氧量和总有机碳来表示有机物的含量。如果水中的有机物含有毒性，则需要分别测定这些有毒物质的数量。

1）生化需氧量（BOD）：表示在有氧的情况下，由于微生物的活动，可降解有机物稳定化所需的氧量。常指在 20℃温度条件下，1L 废水中的有机污染物在好氧条件下进行氧化分解时所消耗的氧量。实际测定常采用 BOD_5，即水样在 20℃条件下，培养 5d 的生化需氧量。

2）化学需氧量（COD）：用强氧化剂使被测废水中有机物进行化学氧化时所消耗的

氧量。由于它能在短时间内测得，因此指导生产较为方便。

3）总有机碳（TOC）：近年来开发的用以间接表示水中有机物含量的一个综合性指标。在 TOC 测定仪中，当样品在 950℃燃烧时，样品中有机碳和无机碳都变成 CO_2，即总碳（TC）；当样品在 150℃燃烧时，只有无机碳转化成 CO_2，即为无机碳（TIC）；总有机碳 TOC＝TC－TIC。

（2）有毒和有用物质

某些废水排放出的一些污染物，对人体和生物是有毒性作用的，但这些物质往往又是有用的工业原料，可回收利用。因此，有毒和有用物质的含量是污水处理与利用工作中的重要指标。

（3）固体物质

水中固体物质按其溶解性可分为溶解性固体和悬浮性固体。各种水中的固体物质的含量和性质差异很大，在废水处理中考虑采用何种方法极为重要。

1）总固体（TS）：单位体积的水样，在 103～105℃蒸发后，残留物质的质量。

2）悬浮性固体（SS）和溶解性固体（DS）：废水经过滤器后，即可将 TS 分成两部分，被过滤器截留的固体称为悬浮性固体，通过过滤器进入滤液的固体称为溶解性固体。

3）挥发性固体（VS）和非挥发性固体（FS）：将水样中的固体物置于马弗炉中，于650℃灼烧 1h，固体中的有机物都被汽化挥发，此即为挥发性固体；残留的固体即为非挥发性固体。悬浮固体和挥发性悬浮固体是表示废水强度的重要指标，是废水处理工程设计的重要参数之一。

（4）pH

pH 是废水重要污染指标之一。

（5）微生物

某些废水中含有大量的微生物，其中可能有对人体健康有害的病原微生物。它是判断地面水和饮用水的重要指标之一。

以上是废水分析中的一些主要项目，在实际过程中应根据具体情况来决定选择哪些测定指标。

（二）我国的废水排放标准

为了人体的健康和人类的生存，对污水的排放标准世界各国都根据本国情况制定了具体的要求。我国对工业废水排放的具体要求规定为 pH 6～9 色度（稀释倍数）50，悬浮物70mg/L，BOD 30mg/L，COD 100mg/L。其他指标详见中华人民共和国标准 GB 20425—2006、GB 20426 — 2006。

（三）废水的生物处理方法

废水的生物处理方法是通过各类微生物的作用，使废水中的溶解性和胶体有机污染物降解转化为简单物质，并将有害物质转化为无毒物质，使废水得以净化的过程。废水的生物处理方法很多，如图 8-3 所示。

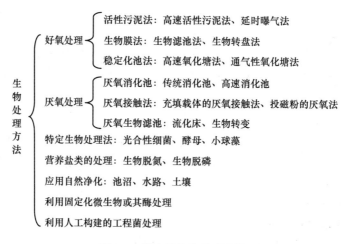

图 8-3　废水的生物处理方法

1. 好氧处理

好氧处理的流程如图 8-4 所示，这里主要介绍活性污泥法。活性污泥法是废水处理中有效、常用的生化处理法。它是利用微生物在生长繁殖过程中形成的表面较大的菌胶团来大量絮凝和吸附废水中悬浮的胶体或溶解的污染物，并将这些物质同化为菌体本身的组成物质，或将这些物质完全氧化的过程。这种活性菌胶团或絮状泥粒的微生物群体称为活性污泥。

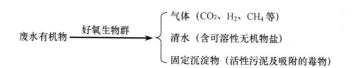

图 8-4　好氧处理的流程

（1）活性污泥法的作用原理

活性污泥法将废水置于充分曝气供氧的条件下，与由无机物（絮凝沉淀物）组成的污泥和具有大量微生物（包括原生动物）的污泥相接触。微生物以废水中的有机物为底物，将有机污染物无机化为 CO_2、H_2O 及其他简单物质。此外由于活性污泥以絮体形式存在，具有较强的生物吸附作用，可以吸附废水中的悬浮物、胶体物、色素和有毒物质，因此废水经活性污泥法处理后，有机物含量显著降低，悬浮物、色素及有毒物质也可在不同程度上去除。

活性污泥一般通过连续或间歇培养获得，在污水处理过程中，能不断地返回接种使用。活性污泥处理法处理废水的关键是与吸附、氧化有关的活性污泥的沉降性的优劣。当氧化比吸附迟缓时，污泥轻，沉降性变劣；相反，氧化速度过快，污泥破碎，沉降性与吸附能力也下降，这样便不能得到澄清的处理水，因此活性污泥法处理废水首先要求活性污泥有良好的沉降性。

（2）活性污泥中的微生物

活性污泥中的微生物几乎包括了微生物的各个类群，其中属于原核生物的有细菌（如蓝细菌）、放线菌和立克次氏体，属于真核生物的有原生动物、多细胞的微型动物、酵母、丝状真菌以及单细胞藻类等。此外，还有病毒。在多数情况下，活性污泥主要是由能形成表面积较大的菌胶团的细菌和原生动物构成。

　　除通过微生物的氧化分解、细胞合成处理废水外，还可借助微生物群体形成的菌胶团来处理。这种菌胶团不仅可以把废水包裹在内，还可以进行生物化学方面的吸附。细菌若呈细胞状态，则不会简单地沉降，而通过形成菌胶团后，就易于沉降，也会与吸附物一起沉降，所以就能在较短时间内处理废水。

　　（3）活性污泥的处理流程

　　活性污泥法实质上是从废水的自净化作用原理发展起来的。不同的是，系统中分解有机成分的微生物群体是人为定向培养成的。水体中天然的溶氧根本满足不了微生物代谢的需要，因此必须设置一个鼓风曝气或机械曝气系统。这个系统称为曝气池，曝气池中具有分解有机物能力的生物群体即为活性污泥。

　　活性污泥法处理流程如图 8-5 所示。活性污泥处理系统由曝气池、二次沉淀池以及污泥回流系统组成，污水先通过初沉淀池，去除污水中的粗大颗粒及杂物，进入曝气池并不断地向曝气池提供空气。在曝气池中停留一段时间后，污水中的有机物或毒物被活性污泥吸附，氧化分解后流入二次沉淀池，靠自然沉降把上清液（出水）和沉淀污泥分开，排放上清液，沉淀污泥的 20%～30%流回曝气池中（称为回流污泥）；剩余污泥由二次沉淀池排出，经脱水、干燥后可用做肥料。

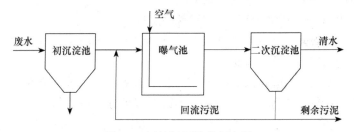

图 8-5　活性污泥法处理流程

　　活性污泥处理系统有效运行的基本条件：①废水中含有足够的可作为微生物活动所必需的营养物质和易降解的有机物；②混合液含有足够的溶解氧；③活性污泥在池内呈悬浮状，能够充分地与废水相接触；④混合液中要保持一定浓度的活性污泥，具有连续回流、及时排除剩余污泥的系统；⑤没有对微生物有毒害作用的物质。

　　活性污泥处理污水效率高、效果好，处理周期短，在适当条件下，BOD 去除率可达 80%～90%，有时高达 95%以上，处理后水的质量良好，因此使用十分广泛。国外日处理百万吨以上的大型污水都是采用此方法，目前几乎所有城市的下水处理都采用这种方法。

　　2. 厌氧处理

　　好氧处理的进水浓度不能太高，否则由于微生物生长过于旺盛，引起氧供应不足，影响净化效率，因此，目前对高浓度污水常用厌氧处理。除高浓度污水外，进一步处理活性污泥法中产生的活性污泥也常用厌氧处理技术。

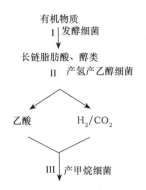

图 8-6　厌氧生物处理法的作用机制

（1）厌氧处理的过程

厌氧处理又称为厌氧消化，是在厌氧条件下利用污泥中的多种微生物的协同作用，将有机物分解为 CH_4 和 CO_2 的过程。这种过程广泛地存在于自然界中，我国农村广泛应用的沼气就是甲烷发酵法实际应用的例子。

厌氧生物处理法的作用机制分为 3 个阶段，如图 8-6 所示，其过程如下。

阶段 I：也称为水解发酵阶段。复杂有机物在微生物作用下进行水解和发酵。例如，多糖先水解为单糖，再通过酵解途经进一步发酵成乙醇、脂肪酸、丙酸、丁酸和乳酸等；蛋白质则在蛋白酶作用下水解为氨基酸，再经脱氨基作用产生脂肪酸和氨。

阶段 II：称为产氢产乙酸阶段，是由一类专门细菌（称为产氢产乙酸菌）将丙酸、丁酸等脂肪酸和乙醇转化为乙酸、H_2、CO_2。

阶段 III：称为产甲烷阶段，由产甲烷菌在完全无氧的条件下，利用乙酸、H_2、CO_2 生成 CH_4。这一过程由于有机酸的消耗而使 pH 上升，因此这一阶段也称为碱性发酵。例如，葡萄糖的厌氧分解。

产酸：$C_6H_{12}O_6 \xrightarrow{\text{产酸细菌}} 3CH_3COOH$。

产甲烷：$CH_3COOH \xrightarrow{\text{甲烷菌}} CH_4 + CO_2$。

与好氧处理相比较，厌氧处理的主要特征如下：

1）能量需求显著降低，还可产生能量。因为厌氧处理不需要氧气，却能产生含有 50%～70% 甲烷的沼气，可作为能源。

2）污泥产量极低。原因是厌氧微生物的增殖速率比好氧微生物低很多。

3）对温度、pH 等环境因素更为敏感。厌氧细菌可分为高温菌（最适温度 55℃ 左右）和中温菌（最适温度 35℃ 左右），如果温度降到 10℃ 以下，厌氧微生物的活动能力将非常低。

4）厌氧微生物可对好氧微生物所不能降解的一些有机物进行完全降解（或部分降解）。

5）处理后废水的有机物浓度高于好氧处理。

6）处理过程的反应较复杂。

（2）厌氧处理主要微生物类群

废水厌氧处理的微生物类群，无论从种类和数量上都不如好氧处理的微生物类群多。在厌氧处理中微生物类群主要是细菌，分为两大类：兼性厌氧菌和专性厌氧菌。厌氧处理时发酵一开始可能有好氧细菌存在，当氧气用完后好氧细菌很快会死亡。随后兼性厌氧菌活跃起来，由于这些兼性厌氧菌的活动，造成挥发酸的积累，同时处理装置中的氧化还原电位降低，此时专性厌氧菌开始活跃，它们利用兼性厌氧菌的分解产物乙酸、甲酸、乙醇、甲醇等合成甲烷和 CO_2。

（3）厌氧处理的工艺流程

厌氧处理的一般流程如图 8-7，污水在废水储池中沉淀大量悬浮物并连续进入甲烷发酵池，发酵池是密闭的钢筋混凝土结构，此装置最好有 1/3～1/2 部分埋在地下，这样可以起到保温作用（高温型产甲烷菌的最适温度为 53～54℃，中温菌为 36～38℃）。处理过程中生成的甲烷气体收集于储气罐中，它可用做甲烷发酵池加温或家用能源，过剩污泥脱水、干燥后可作为饲料、肥料。

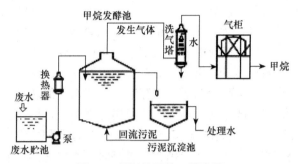

图 8-7　厌氧处理的一般流程

厌氧处理法的优点：①可用于处理高浓度生活污水，BOD 去除率可达 80%～90%；②处理过程中产生的可燃性气体（甲烷含量为 69%～70%）可作为能源被利用；③产生的剩余污泥量较少；④由于该过程厌氧，不存在受氧传递速率制约的问题，因而控制上更加方便。此方法的缺点是反应速度慢，需较大的反应容积。

3. 氮、磷去除技术

氮、磷是造成水体富营养化的主要营养元素，去除氮、磷是污水处理的重要目标。

（1）生物脱氮

参与生物脱氮过程的细菌主要有三个类群：①氨化细菌，进行有机氮化合物的脱氨基作用生成 NH_3；②亚硝化和硝化细菌，将 NH_3 转化为 NO_2^- 和 NO_3^-；③反硝化细菌将 NO_2^-、NO_3^- 转化为 N_2 和 N_2O。硝化作用过程的程度往往是生物脱氮的关键，是生物脱氮必须的步骤。

生物脱氮的代表工艺流程是缺氧-好氧系统（anoxic/oxic system，A/O 系统）。A/O 系统采取内部污水和污泥循环，具有脱氮除磷的作用（图 8-8），污水流经系统的 A 池、O 池和沉淀池，并将 O 池的混合液和沉淀池的污泥同时回流至 A 池。废水中的含氮化合物可在 A 池、O 池中发生硝化作用，在 A 池中进行反硝化作用，氧化物被转化成为 N_2 和 N_2O，从而挥发到空气中，达到脱氮的目的，这种方法具有流程简单、不用外加碳源等特点。

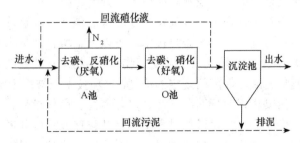

图 8-8　A/O 法工艺流程

（2）生物脱磷

长期以来脱磷大多采用化学方法，不但费用昂贵，而且化学处理沉降后的污泥量很大，难以处理，根据微生物代谢磷的生理、生化特点，可利用微生物脱磷。脱磷细菌主要有不动杆菌属、气生单胞菌属、假单胞菌属的细菌。

生物脱磷的代表性工艺流程是厌氧-好氧系统（anaerobic/oxic system，An/O 系统）。An/O 系统工艺流程如图 8-9 所示。污泥中的细菌在厌氧条件下吸收低分子的有机物，同时将细胞质中的聚合磷酸盐异染粒的磷释放出来，取得必要的能量，此时磷主要存在于上清液中。在随后的好氧条件下，所吸收的有机物被氧化并提供能量，同时从废水中吸收其生长所需的磷，并以聚磷酸盐的形式储存起来，即水中的磷富集于活性污泥中。通过聚磷，剩余活性污泥和含磷上清液排降使磷脱离处理系统，达到生物脱磷的目的。生物脱磷优点是工艺流程简单、操作方便、不需投药、运行费和建设费较少，缺点是脱磷效率低，去除率为 75% 左右，当污水中磷含量过高时，难以达到排放要求。

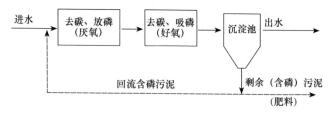

图 8-9　An/O 系统工艺流程

三、污染场地的生物修复

（一）污染场地的生物修复概述

生物修复（bioremediation）也称为生物补救，被认为是现代环境生物工程的核心内容，是 20 世纪 80 年代以来出现和发展的清除与治理环境污染的生物工程技术。近年来，人们对固化废物堆积场地、污水处理厂、油库以及海洋运输油轮泄漏的现场等场地日益关注，从微生物学、分子生态学、化学和环境工程学等方面寻找途径来降低环境的污染。依据微生物的生物降解活性，增强自然界中固有的但速度缓慢的生物降解过程，通过某种反应器使得化合物与微生物接触并促使其迅速转化的技术发展很快，逐渐形成了污染场地的生物修复新领域，且出现了许多新的技术。就利用微生物分解化合物这一过程而言，生物修复不是新概念也不是新技术。应用生物分解过程处理工业废水或生活污水已有几十年的历史，但许多化合物不易被降解的原因可能是缺少降解性微生物群落，而不是反应体系运行不当。通过运用生物修复技术，可以把土壤、地下水和海洋中的有毒、有害废物降解为 CO_2 和 H_2O 或转变成其他无害物质。生物修复的目的是将有机污染物的浓度降低到低于检测限度或环保部门规定的浓度，这项技术正被用于消除土壤、地下水、废水、污泥及气体中污染物，包括石化产品、多环芳烃、卤代烷烃、卤代芳烃等。金属虽不能被生物降解，但生物修复可以通过微生物将其转移或降低其毒性。

目前生物修复比较被大家共同接受的基本概念为：生物特别是微生物催化降解有机

污染物，从而修复被污染环境或消除环境中的污染物的一个受控或自发进行的过程。这一技术作为一项潜在的高效、低成本的清除技术正日益受到各国的重视。

（二）生物修复的工程方法

1. 生物修复的分类

生物修复的方法有很多，但大致可分为两类，一类为原位（in-situ）生物修复，即不需将土壤挖走或将地下水抽至地面上处理，其优点是费用较低但较难严格控制；另一类为异位（ex-situ）生物修复，即需要将污染物质通过某种途径从污染现场运走，这种运输可能会增加费用，但处理过程中便于对修复过程进行控制。

2. 生物修复的优点

与化学、物理方法相比，生物修复具有以下优点：①经济费用低，仅为传统物理修复的30%～50%；②对环境影响很小，不会产生二次污染；③能尽可能降低污染物的浓度；④修复时间短；⑤对原位生物修复可就地处理，操作简便；⑥人类直接暴露在污染物下的机会减少。

3. 修复的前提条件

生物修复的实际应用必须认真考虑以下几项前提条件：①必须要有代谢活性的微生物存在；②这些微生物在降解化合物时必须能达到最大的速率，并且能够将化合物浓度降低到符合环保标准的程度；③这些微生物在修复过程中所生成的物质必须无毒无害；④污染场地必须不会对降解菌种有抑制作用；⑤需要降解的化合物能够被微生物利用；⑥污染场地或生物反应器的条件必须有利于微生物生长或保持活性；⑦技术费用应尽可能低。以上各项前提条件都十分重要，达不到其中任何一项都会使生物降解无法进行，从而达不到生物修复的目的。

4. 生物修复的基本措施

为了达到污染场地生物修复的目的，在处理过程必须采取一些相应措施：①污染区域中需要大量的微生物并形成生长优势才能促进生物降解，因此，在处理时要接种微生物。②在反应过程要适当添加营养物，土壤（或地下水、海水）中微生物的活性常常受许多因素的限制，其中之一就是营养盐（N、P），为了彻底降解污染物并达到更快的净化速度，添加营养比接种微生物显得更为重要。③提供电子受体，生物氧化还原反应中有许多最终电子受体，如溶解氧、被分解有机物的中间产物和无机酸根（如 NO_3^-、SO_3^{2-}）。它们的种类和浓度能极大地影响对生物降解的速度和程度。④提供共代谢底物以诱导共代谢酶的产生。共代谢（共氧化）底物是指生产底物和非生长底物共酶。生长底物是指能够被微生物作为唯一碳源和能源的物质。共酶是指一些污染物（非生长底物）不能用做微生物唯一碳源和能源，而只能在生长底物（如 CH_4）被利用时通过微生物产生的酶被转化为不完全氧化的产物，而这些不完全氧化产物能被其他微生物利用并彻底降解。因此，提供共代谢底物（如 CH_4）促使微生物产生酶将有利于难降解污染物的去除。⑤添加表面活性剂。最近的研究表明，特定的表面活性剂，特别是一些非离子的乙醇乙氧酸酯，在低浓度时也能刺激土壤中吸附的烃类的生物降解，即使是在从土壤解吸的少量化合物中加入表面活性剂也具有促进降解的作用。

（三）地下水污染的生物修复

地下水的污染主要来源于地下储油泄漏、农用的氮肥使用及家畜粪便的渗透。由于泄漏的汽油中常含有苯、甲苯、乙苯和二甲基等有毒的烃类化合物，并能够持续性地释放到水中造成水的污染；农用的氮肥使用、家畜粪便在渗透过程中形成硝酸盐而使地下水污染。为了解决这一问题，可采用现场生物修复的方法来处理。生物修复处理地下水主要依赖土著微生物群落来降解石油烃类和硝酸盐类污染分子。为达到生物修复的目的，在此过程中需要做好如下技术处理：①为使生物修复取得成功，首先要收集区域内的水文地质等资料，为修复提供可靠的数据；②在处理的地下蓄水层中添加适量营养盐，如 N、P、O_2；③为使生物降解速度加快，要保持水中有足够的溶解氧存在来维持好氧微生物的活性；④可采用其他方法来提高生物修复的实际能力。

（四）土壤污染的生物修复

土壤中除遭受重金属的污染外，更多的是来自有毒有机废物的污染，包括农药、石油及其产品、垃圾渗透、固体废弃物及其溶解液体等。关于这些问题的处理，专家们普遍认为微生物工程在这方面具有不可估量的应用价值。土壤的微生物具有范围很宽的代谢活性，因此消除污染物的一个简单方法是将污染物或含有这些污染物的物质加入到土壤中，依靠土壤中的土著微生物群落降解，从而实现无害化的土壤污染修复。在处理过程中，应考虑如下几个条件：①考虑碳源和营养盐存在量的问题，一般情况下，污染物中碳源已比较充足，但 N、P 或其他无机营养可能比较缺乏，因此必须添加；②采用相应的措施增加土壤中的含氧量，如翻动土壤等方法；③必须添加一定量的水，保持适宜的湿度以利于微生物迅速转化；④选择一个相对适宜的温度范围。

四、生物降解塑料的生产与应用

（一）可降解塑料概述

自化学合成塑料工业发展以来，无论是工业、农业、建筑业，还是人们的日常生活，无不与塑料密切相关。随着人们环保意识的增强，以及在使用过程中暴露出的其在自然环境中的问题（如很难分解、不会被腐蚀、燃烧处理会产生有害气体、污染范围广泛、污染物增长量快、回收利用难、生态环境危害大等），科学家们将目光投向了可降解塑料的研究与开发之中。可降解塑料是塑料家族中带降解功能的一类新材料，在使用前或使用过程中，与同类普通塑料具有相当或相近的应用性和卫生性能；而在完成其使用功能后，能在自然环境条件下，较快地降解成为易于被环境消纳的碎片或碎末，并随时间的推移进一步降解成为 CO_2 和 H_2O 最终回归自然。它的开发始于 20 世纪 70 年代末，目前可降解塑料的主要生产国有美国、日本、德国、意大利、加拿大、中国等。我国研究开发的可降解塑料品种有光降解、光/生物降解、光/氧/生物降解（环境降解）、光/碳酸钙降解、完全生物降解等品种的环境友好材料。其中，光/生物降解、可环境降解塑料地膜是"九五"重点科技攻关计划。目前国内外出现了多种生物可降解塑料，具体如图8-10所示。与传统的化学合成高分子材料相比，采用生物特别是微生物合成的高聚物具有以下特点：①工艺操作方法简单；②合成几乎没有环境污染；③合成的高分子材料具有生物可降解性和生物相容性，且是完全彻底的；④可进行高分子材料的调控等。

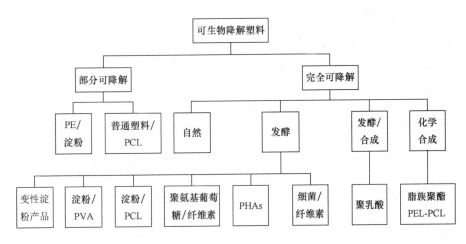

图 8-10 生物可降解塑料

（二）聚 β-羟基烷酸的生物合成和应用

在众多的生物可降解材料中，采用微生物发酵法生产的聚 β-羟基烷酸（简称为PHAs），是应用环境生物学方面的一个研究热点。其中，聚 β-羟基丁酸（简称 PHB）及3-羟基丁酸（3-HB）与 3-羟基戊酸（3-HV）的共聚物（简称 PHBV）是 PHAs 家族中研究和应用十分广泛的两种多聚体。

PHAs 是微生物在一定条件下细胞内积累作为碳源和能源的储存物。由于它具有溶解性和高分子量，在细胞内的积累不会引起渗透压的增加，因而是一类理想的胞内储存物，比糖原、多聚磷酸或脂肪更加普遍地存在于微生物中。其通式如下：

$$\left[-O-\underset{R}{CH}-CH_2-\overset{O}{\underset{\|}{C}}-\right]_n$$

式中，R 多为不同链长的正烷基，也可以是支链的、不饱和的或带取代基的烷基；n 为单体的数目。这些多聚物的化学性质与单体的组成有很大关系。它们具有与高分子化合物一样的基本特性，如质轻、弹性好、可塑性强、耐磨性能好、抗辐射等，同时还具有生物可降解性和生物相容性。这是许多化学合成塑料所不具备的，因此这类热塑性聚脂在工业上能用于纺丝、压膜或注塑、用做各类包装材料等；在医药方面由于其生物相容性可用做外科缝线、骨骼代用品或骨板，且术后无须取出。除作为塑料外还用于化学合成光学活性物质和手性前体，特别是合成药物和昆虫信息素（表8-6）。

表 8-6　PHAs 的应用

医药上的应用	工业上的应用
外科缝线、肘钉、拭子等	长效除草剂、抗真菌剂、杀虫剂或肥料等的生物降解载体
伤口敷料	容器、瓶、袋、薄膜等包装材料
血管替代品	妇女卫生用品、尿布等可任意处理的前体原料
骨骼替代品和骨板（由于压电效应能促进骨骼生长）	—
长效药物的生物降解载体	—

PHAs 类物质在工业化应用中存在两个缺点：一个是熔化稳定性较差，其分解温度为 200℃，熔点为 175℃；另一个是在环境条件下储存数日后，易发脆。

（三）PHAs 的生物合成

1. 合成 PHAs 的主要微生物

能产生 PHAs 的微生物分布极广泛，包括光能自养菌、化能自养菌及异养菌等近 300 种微生物。目前研究较多的用于合成 PHAs 的微生物有产碱杆菌属、假单胞菌属、甲基营养菌、固氮菌属和红螺菌属等，它们能分别利用不同的碳源产生不同的 PHAs。例如，真养产碱杆菌野生株 H16 利用果糖积累 PHB；食油假单胞菌从中链烃、醇及酸合成具有与基质链长有关的 HA 单位的 PHAs。

2. PHAs 的代谢途径与调控

研究表明，PHAs 是微生物在碳源过量而其他某种营养成分（如氮、磷、镁或氧）不足时，在胞内大量积累，以作为碳源和能源的储存物或作为胞内还原性物质还原能力的一种储备。当限制性营养物再次被提供时，PHAs 能被胞内酶降解后作为碳源和能源利用。此外，PHAs 除在饥饿条件下作为微生物碳源和能源外，还为微生物在其他环境压力条件（如渗透压、脱水或紫外线照射）下的生存起着重要的作用，一般情况下，在恶劣环境下含有 PHAs 的细胞比不含 PHAs 的细胞具有更高的存活率。不同的微生物合成 PHAs 的途径不同，基质不同其合成途径也有差异。

例如，真养产碱杆菌及多数细菌以糖合成 PHB：

真养产碱杆菌
多数细菌
糖 ——→ 乙酰CoA ——→ 乙酰乙酰CoA ——(NADPH+H⁻ → NADP+)——→ D（-）-3-羟丁酰CoA ——→ PHB
　　　　　　　CoASH　　　　　　　　　　　　　　　　　　　　　　　　　　　　CoASH

（四）PHAs 的生产

1. PHAs 的发酵

在 PHAs 的生产中，通常采用的发酵方式有分批发酵法和流加发酵法。采用的生产菌为真养产碱杆菌（*Alcaligenes eutrophus*）。由于 *Alcaligenes eutrophus* 只有在某些营养成分氮、磷或氧缺乏而碳源过量的不平衡生长条件下，才能大量积累 PHAs，因而在 PHAs 的发酵生产中一般可将发酵过程分成两个阶段来进行控制。第一阶段为菌体细胞的形成阶段，在此阶段微生物利用基质形成大量菌体，而多聚体 PHAsR 积累很少；第二阶段为多聚体形成阶段，当培养基中某种营养耗尽时，细胞进入 PHAs 形成阶段，在此阶段 PHAs 大量形成，而菌种细胞基本上不繁殖。采用分批生产由于培养基中营养物质初始浓度的限制，当菌体生长进行到一定浓度时，培养基中的一种或几种营养物质的浓度可能成为菌体细胞进一步繁殖的限制因子，而简单地增加该种营养物质的初始浓度不可能导致菌体生长量的相应增加，因此采用分批发酵法不可能获得很高的细胞干重以及高的产物浓度和生产强度。采用流加发酵法进行 PHAs 的生产时，可以在某些必需的营养成分成为生长限制因素之前，对其进行定量流加，延长细胞的对数生长期，从而可获得较高的菌体浓度。

2. PHAs 的提取技术

PHAs 是以颗粒状态存在于细胞中的，因此要对细胞进行分离提取才能获得产品。PHAs 的提取技术主要涉及两个问题，一是方法的合理性，主要表现在提取率、产物的纯度、环境污染程度等方面；二是过程的经济性，表现在提取所用材料费用、能量消耗以及设备投资等方面。目前对 PHAs 的提取方法的研究主要是以降低提取成本为主要目标。国内外提取 PHAs 的方法主要有：①有机溶剂法，基本原理是利用有机溶剂改变细胞壁和细胞膜的通透性，使 PHAs 溶解到溶剂中，而非 PHAs 的细胞物质不能溶解，从而将 PHAs 与其他物质分离开。常用的有机溶剂有氯仿、二氯乙烷、1,1,2-三氯乙烷、乙酸酐、碳酸乙烯酯及碳酸丙烯酯等。使用该方法提取 PHAs 时，溶液变得很粘稠，要去掉细胞的残余物就很困难，提取率不会很高；使用大量的有机溶剂会造成巨大的原料消耗；使用有毒、易爆、易挥发的溶剂，会造成环境严重的污染。因此此方法一般在实验室采用。②次氯酸钠法，次氯酸钠能够破胞且对细胞中非 PHAs 的细胞物质的消化很有效，因此用该方法破胞所得产品的纯度高、提取速度快，避免了有机溶剂提取过程中烦琐的前、后处理工作。该方法的优点是不使用大量的有机溶剂，但由于次氯酸钠对 PHAs 分子有严重的降解作用，因而获得的 PHAs 分子量较小，解决这个问题的有效方法是利用氯仿对破胞产生的 PHAs 起保护作用的性质，采取次氯酸钠/氯仿提取 PHAs 的方法，这样所获得的产品比单独使用氯仿的提取率要高，比单独使用次氯酸钠得到的分子量要大。③酶法，基本原理是通过多种酶的作用将大量的非 PHAs 的细胞物质溶解，使用这种方法产出的 PHAs 的纯度不高，操作比较复杂，应用上受到很大的限制。④其他方法，近年来随着提取技术的发展，产生了一些有利于保证 PHAs 质量的提取方法，如表面活性剂/次氯酸钠法、氨水法等。总之，目前迫切需要解决的问题是在保证 PHAs 质量的同时尽快降低 PHAs 的提取成本。

（五）PHAs 的工业化和研究进展

1. 影响 PHAs 工业化的因素

目前 PHAs 的工业化规模生产进展不是很快，主要是在质量和价格上存在一些问题。

虽然经过许多研究者的不断努力与探索，PHAs 的价格已有所下降，但与其他相似物质相比，其价格仍然较高，缺乏相应的市场竞争能力。因而要进一步降低 PHAs 的生产成本，必须进一步完善工艺，在菌种、发酵方式、提取方法等方面进行不懈的努力，才有可能尽快实现 PHAs 的大规模工业化生产。PHAs 降低成本和提高质量的方法如表 8-7 所示。

表 8-7　PHAs 降低成本和提高质量的方法

因子	降低成本因素	提高质量因素
菌种	利用廉价基质	聚合分子质量大 分子质量分布较窄 共聚物中的 HV 组分高 多种聚合物合成
	胞内聚合物含量高	
	生长速度快	
	易于培养	
	改造菌种特性以便于提取	
工艺	高生产强度、高转化率和高胞内含量	
	提高反应器中传氧性能、降低能耗	
	有利于产物提取的工艺条件优化	
提取	非有机溶剂提取	在提取过程中使聚合物的分子质量降低、纯度提高
	提取率高，提取剂可回用	
	操作简单，提取步骤少	
	易于工业化	
	环境污染小	
	投资少	
性能改进	与其他可降解材料共混	进行侧链修饰，增大分子质量，采用淬火工艺解决脆性大和易老化的问题

2. 国内外研究 PHAs 的水平

可降解塑料无论从地球环境保护的角度，或从开发再生资源的角度，还是从合成功能性高分子和医用生物高分子的高科技产品的角度来看都具有重要意义。因此，它已成为目前研究开发的热点，纵观国内外的相关报道，其研究的内容主要集中在如下几个方面：①微生物菌种的改良，包括采用分子生物学方法，有目的地提高菌种对多种原料的利用能力和转化率，改变细胞特性以利于提取；②发酵生产技术的研究，如采用流加发酵控制技术、高密度细胞培养技术的研究；③新型反应器的研制，如研究出一些传氧效率高、低能耗的新型反应器和改进已有的反应器；④开发出新的提取工艺，这个方面的工作主要从降低成本或采用非有机溶剂的角度进行研究，开发出一些新的提取方法。

3. 研究的进展

近年来，世界各国政府和企业对 PHAs 的研究与开发工作十分重视，以寻求生产

PHAs 的新方法和开发新的应用领域，增加市场的商业竞争能力。从所报道的资料来看，PHAs 的研究进展主要包括以下几个方面：①改性，通过把 PHAs 和其他共聚物共混，可以改善其物理和化学性质，从而改善 PHB（或 PHBV）的加工和使用性能；②共聚，以 HB 单体为主要成分，使其含有一些少量中长链 HA 单位的共聚 PHAs，这样可使其在熔点及玻璃化温度下降不多的同时，其韧度和弹性有很大的提高；③官能化，如果在 PHAs 的纯碳链结构中引入不饱和链或一些官能团，这样不仅可以获得某些新性质，而且还可能提高 PHAs 的化学性质，以改进 PHAs 的性能并扩大其应用范围；④对 PHAs 进行结构设计，通过改变培养条件如采用不同碳源的种类或比例、氧的浓度等，可以获得不同单体单元结构和组成的 PHAs；⑤开发 PHAs 产生的新原料，主要是采用廉价底物（如有机废水和食品废物）；⑥构建自溶性 PHAs 产生菌种，以解决简化胞内产物 PHAs 的提取过程等问题，从而降低提取成本。

第四节　农业生物技术

现代农业生物技术是指 20 世纪 70 年代以来以基因工程和细胞工程为主的生物技术，其主要特点是通过在细胞和分子水平上对基因进行操作，打破物种间遗传物质转移交换的天然屏障，定向地改变生物的某些性状，因而可以大幅度提高农产品的质量和产量，提高农业资源利用率。现代农业生物技术研究在 20 世纪 80 年代取得了突破性的进展，并于 90 年代进入迅速发展的产业化阶段。

农业生物技术及其产业化将极大地增加农业产量，改进农产品质量，在经济全球化进程中深刻影响各国的经济发展、社会进步和地缘政治关系，在解决困扰人类的饥饿、贫穷和因此而衍生的各种犯罪、纷争等普遍性问题中，将发挥重要作用。

一、生物技术与种植业

植物通过光合作用所形成的产物是人类及其他生物直接或间接的食物来源，植物所创造的产品及用途与人是密不可分的。传统的育种方式，包括生殖杂交，将继续作为提高谷物农学形状的主要方式，但一些新技术，如组织培养、单倍体育种、细胞质融合和基因工程等现代生物技术将发挥越来越重要的作用。微生物技术的发展，为生物农业生产和作物病虫害防治提供了更有效的途径。

（一）生物技术在诱导植物雄性不育及杂种优势中的应用

玉米和水稻是大家熟知的利用杂种优势大幅度增产的典型范例。如何充分地开发作物的杂种优势是近几十年来育种专家们的主要研究方向。生产上利用杂种优势的关键是杂交种的生产。随着分子生物学的发展，目前利用基因工程不仅能培育出具有特殊优良性状的作物新品种，而且还能克服常规育种的局限性，快速创造不育系和恢复系，为杂种优势的利用开辟了一条新途径。

植物雄性不育及杂种优势利用是传统育种方法中的一个重要领域，并已取得令人瞩目的成绩。植物雄性不育实质上就是花粉的败育现象。植物雄性不育从基因控制水平可分为细胞质雄性不育和核雄性不育。细胞质雄性不育性状既有核基因控制又有核外细胞质基因控制，其表现为核质相互作用的遗传现象。雄性不育系是研究植物的线粒体遗传、叶绿体遗传和核遗传的极好材料，可以结合性状遗传、细胞遗传、分子遗传进行研究。因此，植物细胞质雄性不育的研究成为近年来植物遗传学十分活跃的研究领域。

在多种植物中都存在雄性不育的现象，这是一种基因自然突变的结果。在植物的 43 个科、162 个属和 617 个种中都发现了雄性不育的现象。其中单子叶植物禾本科，双子叶植物茄科、豆科和十字花科中的雄性不育现象引起了人们的重视，这些植物具有重要的经济价值，对于自花授粉的植物利用雄性不育可以培育不育系，利用不育系生产杂交种子，为增加农作物产量和改善品质提供优良种源。

在农业生产中以此理论为基础，建立了三系育种体系，在这个体系中包括：①不育系——其雄蕊中的花药是不育的，无法实现传粉受精作用，而其雌蕊是可育的；②保持系——其作用是给不育系授粉，杂交后代仍然保持不育性状；③恢复系——该品系含恢复基因，给不育系授粉受精后其后代是可育结实的，并且能够形成杂种优势，从而提高农作物产量与品质。

三系中，不育系的寻找和培育是关键。在 20 世纪 70 年代中期，我国首先在水稻中发现野生型雄性不育系，并实现了三系配套，大面积用于农业生产，从而显著提高了粮食产量，也使我国杂交水稻的研究和运用处于世界领先水平。随后在小麦、棉花、油菜、萝卜和马铃薯等经济作物的生产中也得到了广泛运用。

植物核雄性不育性状是由细胞核内的基因控制的，目前的研究认为是由核内一对等位基因调控的。这种核雄性不育基因往往受到外界光照或温度等因素的影响。1973 年，我国首次发现具有光周期敏感不育的水稻品系农垦 58s，并正式命名为光敏感核不育水稻。该不育系的不育性状受到光照时间的控制，在夏季长日照条件下，它表现为雄性不育性，可作为制种用的母本；而在秋季，日照时间缩短，其育性又恢复正常，并可自交结实，用于保种，起到保持系的作用；再配合恢复系，这就是杂交水稻生产运用中的二系法。由于它省去三系杂交体系中的保持性，显著降低了制作成本，并且其恢复系更广泛，易获得优势组合，可避免不育细胞的负效应和细胞质单一化的潜在威胁，因而受到农业生产及育种界的重视。

随着雄性不育研究的不断深入，研究技术也不断改进，产生出了很多可遗传不育的技术方法，主要有基因工程法、远源杂交核置换、辐射诱变、体细胞诱变、组织培养、原生质体融合和体细胞杂交等，其中远源杂交核置换仍然是培育植物雄性不育的主要方法。中国水稻研究所利用巴斯马蒂品种进行胚细胞培养，然后用愈伤组织进行辐射，从而选育出巴斯马蒂雄性不育系。匈牙利国家自然科学院 Menczel 等（1982 年）以链霉素抗性基因做标记在烟草品种间进行原生质体融合，实现了细胞质雄性不育基因的转移。

利用植物基因工程的原理和方法，已创造了一批不育系，并在生产上得以运用，同时获得了可喜的成果。其中最典型的例子是在油菜和烟草上的应用。人们从细菌中分离出一种芽孢杆菌 RNA 酶基因，该基因编码的酶可降解高等植物细胞内的 RNA，从而组织蛋白质的生物合成，破坏细胞的生理功能。同时也分离得到一种 bastar 基因，其表达产物能抑制 RNA 酶的活性，从而保护植物细胞内的 RNA 免受降解。TA29 启动子只在花粉发育过程中作用，它是一个在花粉绒黏层中特定打开的启动子，而在植物的其他组织和其他发育时期处于关闭状态。将 TA29 启动子与 RNA 酶基因连接构建成的重组子，通过 Ti 质粒和根癌农杆菌介导的方法转入油菜与烟草中形成转基因植物。TA29 启动子在该植物花粉发育过程中的绒黏层时期打开，RNA 酶基因表达，其产物降解花粉中的 RNA，从而阻断了花粉正常的发育而造成败育。用 TA29 启动子和 bastar 基因构成的重组子，转化植株中 bastar 基因的表达产物可遏制 RNA 酶的活性，从而起到恢复期的作用，形成二系配套。

人工创造雄性不育植株的另一个基因工程方法就是反义技术。在植物体生殖生长阶段，花粉的正常发育与多种因素有关，其中包括一些必不可少的蛋白质。而其基础是建立在编码这些蛋白质的基因能正常表达上的。例如，微管蛋白，如果其表达受到抑制，微管及细胞就无法形成，从而导致细胞无法行使正常功能，从而导致败育。我们可根据编码的正常蛋白质的基因序列，设计与之相对应的能转录出反义 RNA 链的反义 DNA，转基因后产生的反义 RNA 链根据碱基互补配对原理就会与 mRNA 链结合成双链，从而使正常的 mRNA 无法和核糖体结合，导致蛋白质翻译终止，而最终造成雄性不育。国外已在拟南芥、玉米和油菜等植物上创造出相应的不育系。

原生质体融合往往也能产生具有雄性不育特性的胞质杂种。例如，萝卜—油菜（也称为萝卜质油菜）就是通过萝卜与油菜的原生质融合产生的"细胞杂种"，在一般环境条件下表现为雄性不育。

植物雄性不育及杂种优势利用，已成为现代粮食作物和经济作物提高产量、改良品质的一条重要途径，无论在理论研究或实践应用中，日益受到各国科学界和政府的广泛重视。我国作为一个人口大国，这方面的工作显得更加重要，杂交水稻的大面积推广和杂种优势的理论研究均被列入我国"863"计划和攀登计划等重大研究计划中，并取得了巨大的成绩。

（二）生物技术在培育抗逆性作物品种中的应用

自然界中的植物体与环境间有着密不可分的关系。环境提供了植物体生长、发育、繁殖所必不可少的基础，如阳光、水分、土壤、空气等；但环境又会给予植物体很大的选择压力，如气候寒冷、土壤或水分含盐量过高、病虫害等。面对这些不利的环境条件，很多植物种类消亡了，但同时也有许多品系发生遗传变异，以适应恶劣条件的影响，表现出一些抗性，如抗寒、抗冻、抗盐、抗虫害和抗真菌等。在自然条件下，植物体的这种自发遗传变异以达到抗逆性的过程，是一个漫长且效率较低的过程，而逆性环境的出现特别是病虫害的发生是频繁的，如水稻的稻瘟病、白叶枯病和棉花的棉铃虫病等都会造成农业上的大面积减产，这就需要人们利用现代生物技术的方法来培育抗逆性植物。

传统的方法是在一定逆性环境选择的压力下，采用随机筛选或通过诱变、组织培养、原生质体融合和体细胞杂交等方法定向筛选。一方面这些方法盲目性较大，同时由于植株遗传变异频率较低，导致筛选效率不高；另一方面由于植物体间的种属界限明显，在一种植物体上的优良抗逆性状出现后，很难顺利地将这种遗传性状转入到其他的植物体中去。发展起来的植物基因工程技术，可以有效地解决这些问题。这种办法一方面由于它是特定抗性基因定向转移，因而频率较高，比自发突变高出 100～10000 倍，从而大大提高选择效率，极大地避免了盲目性；另一方面其基因来源打破了种属的界限，不仅可使用植物来源的基因，动物、细菌真菌甚至病毒来源的基因都可以使用。因而植物基因工程技术已成为一种广泛，且有效地培育植物抗逆性的方法。通过基因工程技术获得的植物称为转基因植物。

转基因技术的应用将对农作物的高产、优质、多抗，克服环境污染等，起到重要的作用。从近年来转基因农作物技术研究和商品性种植发展的趋势看，农作物基因工程产品的产业化是不可抗拒的历史潮流，全球产业化只是时间问题。20 世纪 80 年代欧洲和美国在这一领域的研究并驾齐驱，20 世纪末美国转基因农作物的产业化开始领先，而欧洲由于宗教和公众对转基因产品的安全性心存疑虑而导致产业化开始落后。转基因农作物对解决人类社会与资源环境等方面问题的诸多优势，使不少国家开始重视和加快推动其产业化进程。从下面我们通过一些已成功用于农业生产的具体例子说明转基因植物的应用。

1. 抗除草剂作物

控制杂草无疑是生物技术可以直接应用的领域。因为杂草和农作物竞争水分、养料和光照，影响农作物产量，杂草种子还会降低农产品的质量。这是一项比较成功的植物基因工程，目前至少已培养出多种抗除草剂的转基因植物，给农业带来了很多方便。使用抗除草剂的转基因植物可以促进除草剂的大面积使用，而不必担心作物本身受害。

草甘膦和膦丝菌素均是广泛使用的广谱除草剂，因其除草时是非选择性的，在杀死杂草的同时也会杀死作物植株，因此在应用中对作物影响很大。转基因技术为解决这一问题提供了一个崭新的途径。目前已经分别从一种细菌和一种霉菌中分离出抗草甘膦的基因和抗膦丝菌素的基因。在理论上，通过基因工程技术分别将这两种基因转入到作物中，这种作物将获得抗草甘膦或膦丝菌素的能力，从而在使用草甘膦或膦丝菌素除草时可选择性的杀死杂草，作物却由于具备抗性而不受影响继续生长。

2. 抗病虫作物

据不完全统计，全世界农作物每年因病虫害造成的损失约占总产量的 37%，其中13%是由害虫引起的。目前对农作物害虫的防治主要依赖化学药物。化学杀虫剂在农业生产上确实起到了重要的作用，但是同时也带来了许多严重问题，如不仅提高了生产成本，还造成了严重的环境污染和食品中可怕的残毒；而且化学杀虫剂的作用方式是非特异性的，在杀灭害虫的同时也殃及有益昆虫及害虫天敌，从而危及多种生物资源，破坏生态平衡，造成难以估量的损失。为了解决这些问题，就必须提高植物自身对害虫的抗性。

转基因技术已经为这种绿色防治开辟了一条新的途径。由于生物各自的保护作用，一些生物体内会产生对另一些生物有毒的物质。利用这一现象，将一些生物中对昆虫有毒的基因转入到作物中，作物也将由此产生对昆虫有毒的物质而获得抗昆虫性。

近年来，基因工程的发展为培育抗虫作物提供了有力方法，使外源基因得以转入农作物并有效表达，从而使农作物获得抗性。有资料表明，目前转基因抗虫农作物的栽植面积仅次于抗除草剂转基因农作物，已达到转基因农作物栽植面积的 22%。

目前已通过多种途径获得抗虫植物，迄今为止，抗虫基因工程中应用最成功的当数苏云金杆菌毒蛋白基因。苏云金杆菌能产生一种对鳞翅目昆虫有特异毒性作用的毒蛋白，将这种蛋白质的基因转入到作物体内，将使作物获得对这类昆虫的抗性。将这种毒蛋白基因转入到烟草中，并获得了含有毒蛋白基因的烟草转基因植株，可对鳞翅目昆虫产生一定的特异性抗性。

红豆膜蛋白抑制因子（CpT1）是另一种深入研究的抗昆虫蛋白。它具有广谱的昆虫抗性，能抗鳞翅目和鞘翅目等害虫，几乎对所有害虫都有效，但对人畜无害。因此它比苏云金杆菌更有利用价值。

在植物抗真菌病害的基因工程研究中，几丁质酶基因是应用比较成功的一例。几丁质是真菌细胞壁的组分之一，几丁质酶可破坏几丁质。美国科学家已分离出几丁质酶基因并导入烟草中。大田试验结果表明，这种转基因烟草抗真菌感染与施用杀真菌剂同样有效，而且收成更好。目前，已将几丁质酶基因导入番茄、马铃薯、莴苣和甜菜。这一技术对蔬菜和果实类植物的抗真菌感染具有重要意义。

3. 抗病基因作物

植物抗病基因工程主要包括抗病毒病、抗细菌病和抗真菌病三个方面。抗病毒基因工程主要利用病毒外壳蛋白、反义 RNA、病毒寄生物和病毒非结构蛋白（如病毒复制酶、缺陷运动蛋白）基因等方式使植物获得抗病性。

对于抗病毒的转基因作物研究已经取得了相当多的成果。1986 年美国在抗烟草花叶病毒中取得了成功。之后，抗黄瓜花叶病毒、苜蓿花叶病毒、马铃薯 X 病毒的转基因植株也陆续获得成功。我国科学工作者用这一方法培育的抗病毒优质香料烟品种已于 20 世纪 80 年代后期进入大田试验，抗病性、产量和品质等各项指标均为优良，超过引进品种和进口烟草。番茄的抗病毒转基因植株在田间也表现出明显的抗病性。我国在 80 年代后期还获得了转基因黄瓜、烟草和番茄，对病毒复制有明显的抑制作用。

4. 抗逆性作物

由于植物无法躲避强光、紫外线、炎热、寒冷和干旱等不利环境条件的影响，在长期的进化过程中逐渐形成了一定的抵抗或防御这些生存压力的能力。目前，国内外有关抗逆性的研究主要集中在抗低温、抗盐、抗旱、抗早熟、抗衰老等方面。

将大豆中分离出来的热休克蛋白基因转入烟草，当把这种烟草放在 42℃条件下时，大豆的热休克蛋白基因就在烟草中表达，并起保护作用。将鱼的抗寒基因导入番茄，获得的首例抗寒转基因番茄，株高 2m 以上，秋季可延长采收期 1 个月。日本北海道农业研究所的佐藤裕郎从小麦中提取出合成抗寒相关果聚糖酶的基因，然后植入水稻的染色体，获得了抗寒水稻新品种，研究人员将这种转基因水稻和现有水稻品种在 12℃低温环境下放置一段时间后，转基因水稻只减产 30%，而一般水稻要减产 70%。

培育抗盐、抗寒和抗旱等作物良种的研究很重要，因为这不仅能提高植物对这些不良环境的抵御能力，而且还可以扩大它们的分布区域和种植面积，这对我国人多、有效耕地少的国情尤为重要。

（三）生物农药及生物控制

农作物在田间生长过程中，往往会遇到病虫害的侵扰，从而导致大面积减产和品质下降。传统的方法是运用化学农药。化学杀虫剂的施用在很大程度上可以提高农业和森林业的产量，然而也正是由于化学农药的广泛应用，不仅造成水源污染、土地毒化、不利于耕种，而且农药残留在食物上，会导致人畜中毒。科学家们在努力培育抗虫害作物以减少农药使用量的同时，正在寻找替代化学杀虫剂的方法来控制农业病虫害。一个有效的方法就是运用自然界的生物学方法来控制病虫害以减少因使用化学农药带来的诸多后遗症。

生物农药是指以生物活体或生物代谢物为作用因子的农药，其作用因子包括细菌、真菌、病毒、线虫以及它们的代谢物。它是可用来防治病虫、草等有害生物的生物活体及其代谢产物和转基因作物，并可以制成商品上市流通，如生物源制剂包括生物源农药、微生物农药、生物化学农药、生物合成农药、转入外源基因的抗有害生物的作物等。生物体农药是指用来防治病虫、草等有害生物的商品活体生物；生物化学农药则是指从生物体中分离出的具有一定化学结构、对有害生物有控制作用的生物活性物质。用于防治作物害虫的主要微生物制剂包括细菌制剂、真菌制剂以及病毒制剂等。

生物控制是指运用微生物等控制害虫和疾病，类似以昆虫的天敌控制昆虫。生物控制成功的例子之一是苏云金芽孢杆菌的运用，其细菌孢子含有的晶体毒蛋白能特异性地作用于鳞翅目昆虫，它已经被广泛运用超过 30 年。

1. 细菌生物农药

细菌是生物农药的主要组成成分之一。在细菌中，苏云金芽孢杆菌是开发和使用较成功的一种生物农药。其是一种天然存在的细菌，它能产生三种毒素，即非热稳定性晶毒素、热稳定性菌体外毒素和卵磷脂酶，起杀虫作用和抗病作用。不论在发达国家还是在发展中国家，苏云金芽孢杆菌都得到了广泛使用，目前正朝着大吨位、多品种的方向发展。

目前，国内外对于苏云金芽孢杆菌的研究和开发已深入到分子生物学的深度，对其毒理学、血清学特点以及遗传学和基因工程等方面都进行了广泛而深入的研究和探讨。当前我国对于应用苏云金芽孢杆菌防治农林害虫的研究，主要集中在对苏云金芽孢杆菌制剂生产工艺研究及特异菌株筛选、飞机喷洒防治等；并且对防治害虫的防治时期、使用浓度、使用次数和施用方法等方面积累起了一整套较为成熟的防治技术。

2. 真菌生物农药

真菌是生物农药的另一来源。白僵菌是得到较好开发和利用的一种防治多种鳞翅目害虫的真菌制剂，它能防治 190 多种害虫。白僵菌借助于孢子接触虫体和孢子萌发时产生接触毒素使害虫死亡。目前已进入工业化生产和较大规模应用的有虫生真菌、球孢白僵菌、卵孢白僵菌和金龟子绿僵菌等。其防治对象有腮角金鱼虫、马铃薯甲虫、玉米螟、松扁椿和松毛虫等。

近年来，我国在白僵菌产业化生产方面取得了巨大突破。目前，我国是使用白僵菌防治害虫面积最大、防治害虫种类最多的国家。据统计，我国应用和试用白僵菌防治害虫的种类为 40 多种，每年防治面积约 4.45 万 hm^2，白僵菌已成功地应用于防治松毛虫和玉米螟，并取得了显著的成效。

3. 病毒生物农药

昆虫病毒杀虫剂也是生物防治的重要方法之一，这类杀虫剂具有特异性强、毒力高、稳定性能好和安全无害等优点。进入 20 世纪 80 年代以后，这类杀虫剂的研究主要集中在昆虫病毒复合剂的研制、病毒的活体增值、病毒的提取、基因工程病毒杀虫剂的研究及昆虫病毒培养等领域，并且都取得了显著的成就。目前开发应用的已进入大田试验的昆虫病毒约 50 种，绝大多数为杆状病毒，如棉铃虫核型多角体病毒（NPV）、小菜蛾颗粒体病毒（GV）、黄地老虎 GV、茶小卷叶蛾 GV、舞毒蛾 NPV 和杨尺蠖 NPV 等。目前研究较多、应用较广泛的是核型多角体病毒、颗粒体病毒和质型多角体病毒。

4. 快速繁殖农药

生物化学农药的作用机理是对靶标有害生物必须是直接毒杀作用之外的作用方式，如调节生长，干扰取食、产卵、觅偶等行为，而不是直接毒杀。例如，棉红铃虫性外激素属于生物化学农药，而烟碱、鱼藤酮、除虫菊素不属于生物化学农药。此外，生物化学农药还必须是天然存在的，如用人工有机合成，产品的主要化学成分结构必须与模拟的天然存在类似物分子结构相同。常见的一些生物化学农药，如昆虫化学信息素包括外激素、异源外激素、种间外激素，昆虫激素包括蜕皮激素和保幼激素，内源植物生长调节激素包括植物生长素、赤霉素、细胞分裂素、生长抑制素等。按照生物化学的来源，生物化学农药可以分成 3 类，即微生物源农药、植物源农药、动物源农药。

（四）植物生物技术的其他应用

1. 植物次级代谢产品

早在 1939 年，人们已能从特定植物体中分离一些细胞，这些离体细胞能在人造环境中生存并合成对人类有用的次生代谢产物，如生物碱、黄酮类化合物等。近年来，利用植物细胞培养技术以及各种植物细胞固定化技术，可以像固定化微生物那样，在预先设计的生物反应器中高效地、源源不断地生产出具有商业价值的次生代谢产物。

2. 改良种子的储藏蛋白

种子是大多数粮食作物的收获器官。通常，种子的营养价值主要是指蛋白质的含量和蛋白质分子中氨基酸的组成种类与比例。不同作物种子中储藏蛋白的含量差异很大，有的超过 50%；但作为人类主食和主要饲用作物的禾谷类种子，不但蛋白质含量普遍较低，仅为豆类的 1/3～1/2，而且其氨基酸的组成比例也不好，特别是人体必需氨基酸——赖氨酸的含量较低，这些均需要改良。根据种子储藏蛋白在不同溶剂、盐溶液和 pH 条件下的溶解度，种子储藏蛋白可分为清蛋白、球蛋白、醇溶蛋白和谷蛋白四种。

人们对水稻种子的谷蛋白和醇溶蛋白、玉米种子的醇溶蛋白和谷蛋白、豆类种子的储藏蛋白、马铃薯块茎的储藏蛋白等的研究较为深入。利用这些基因进行转化会使受体植物的蛋白质含量得到提高。特别是巴西坚果种子蛋白富含甲硫氨基酸，而大多数禾谷类种子蛋白则缺乏此种氨基酸。目前美国科学家已成功地将玉米醇溶蛋白基因导入向日葵的细胞内，在转化植株内得到部分表达。

3. 被改良的药用植物

日本科学家通过转基因技术，将一种决定莨菪胺生物合成的酶基因转入到茄科的颠茄中，使莨菪胺的产量从 0.3%提高到 1.0%左右，并且该特性是可遗传的。

4. 快速繁殖技术

快速繁殖是用植物培养方法将小块植物组织在室内迅速、大规模繁殖的技术。快速繁殖技术不仅已在农作物上广泛应用，而且对于生长缓慢的名贵花卉、林木果树和濒临灭绝的珍稀植物具有特殊意义。快速繁殖技术不仅降低了成本和价格，而且突破了季节的限制，同时很好的保存了这些名贵品种的优良遗传特性。现今的植物快速繁殖已经用工业化方式经营和生产，用 1 棵幼苗或 1 片叶子在 1 年内可生产出几十万甚至上百万株幼苗。

5. 提高作物收获后的储藏能力

植物收获后往往在转运和储藏过程中会造成损失。在美国和欧洲，每年果树收获后由于转运和储藏过程造成的损失达总产量的 40%～60%。造成损失的原因有病虫害的影响，过软的水果和蔬菜容易损伤，在冷、热环境中破损，以及过熟后失去原味等。而这些生理变化都是由果蔬细胞内酶系统的活性调节的。这种酶系统的活性能够被控制吗？转基因番茄的诞生明确回答了这个问题。在果实生长过程中，植物体往往会合成一定量的乙烯加速果实成熟，利用反义技术抑制乙烯合成酶的活性，降低番茄在成熟过程中乙烯的形成量，因而延迟了果实的变软，显著提高了番茄储藏期，其货架期可达 152d。此外番茄中的多聚半乳糖醛酸酶能降解细胞壁的成分，导致番茄在成熟过程中果实变软。这个过程与其色泽是相反的。在通常条件下，如果番茄在枝条上生长成熟，待其色泽变化完成，其果实也会变软，因而在运输中就容易破损。通过向番茄中转入多聚半乳糖醛酸酶的反义基因就可起到延缓变软的良好效果。

6. 控制观赏植物的性状

随着社会的不断进步和人们生活品质的提高，观赏植物业逐渐成为一个具有很高经济效益的行业。基因工程技术也被广泛应用于控制观赏植物的叶色、花数、花形、香味等性状，已经培育出许多传统园艺技术难以获得的观赏植物新品种，如橙色的矮牵牛、蓝色的玫瑰等。我国有着丰富的植物资源和栽培历史，几十年来的植物组织培养技术已经走在世界前列，同时许多观赏植物是通过营养器官繁殖的，不容易产生变异。因此，利用基因工程加快我国观赏植物业的发展不仅是可行的，而且是必要的。

二、生物技术与养殖业

农业动物为人类提供肉、蛋、奶，以及毛皮、绢丝等产品，满足人类对动物蛋白的营养需要或其他生活需要。生产农业动物的养殖业包括畜牧、水产和其他有关副业，涉及的动物门类有贝类、昆虫、鱼类、两栖类、爬行类和哺乳类。养殖业的发展和种植业一样需要大量的优良品种，需要不断地改良农业动物的生产性状，才能达到高产、优质和高效的目标。同作物育种一样，传统的动物育种技术主要是对与生产性状有关的表型性状的选择，通过直接选留或淘汰某些直观的表型性状来提高动物的生产性能，如产奶量、产蛋量、瘦肉率和生长速度等。由于动物不同于植物的生活方式和繁殖方式，农业动物（尤其是大型家畜）育种比作物育种存在更多的局限性，往往需要大量的种群和漫长的过程才能使选育的性状稳定下来。虽然传统的育种工作已经取得了很大的成就，但是随着人口的急速增长和环境的日渐恶化，养殖业面临着越来越大的压力。

现代生物技术的迅速发展将为养殖业的高速发展提供有效的技术方法。基因工程、细胞工程和胚胎工程技术的日臻成熟，给农业动物生产注入了前所未有的活力，短时间内大量繁殖优良动物品种或创造具有新性状的良种已不再是遥远的梦想。与动物育种有关的现代生物技术包括动物转基因技术、胚胎工程技术、动物克隆技术及其他以重组DNA技术为基础的各种技术等。

（一）动物转基因技术

动物转基因技术是在基因工程、细胞工程和胚胎工程的基础上发展起来的。转基因动物是指基因组中整合有外源基因的动物，制备这样的转基因动物是通过将外源基因导入着床前的胚胎，使新生个体体细胞及配子的遗传构成都发生改变。转基因技术利用基因重组，打破动物的种间隔离，实现动物种间遗传物质的交换，为动物性状的改良或新性状的获得提供了新方法。

动物转基因技术的研究具有非常重要的意义。分子生物学家用动物转基因方法可以研究基因调控成分的特点；生理学家可通过转基因改变动物原有的稳态，用以研究免疫、神经功能、发育、循环、代谢、繁殖等过程；在医学上，可以建立各种不同疾病的转基因动物模型，如镰刀形贫血病、糖尿病等。转基因在家畜养殖业上的应用主要是促进动物生长，改善生产性状和加强其抗病力；转基因在生物医学上的应用主要是利用转基因动物的生物反应器生产药用蛋白。

1. 转基因动物的研制原理

作为基因工程技术之一，动物转基因同样需要目的基因、合适的载体和受体细胞。由于动物细胞有别于植物细胞，绝大多数不具备发育的全能性，不能发育成为完整的个体，只有受精卵才可能发育成个体，因此要得到转基因动物还需要细胞工程和胚胎工程技术的配合。动物转基因技术可分为以下几个步骤。

（1）外源基因的选择

选择所需的目的基因并进行克隆，再装配以适当的调控基因或启动子便制成可转移的外源基因。在选择目的基因时主要考虑能提高家畜家禽的生产性能、产品质量和抗病力的基因。

（2）外源基因在宿主细胞染色体上的整合

外源基因进入受精卵后头尾成串相连在一起，其游离末端诱导宿主细胞的 DNA 复制酶，引起染色体某些位点的随机断裂，并在断裂处整合外源 DNA。

（3）外源导入基因在宿主体内的表达

如果外源 DNA 能整合到基因组的适当位点，就会在转基因动物体内表达。这种表达具有较高的组织特异性。

2. 导入外源基因的方法

转基因动物的生产是一个包括目的基因构建，纯化，供、受体动物的处理，DNA 导入，胚胎收集、培养及移植等过程的系统工程，其中任何一个环节处理不当都直接影响转基因动物生产的效率。DNA 的导入是诸多环节中至关重要的一环。目前 DNA 导入的方法有以下几种。

（1）显微注射法

显微注射法是使用较早、经常使用的方法。这种方法是用显微镜直接把外源 DNA 注射到受精卵细胞的原核或细胞质中。如果能够成功地把 DNA 注射到原核中，可以得到较高的整合率。注射到细胞质的 DNA 与受体基因组结合的概率不高，因此整合率较低。哺乳动物常用注射原核的方法；鱼类和两栖类的卵是多黄卵，难以在显微镜下辨认原核，通常只能把 DNA 注射到细胞质中。也有人采用注射卵母细胞的方法制作转基因鱼，先把外源 DNA 注射到卵母细胞，再让卵母细胞在体外成熟，然后受精。显微注射法的优点是直观、基因转移率高、外源 DNA 长度不受限制、实验周期相对较短，常成为导入外源基因的首选技术；缺点是操作难度大、仪器要求高、导入的外源基因拷贝数无法控制。

（2）病毒载体法

许多动物病毒在感染宿主以后能够大量复制，有些病毒在复制过程中能整合到宿主细胞的基因组中，更重要的是动物病毒基因组的启动能被宿主细胞识别，可以引发导入基因的表达。由于这些特性，一些病毒被选择作为目的基因的载体干扰动物细胞，以得到转化细胞。在转基因操作中，病毒载体可以直接感染着床前或着床后的胚胎，也可以先整合到宿主细胞内，再通过宿主细胞与胚胎共育感染细胞。常用的病毒载体是逆转录病毒。病毒载体的优点是单拷贝整合，整合率高，插入位点易分析等；缺点是安全性问题和公众的接受程度较低。

（3）脂质体介导法

脂质体介导法是指用脂质体作为人工膜包裹 DNA，以此作为载体导入 DNA。

（4）精子介导法

精子介导法是指成熟的精子与外源 DNA 共育，精子有能力携带外源 DNA 进入卵子里，并使外源 DNA 整合到染色体中。这种能力使人们看到提高动物转基因效率的希望。精子作为转移载体的机制还在探索之中，但至少为大型动物转基因的研究提供了又一个新途径。

（5）胚胎干细胞法

胚胎干细胞是从早期胚胎的内细胞团经体外培养建立起来的多潜能细胞系，被公认为转基因动物、细胞核移植、基金治疗的新材料，具有广泛的应用前景。用于动物转基因时，作为基因载体，导入早期受体细胞并整合到胚胎中参与发育，可形成转基因的嵌合体动物。

3. 转基因农业动物

最早问世的转基因动物是转基因小鼠。转基因小鼠证明了生物技术可以改变动物的天然属性，从而显示了动物转基因技术的广阔应用前景。转基因技术应用于农业动物的主要目标是提高生产性能和抗病性等。进入 21 世纪，用转基因动物作为生物反应器的研究越来越受到人们的重视，已逐渐走向商业化生产。目前已有转基因鱼、鸡、牛、马、羊、猪等多种动物。

（1）转基因鱼

20 世纪 80 年代中期，国内外开始转基因鱼的研究。鱼类因其产卵量大，体外受精，显著简化了转基因操作的步骤。我国学者朱作言首次用人的生长激素构建了转基因金鱼，已有鲫鱼、鲤鱼、泥鳅、鳟鱼、大马哈鱼、鲶鱼、鲂鱼等各种淡水鱼和海鱼被用于转基因研究。

转基因鱼的研究主要集中在提高生长速度和抗逆性，以及发育生物学和插入突变等的研究。已有多种哺乳类和鸟类的基因被成功地整合到鱼类的基因组中，如转入生长激素基因的鲤鱼、鲫鱼、泥鳅、鲂鱼，生长激素能提高动物的生长速度，显示出转基因鱼在渔业生产和水产养殖业的潜在经济价值。在提高抗逆性方面，抗冻蛋白基因被用来提高鱼类的抗寒能力。生长在北美的美洲拟蝶的抗冻蛋白基因导入虹鳟鱼、鲑鱼的细胞系后，检测到了该基因的表达；美洲拟蝶的抗冻蛋白基因转到娃鱼卵中，也检测到了该基因的表达。抗冻蛋白基因技术有可能成为南鱼北养、扩大优质鱼种养殖范围的有效途径。转基因鱼研究还带动了反义 RNA 技术的发展，有可能开辟鱼类抗病的新途径。我国的转基因鱼研究已达到国际先进水平，有不少研究小组使用鱼类基因构建了转基因鱼。同时，使用鱼类自身基因元件构建转基因鱼，解决了基因表达的强度问题和推广转基因鱼的环境问题、伦理道德问题。

（2）转基因动物

生产转基因动物的常规操作对家畜是很困难的，这是因为鸟类的繁殖系统有别于其他动物。家畜卵的受精是在排卵时发生的，受精卵从输卵管排出需 20h 左右，此时已经开始卵裂，产出时的卵已有 6000 多个细胞。生产转基因鸡的方法可分为蛋产出前的操作和蛋产出后的操作两种类型。蛋产出前的操作方法是在受精后每一次卵裂前取出单细胞的卵，在体外进行转基因操作，然后用代用蛋壳作为培养器皿在体外培养至孵化。

进入 21 世纪，有不少实验室正在探讨以鸟类精子作为基因载体的途径。由于家畜人工授精技术已经相当成熟，精子携带基因具有很好的可行性，有待解决的问题是提高精子携带外源 DNA 的能力。蛋产出后的操作载体有多种，被认为较有前景的是胚胎干细胞和原生殖细胞（PGC）法。原生殖细胞是鸟类配子的前体，有实验证明原生殖细胞可以从一个胚胎转到另一个胚胎发育。这意味着 PGC 的转染也可以作为生产转基因家畜的候选方法。转基因技术在家畜生产中的应用，同样是以提高抗病性和改良生产性状为主要目标。例如，用鼠的抗流感病毒基因导入鸡胚的成纤维细胞，细胞表现对流感病毒的抗性，提示了抗流感病毒基因导入胚胎细胞产生抗病性的可行性。对鸡基因组作图使鉴定抗性基因取得了进展，通过品系之间转移抗性基因也可以作为提高抗性的途径。许多与鸡繁殖和生产有关的激素与生长因子基因已经被克隆，已有人将牛生长激素基因导入鸡的品系，获得了高水平表达牛生长激素的鸡，体重大于对照组。因此通过基因操作改变鸡的生产性状是可能的。对某些不能通过常规育种方法改良的性状，通过转基因法，如导入其他物种的基因也可以起作用。此外，用鸡蛋生产外源基因（如抗体蛋白），是转基因鸡生产的一个十分诱人的领域。

（3）转基因家畜

家畜的转基因研究得益于小鼠，进展较快。转基因猪、牛、马、羊、兔等家畜纷纷出现，并逐步走出实验室进入实用阶段。哺乳动物体外受精和胚胎移植技术为转基因家畜的成功提供了有效的技术方法。转基因家畜除了与其他转基因农业动物一样瞄准抗病性和生产性能以外，还因其与人的生物学相似性，在器官移植、药物生产和特殊疾病模型等方面显示出特殊的价值。

转生长激素基因的猪，饲料转化率、增重率提高，脂肪减少；转抗流感病毒基因的猪，抗流感病毒能力增强。通过转基因方法解决器官移植中的超敏排斥反应的设想在转基因猪的研究中得到令人鼓舞的结果，这个实验将人的补体（一类参与免疫排斥的蛋白质）抑制因子基因导入猪的胚胎，得到在内皮细胞、血管平滑肌、鳞状上皮等不同组织中的不同程度的表达，说明在供体组织中表达受体的补体移植系统，克服补体介导的排斥反应是可行的，这个研究为异种器官移植展示了美好的前景。转基因的家畜作为生物反应器生产新一代的药物已有许多例子，特别是以乳腺作为生物反应器的产物已经进入市场。

（二）胚胎工程技术

胚胎工程技术使哺乳动物的繁殖得以打破时间和空间的限制，为家畜良种的繁育和推广提供了快速有效的途径。哺乳动物独特的胎生模式使其胚胎发育得到母体的直接保护，显著提高了胚胎的成活率，这是动物进化史的一大进步。哺乳动物的成熟期较长，产子数少，孕期不排卵，繁殖有季节性，这些特性又成为制约家畜良种大量繁殖的因素。胚胎工程是对哺乳动物的排卵、受精、胚胎早期发育等繁殖过程进行人工操作的现代生物技术。基因工程技术为胚胎工程提供了新天地，胚胎工程是以提高良种的繁殖率和扩大推广途径为目的，进一步发展成为定向改变动物性状的动物转基因技术的关键。其主要内容包括冷冻保存技术、胚胎移植、体外生产胚胎、性别控制技术、胚胎克隆技术等。

1. 冷冻保存技术

冷冻保存技术已经成为家畜繁殖的常规技术。精子冷冻保存技术和人工授精技术相配合，打破了地域对优质种公畜的配种限制，实现了大范围的良种繁育推广。在精子冷冻保存技术的基础上发展起来的胚胎冷冻保存技术进一步解决了胚胎移植中母畜性周期的时间限制，同时也解决了远距离的运输问题，例如，1000 只牛胚胎与冷冻容器总质量不超过 50kg，在飞机上只要相当于一个座位的地方就能容纳。从而使世界范围内的良种推广显著简化。胚胎冷冻保存技术有利于转基因动物的种质保存，减少饲养和维持动物所需的巨额费用，避免世代延续可能产生的变异和意外事故产生的破坏。到 21 世纪初已有鼠、兔、牛、羊等 10 多种动物胚胎冷冻保存成功，其中有的种类的冷冻保存技术已经程序化，并出现了商品化的试剂盒。但仍有一些动物冷冻后成活率相当低，而往往就是这些动物适合于某些转基因研究（如猪），这是冷冻保存技术研究的新课题。

胚胎冷冻保存技术包括胚胎的冷冻和解冻。抗冻剂的种类和浓度、加入抗冻剂的速度、解冻的速度、稀释的速度和温度都关系到冷冻胚胎的成败。抗冻剂的毒性、胚胎渗透压的变化及冰晶形成是保存胚胎必须考虑的因素。

2. 胚胎移植

早期的胚胎移植是把优良种畜的早期胚胎从供体母畜体内取出来，移到受体母畜的输卵管或子宫，"借腹怀胎"繁殖后代的技术。它弥补了精子冷冻、人工授精的不足，把来自良种母畜的胚胎植入别的代孕母畜，解决了良种母畜怀孕期间影响排卵的问题，提高了良种的繁殖率。母畜的排卵数直接影响可供移植的胚胎数量，因此胚胎移植商业化的第一步是取得大量的受精卵。使用促性腺激素可以诱发母畜的超数排卵，得到比正常排卵数多的卵子，以此获得更多的早胚。但是超数排卵的受精率低，胚胎退化率高，致使可移胚数下降，造成配套移植成本过高。21 世纪初对卵巢调节机理和精卵相互作用机理的研究，正在寻找控制排卵率和解决超排体内受精问题的渠道。胚胎移植技术已经成熟地应用于奶牛和肉牛，先胚的移植成功率已经达到 70%，每年都有大量的胚胎移植牛犊出生。猪和牛也进行了胚胎移植研究，但必须手术取卵，影响母畜的繁殖寿命，还难以推广。

人工重组 DNA 技术促进了胚胎移植的进展。人工重组的生物工程产品促性腺激素将会显著提高胚胎移植的经济效率。有资料表明，用重组的牛黄体刺激素 FSH 对牛进行超排，最佳方案每头牛平均获卵 12.4 个，可移胚 11.0 个，占 89%；用脑垂体提取的 FSH 进行超排，最佳方案平均获卵 12.16 个，可移胚 6.72 个，占 55%。此外，卵母细胞体外成熟和体内受精技术也可降低胚胎成本，有助于胚胎的商业化。

3. 体外生产胚胎

体外生产胚胎至少有三方面的意义：第一，提供大量胚胎进行商业性胚胎移植。在欧洲和日本，奶牛犊比肉牛犊便宜，体外生产肉牛胚胎移植给奶牛在经济上是合算的。第二，为克隆胚胎提供核受体并进行胚胎前的体外早期培养以降低成本。第三，为某些研究提供大量知道准确发育时期的胚胎。体外生产胚胎的工艺过程包括卵母细胞体外成熟、体外受精和胚胎培养。

（1）卵母细胞体外成熟

尽管家畜体内成熟的卵母细胞体外受精后胚胎发育良好，但未成熟的卵母细胞体外受精则不能完成胚胎发育。如果让这些细胞在体外成熟，体外受精胚发育率将显著改善。目前，牛体内成熟卵母细胞体外受精的囊胚发育率在 45% 左右，体外成熟的卵母细胞体外受精的囊胚率受不同培养条件影响，在 20%～63%。自超排牛卵巢获取的未成熟卵母细胞发育率明显高于未超排牛。要提高体外成熟卵母细胞的质量和数量，主要应解决以下问题：了解控制卵母细胞成熟的机理，卵母细胞的选择和合适培养体系的选择。体外培养胎儿卵巢被认为是将来的发展方向，因为胎儿卵巢在体外培养可以像活体睾丸产生精子一样不断产生卵母细胞。

（2）体外受精

精子必须先获能才能完成体外受精的过程，已应用多种方法进行精子体外获能。一般情况下，凡能促使钙离子进入精子顶体，使精子内部 pH 升高的刺激均可诱发获能。牛、绵羊、猪和山羊的受精率都高达 70%～80%。

（3）胚胎培养

各种家畜体内成熟卵母细胞体外受精的胚胎，在 1～2 个细胞期内移植到本种个体输卵管发育到囊胚期的比例都很高，牛胚胎在兔和羊的输卵管内发育也很好。但是，体外成熟卵母细胞体外受精，再体外发育到囊胚期的比例都很低。为此，人们开始研究影响胚胎体外发育的各种因子。

体外生产胚胎技术已经开始走上商业化，运用体外生产胚胎技术可进行胚和细胞核移植，这样显著降低了成本。将体外生产牛胚用于胚胎分割和冷冻，均能产犊。

4. 性别控制技术

动物的性别控制是指通过人为干预或操作，使动物按人们的愿望繁殖所需性别后代的技术。性别控制技术主要采用两条途径，即 X 精子与 Y 精子的分离和胚胎性别鉴定。

（1）X 精子与 Y 精子的分离

家畜性别是在受精时决定的，因此，研究分离动物精液中的 X 精子和 Y 精子是解决家畜性别控制的关键问题。人们根据 X 精子、Y 精子在形态、相对密度、活力和表面膜电荷等方面的差异，采用了流式细胞分类法、沉降法、密度梯度离心法、凝胶过滤法、电泳法和免疫学方法等种类繁多的精子分离技术，对家畜的精子进行分离。其中流式细胞仪分离法分离 X 精子与 Y 精子的准确率达 90% 以上。精子分离后的受精效果，以及产生后代性别的准确率均不错。

（2）性别鉴定

胚胎性别鉴定主要是通过鉴定胚胎的性别，以控制出生的性别比。在移植前对胚胎进行性别鉴定对于产乳业有重要意义，因为只有雌性动物产乳。性别鉴定技术要求准确、快速，对胚胎无害。

胚胎性别鉴定方法主要有细胞学方法、免疫学方法和分析生物学方法等。细胞学方法是经典的胚胎性别鉴定方法。新技术是 DNA 探针法和 PCR 法，两者都是利用雄性染色体的 DNA 序列进行识别，具有准确、快速的优点。控制家畜性别的途径还有胚胎性别鉴定后选用所需性别的胚胎作为核移植供体，反复克隆生产所需性别的胚胎等方法。

5. 胚胎克隆技术

胚胎克隆提供遗传上完全相同的个体，无论对科研还是对畜牧生产均有意义。遗传上完全相同使试验中的遗传变异降为零。对纯系胚胎进行表型选择和后裔测定，使我们有可能改变所选择的性状，如产乳或产肉量。胚胎克隆与体外生产胚胎结合能生产高质量的胚胎供商业移植。生产胚胎克隆的方法有胚胎分割和核移植。

（1）胚胎分割

胚胎分割是指将一枚胚胎用显微方法分割为两份胚、四份胚甚至八份胚，经体内或体外培养，然后移植入受体子宫中发育，以得到同卵双生或同卵多生后代。这是动物克隆技术的一种，也是胚胎工程的一种基本技术。牛的胚胎分割已经广泛应用，半胚移植的妊娠率接近整胚，使产犊数几乎加倍。猪、绵羊经胚胎分割也已经产生同卵双胞胎。经胚胎分割产生的个体数一般为两个，最多四个。

（2）核移植

核移植（NT）是将动物早期胚胎或体细胞的细胞核经显微手术和细胞融合的方法移植到去核的受精卵或成熟卵母细胞中，重新构建新的胚胎，使重构胚发育成与供核细胞基因型相同后代的技术，又称为动物克隆技术。

动物克隆技术发展迅速，在生产和生活中具有广阔的应用前景。克隆技术与基因治疗结合，使得全面、彻底和高效地治疗遗传病成为可能，而且利用克隆技术可以产生人体所需的器官，在医学上有重要的应用。此外，克隆技术在动物生产上还有着十分重要的作用，主要表现在克隆具有巨大经济价值的转基因动物、快速扩大优良种畜、挽救濒危动物等方面。小鼠、绵羊、牛、兔和山羊的体内胚胎与体外胚胎细胞核移植均已成功，牛冷冻胚胎细胞核移植也已成功，但是成功率都很低。未来的研究方向是提高移植的成功率，以及开展已分化细胞的核移植研究。

（三）动物生物反应器

生物反应器是指能够生产外源蛋白的转基因生物体。几乎任何生命有机体或其中的一部分都可以经过人为驯化作为生物反应器。细菌、酵母、植物、昆虫或昆虫细胞、动物或动物细胞都是很好的生产系统。利用转基因动物生产人们所需要的蛋白质产物，这种转基因动物通常称为动物生物反应器（animal bioreactor）。其操作过程是将具有某种重要价值的生物活性基因导入受精卵或早期胚胎，培养出转基因动物使外源基因在动物的特定组织中高效表达，再从这些组织的分泌物、浸出物、血清或乳汁中分离提取目的基因产物。

自从重组 DNA 技术问世以来，人类建立了许多表达系统来生产昂贵的药用蛋白质。尽管利用重组 DNA 技术在微生物中表达外源蛋白质的技术已经成熟，但是该系统不能对真核蛋白质进行加工，而这个加工对于某些蛋白质的生物活性却又极为重要。另一方面，大肠杆菌、酵母和哺乳动物细胞的基因工程表达系统成本高，分离纯化复杂。利用转基因动物生产的药用蛋白质具有生物活性，且纯化简单、投资少、成本低，对环境没有污染。转基因动物就像天然原料加工厂，只要投入饲料，就可以得到人类所需要的药用蛋白。

1. 乳腺生物反应器

哺乳动物乳汁中蛋白质的含量为 30～35g/L，一头奶牛每天可以产奶蛋白 1000g，一只山羊可产奶蛋白 200g。由于转基因牛或羊吃的是草，挤出的是珍贵的药用蛋白质，生产成本低，可以获得巨大的经济效益。

许多药用蛋白质已经通过乳腺生物反应器生产出来。首例是荷兰人研制的转入乳铁蛋白基因的牛，其乳铁蛋白能促进婴儿对铁的吸收，提高婴儿的免疫力，抵抗消化道感染，然后他们又培育出促红细胞生成素的转基因牛，是目前商业价值最大的细胞因子之一。英国科学家成功培育了 α-1-抗膜蛋白酶转基因羊，α-1-抗膜蛋白酶具有抑制弹性蛋白酶活性的功能，可用于治疗囊性纤维化和肺气肿。2006 年，欧洲批准了第一个由转基因羊生产的重组人抗凝血酶用于临床。正在研制的乳腺生物反应器还有人骨胶原蛋白、人溶菌酶、人凝血因子 E 和谷氨酸脱羧酶等。

乳腺生物反应器成功的关键是转基因动物乳腺能特异性表达外源蛋白质基因。组织特异性表达载体是否有效（包括外源基因在乳腺的特异性表达），与表达的蛋白质具有生物活性和表达的水平有极大关系。乳腺生物反应器的研制周期受到动物生长繁殖周期的限制。通常，哺乳动物孕后泌乳，必须先经过性成熟、发情和受孕几个阶段，然后才能检测乳汁的药用蛋白质，需要较长的时间。进一步进行乳腺特异性表达的调控研究，建立表达载体的有效性及合理性的快速检测系统，将有助于加快乳腺生物反应器走向商品化。

2. 其他生物反应器

除了乳汁之外，转基因动物的其他蛋白质产品同样也可以生产药用蛋白质。转基因动物的血液生产人的血红蛋白可以解决血液来源问题，同时避免了血液途径的疾病感染。已经有转基因猪表达出人的血红蛋白，虽然采血没有挤奶方便，但血液的巨大市场以及猪的迅速繁殖能力，仍然使其拥有诱人的前景。利用鸡蛋生产重组蛋白的研究已有重大发现，鸡蛋的蛋白质组成及其生物合成机制均已十分清楚，为鸡蛋生产重组蛋白提供了方便。卵黄蛋白和白蛋白基因都可以进行修饰来指导外源蛋白质基因的表达，但吸收进卵黄的蛋白质需要相互识别的特殊序列，白蛋白可能更容易修饰。其中两个主要的白蛋白基因，即卵白蛋白基因和溶菌酶基因的表达与调控研究正在进行。蛋中可以积累大量的免疫球蛋白，转基因鸡的蛋用来生产重组的免疫球蛋白，有着广泛的用途。同时，鸡的成熟期短，饲养管理简单，一只鸡年产蛋 250 枚，成本低廉。这些都是输卵管作为生物反应器的优势。

（四）胚胎干细胞技术

胚胎干细胞（ES）在培养的细胞与个体发育之间、体细胞与生殖细胞之间架起了桥梁。用同源重组的方法再加上一定的选择系统对胚胎干细胞进行基因打靶，可以把外源基因定点掺入，内源基因定点敲除。因此，有了胚胎干细胞，就可以在试管内改造动物和创造动物新品系，可以通过基因操作来生产生长快、抗病力强和高产的家畜品种，以及利用奶牛来生产重大医用价值的药物。此外，可以把胚胎干细胞做上标记，转入胚胎中研究发育和分化的规律及基因调控。利用胚胎干细胞还可以为临床提供器官移植或器官修复的原材料。因此，胚胎干细胞与基因工程和胚胎工程结合将使畜牧业和医药工业发生重大变革，干细胞在养殖业中具有广阔的应用前景。

1. 生产转基因动物

通过胚胎干细胞基因打靶途径建立转基因动物模型是目前常用的转基因动物制备方法，该方法将重组子的筛选工作从传统的动物个体筛选提前到了ES水平筛选，显著简化了实验步骤，加快了实验过程。但当重组的ES被植入胚泡囊内发育成嵌合体时，仍有相当数量个体的生殖系统中并无重组基因组的存在，仍需通过繁杂的测交工作以确定能稳定遗传的嵌合体，这是建立纯系转基因动物的一个障碍。

2. 生产克隆动物

将胚胎干细胞核移植到去核母细胞，再在假孕受体子宫中发育成动物个体，与重组DNA技术结合可以高速改良和生产优良品种。因此，动物体细胞育种是未来现代化、工厂化和分子育种等高技术的基础。

3. 研究细胞分化

细胞分化是发育生物学的核心问题之一。在哺乳动物中，胚胎数量较少，生长在子宫中，看不见，摸不着，而且细胞之间的关系极为复杂，使分析单个细胞的作用十分困难。胚胎干细胞体外培养定向诱导分化体系的建立，避开了这些障碍，将十分复杂的问题简单化，为细胞内及细胞外分化调节因子提供了一个相当单纯的反应环境，以利于阐明每个调节因子的作用机制，进一步探讨细胞间与局部环境对分化的影响。

4. 研究发育的基因调控

随着胚胎干细胞分离的成功，它为引进少数遗传突变进入基因库提供了一条十分诱人的途径。因为胚胎干细胞可以在体外培养条件下，预先对突变进行筛选，然后通过嵌合体的办法传递到生殖系统。因此，胚胎干细胞很适宜用作发育的遗传分析，是哺乳动物发育的基因调控分析的理想工具。

（五）动物饲料工业

生物技术在饲料中的研究与应用，对于推动和维持我国在21世纪的畜牧业高效、持续和稳定地发展，具有极为重要的现实意义和深远的战略意义。

1. DNA重组生长激素

给奶牛注射DNA重组牛生长激素（BST）能将产奶量提高15%～30%；给猪注射重组猪生长激素（PST）能将猪的生长速度提高10%～30%，改善饲料率达5%～15%，提高胴体瘦肉率达10%～20%。另一方面，人们正在研究因使用BST和PST引起的动物营养需要量的变化。

2. 发酵工程技术

大多数用于饲料的酶制剂、添补氨基酸、维生素、抗生素和益生菌是由微生物发酵工程技术生产的。

由特异微生物发酵生产的饲用外源酶制剂，包括 β-葡聚糖酶、戊聚糖酶和植酸酶等。前两种酶制剂能分解饲料中的抗营养因子葡聚糖和戊聚糖，提高养分的消化率，因而提高了饲料效率。在鸡、猪饲料中添加植酸酶，能有效地减少磷排出对环境的污染，而且还能提高氨基酸和其他矿物元素的消化利用。目前，由特异微生物发酵生产的饲用添补氨基酸主要有赖氨酸、蛋氨酸、色氨酸和苏氨酸。在畜禽饲料中使用外源氨基酸，可降低饲料中的粗蛋白水平，减少非必需氨基酸的摄入量，改善饲料氨基酸的平衡性，使人们研究与应用畜禽饲料的"理想氨基酸平衡模式"成为可能，由此可进一步提高动物的生产性能，同时减少氮排出对环境的污染。由微生物发酵生产的维生素 A、维生素 D、维生素 E、维生素 C 等各种维生素，除传统上普遍用于纠正畜禽的维生素缺乏症之外，目前还广泛用于增强动物的抗应激、抗病能力和改善肉质。在畜禽饲料中添加抗生素，可通过抑菌抗病、促进养分吸收等途径促进家畜生长，改善饲料转化效率，给养殖业带来显著的经济效益；但使用抗生素等途径促进家畜生长，最终会危及人类的健康。研究表明，益生菌具有与抗生素相似的功能而无抗生素的抗药性和组织残留问题。在许多方面，益生菌可视为抗生素的天然替代物。此外，正被研究和开发的还有寡肽和寡糖添加剂、天然植物提取物、有机微量元素添加剂、营养重分配剂等，它们在饲料工业中具有很好的应用前景。

（六）基因工程疫苗

常规疫苗制备工艺简单，价格低廉，且对大多数畜禽传染病的防治安全有效，在畜禽生产中，常规方法制备的疫苗在预防畜禽传染病方面占主要地位，而且在将来很长一段时间仍会占主导地位。但有些病毒需要基因工程技术开发新型疫苗，在生产疫苗的更有效途径和方法，以及改进与提高现有疫苗质量的探索中，常规疫苗中的联苗与多价苗，以及应用现代生物技术研制新型基因工程疫苗是以后畜禽疫苗发展的重要方向。

基因工程可以生产无致病性的、稳定的细菌疫苗或病毒疫苗，同时还能生产与自然型病原相区分的疫苗，它提供了一个研制疫苗更加合理的途径，将有助于畜禽传染病的诊断和预防。目前的基因工程疫苗主要有基因工程亚单位苗、基因工程活载体苗、合成肽苗、基因缺失疫苗、基因疫苗等。

第五节 新能源生物技术

一、新能源生物技术概述

（一）新能源

新能源又称为非常规能源，是指传统能源之外的各种能源形式，也指刚开始开发利用或正在积极研究、有待推广的能源，如太阳能、地热能、风能、海洋能、生物质能和核聚变能等。

新能源按类别可分为太阳能、风力发电、生物质能、生物柴油、燃油乙醇、新能源汽车、燃料电池、氢能、垃圾发电、建筑节能、地热能、二甲醚及可燃冰等。

新能源的各种形式都是直接或间接地来自于太阳或地球内部深处所产生的热能，也可以说，新能源包括各种可再生能源和核能。相对于传统能源，新能源具有污染少、储能大的特点，对于解决当今世界严重的环境污染问题和资源（特别是化石能源）枯竭问题具有重要意义。

（二）生物技术在新能源开发中的应用

生物能源又称为绿色能源，是从生物质中提炼出来的能源。生物能源主要是源自于太阳能的转化，是人类最早使用的能源。生物能源主要是以淀粉质生物，如粮食、薯类、农作物秸秆等为原料生产的石油替代燃料，而其中燃料乙醇和生物柴油尤被看好。发展生物能源，既能控制环境污染，减轻对石油资源的依赖，同时又能推动农业产业链的发展，被视为解决全球能源危机的理想途径之一。

生物技术在新能源开发领域中有广阔的应用前景，对能源的可持续发展具有重要的理论和现实意义。生物能源能缓解我国的能源短缺问题，保证能源安全；治理有机废弃物污染，保护生态环境，充分利用生物能源的可再生优势。生物技术在生物柴油、燃料酒精、生物制沼气和生物制氢等新能源的开发上都发挥着非常重要的作用。

二、生物技术在生物柴油开发上的应用

（一）生物柴油概述

生物柴油是清洁的可再生能源，是以大豆和油菜籽等油料作物、油棕和黄连木等油料林木果实、工程微藻等油料水生植物以及动物油脂、废餐饮油等为原料制成的液体燃料，是优质的石化柴油代用品。生物柴油是典型的"绿色能源"，大力发展生物柴油对经济可持续发展、推进能源替代、减轻环境压力、控制城市大气污染具有重要的战略意义。

柴油分子是由15个左右的碳链组成的，植物油分子则一般由14~18个碳链组成，与柴油分子中的碳数相近。按化学成分分析，生物柴油燃料是一种高级脂酸甲（乙）酯，它是通过以不饱和油酸 C_{18} 为主要成分的甘油酯通过酯交换获得的。

生物柴油是近年来发展迅速并规模化使用的生物替代能源和清洁可再生能源。生物柴油具有优良的环保特性，较好的低温发动机启动性能，较好的润滑性能、安全性能和可再生等特性，得到人们的青睐，作为可替代石化柴油的清洁液体生物燃料，具有巨大的潜力和广阔的市场前景。

（二）生物柴油的制备方法

生物柴油的具体制备方法有物理法、化学法、物理化学法和生物法。物理法包括直接混合法和微乳液法；化学法包括高温热裂解法和酯交换法；生物法包括酶法制备生物柴油和"工程微藻"制备生物柴油。

（三）生物法制备生物柴油

1. 酶法制备生物柴油

目前生物柴油主要是用化学法生产，即用动物和植物油脂与甲醇或乙醇等低碳醇在酸或碱性催化剂和高温（230～250℃）下进行转酯化反应，生成相应的脂肪酸甲酯或脂肪酸乙酯，再经洗涤干燥即得生物柴油。但化学法合成生物柴油工艺复杂，醇必须过量，后续工艺必须有相应的醇回收装置，能耗高，色泽深；酯化产物难以回收，成本高；生产过程有废碱液排放。

为解决上述问题，人们开始研究用生物酶法合成生物柴油，即用动物油脂和低碳醇通过脂肪酶进行转酯化反应，制备相应的脂肪酸甲酯及脂肪酸乙酯。

在生物柴油生产中，脂肪酶是一种适宜的生物催化剂，能够催化甘油三酯与短链脂肪醇发生酯化反应，生成相应的脂肪酸酯。此方法具有提取简单、反应条件温和、醇用量小、甘油易回收和无废物产生等优点，且此过程还能进一步合成其他一些高价值的产品，包括可生物降解的润滑剂以及用于燃料和润滑剂的添加剂，用于催化合成生物柴油的脂肪酶主要有酵母脂肪酶、根霉脂肪酶、毛霉脂肪酶、猪胰脂肪酶。

酶法合成生物柴油存在的主要问题是脂肪酶对甲醇及乙醇的转化率较低，一般仅为40%～60%。由于目前脂肪酶对长链脂肪醇的酯化或转酯化有效，而对短链脂肪醇（如甲醇或乙醇等）的转化率较低；而且短链脂肪醇对酶有一定的毒性，酶的使用寿命较短。副产物甘油和水难以回收，不但对产物形成抑制，而且甘油对固定化酶有毒性，使固定化酶的使用寿命较短。

2. "工程微藻"制备生物柴油

"工程微藻"制备生物柴油，为生物柴油生产开辟了一条新的技术途径。美国可再生能源国家实验室（NREL）通过现代生物技术制成"工程微藻"，即硅藻类的一种"工程小环藻"。在实验室条件下可使"工程微藻"中脂质含量增加到 60%以上，户外生产条件下也可增加到40%以上；而一般自然状态下微藻的脂质含量为5%～20%。"工程微藻"中脂质含量的提高主要由于乙酰辅酶 A 羧化酶（ACC）基因在微藻细胞中的高效表达，在控制脂质积累水平方面起到了重要作用。目前，正在研究选择合适的分子载体，使 ACC基因在细菌、酵母和植物中充分表达，还进一步将修饰的 ACC 基因引入微藻中以获得更高效的表达。利用"工程微藻"生产柴油具有重要的经济意义和生态意义，其优越性在于：微藻生产能力高、用海水作为天然培养基可节约农业资源，比陆生植物单产油脂高出几十倍，生物柴油不含硫，燃烧时不排放有毒害气体，排入环境中也可被微生物降解，不污染环境。发展富含油质的微藻或者"工程微藻"是生产生物柴油的一大趋势。

三、生物技术在燃料酒精开发中的应用

（一）燃料酒精

乙醇俗称酒精，以玉米、小麦、薯类、糖蜜等为原料，经发酵、蒸馏制成。将乙醇进一步脱水可得到燃料乙醇，在燃料乙醇中加入变性剂（适量汽油）后可制成变性燃料乙醇。燃料乙醇是一种由粮食及各种植物纤维加工制成的，和普通汽油按一定比例混配形成的能源。燃料乙醇的使用在很大程度上减少了燃料费用，进而减少了汽油燃烧后产生的有害气体的排放，在国外被视为替代和节约汽油的优良燃料，具有价廉、清洁、环保、安全、可再生等优点。

20 世纪 70 年代，国际原油价格每桶只有 3 美元。1973 年的第四次中东战争引发能源危机，油价突破了 10 美元。当时巴西利用其得天独厚的资源优势，率先启动了酒精替代汽油计划。经过几十年的发展，已建成了从甘蔗种植到酒精生产、供应和燃料酒精汽车制造的完整产业链，目前年产燃料酒精 1200 万 t，大部分与汽油混合作为发动机燃料，也有小部分直接作燃料。美国从 20 世纪 80 年代开始大规模生产燃料酒精，也已达到 1000 万 t 的年产量。我国的燃料酒精从 20 世纪末起步，发展迅速，目前产量居世界第三。我国制定了相关的汽油醇标准，已有一些省市的汽车在使用汽油醇。

（二）燃料酒精的生产方法

乙醇的工业生产方式有化学合成法和生物发酵法两种。化学合成法酒精含杂质较多，其应用受到限制。生产上主要采用生物发酵法。制造酒精的原料可以是淀粉质原料、糖蜜原料、纤维原料和亚硫酸造纸废液。

（三）生物发酵法生产燃料酒精

1. 生物发酵法生产燃料酒精的微生物

目前在工业生产中用于发酵产酒精的微生物主要是酵母菌酿酒酵母（*Saccharomyces cerevisiae*）和运动发酵单胞菌（*Zymomonas mobilis*）。

除了酵母菌酿酒酵母和运动发酵单胞菌外，其他发酵葡萄糖产酒精较好的微生物还有葡萄汁酵母（*S.uvarum* 或 *S.cadsbergensis*）、裂殖酵母（*Schizosaccharomyces pombe*）等酵母菌，以及楔状梭菌（*Clostridium sphenoides*）、螺旋体菌（*Spirochaeta aurantia*）、解淀粉欧文氏菌（*Erwinia amylovora*）等细菌。

2. 生物发酵法生产燃料酒精的原料与有关的酶

当以糖质（甘蔗、甜菜、甜高粱的汁）为原料时，由于酿酒酵母有分解蔗糖的蔗糖酶以及果糖、葡萄糖之间相互转化的异构酶，因此，可以直接进行酒精发酵。当用淀粉、纤维素作为原料时，由于酿酒酵母不能直接利用淀粉或纤维素，则必须先将它们降解为葡萄糖。

用于从淀粉制葡萄糖的酶有两种酶：α-淀粉酶和葡萄糖淀粉酶。工业上的α-淀粉酶通常来自细菌，葡萄糖淀粉酶则一般由真菌产生。

纤维素与淀粉都是以葡萄糖为结构单位组成的大分子物质，但组成淀粉的葡萄糖单位间以α-糖苷键相连，而组成纤维素的葡萄糖单位间则以β-糖苷键相连。因此，纤维素不能被淀粉酶降解而只能被纤维素酶降解。纤维素酶是引起纤维素降解的一类酶的总称，它由三种酶组成：内切酶、外切酶和β-葡萄糖苷酶。目前使用的纤维素酶也有由真菌产生的。

半纤维素的主要组分是木聚糖，降解木聚糖的酶有内切酶和外切酶两种。在木聚糖的降解过程中，先由内切酶将木聚糖降解为木寡糖，然后再由外切酶（α-木糖苷酶）降解得到木糖。将木糖转变为木酮糖是木糖发酵产酒精的第一步。细菌可通过木糖异构酶直接将木糖转变为木酮糖，而酵母菌和真菌则需要通过木糖还原酶先将木糖还原为木糖醇，再由木糖醇脱氢酶将木糖醇氧化为木酮糖。从个别真菌中也发现了木糖异构酶，可以直接将木糖转变为木酮糖。

3. 以糖类（能源甘蔗）为原料生产燃料酒精的技术

（1）能源甘蔗

能源甘蔗最早是由美国植物生理学家亚历山大（Alexander）利用甘蔗和热带能源草本植物杂交选育得到的，它的生物产量比糖料甘蔗高1倍左右，乙醇发酵量高达 23～26t /（年·hm^2）。因此，能源甘蔗是燃料酒精生产的优良原料。

我国研究人员已加强开展能源甘蔗的育种。福建农业大学甘蔗研究所自遂溪引进的 US67-22-2、Q70、C08338 和福农 98-040、93-3406、94-1630 等 6 个能源甘蔗专用品种，进行细胞工程技术扩繁，扩大种植量，多年、多点进行产量、品质实验和生态适应性试验。

（2）能源甘蔗生产燃料酒精的工艺流程

如图 8-11 所示，甘蔗运来后首先经过喷水粗洗，然后用刀切断，再经过撕裂或捣碎，最后经 4～6 级轴辊式轧机压榨，即得粗蔗汁。在压榨过程中，可以用喷淋热水的方法来提高糖的挤出率，总用水量是甘蔗量的 25%，糖的挤出率可达 85%～90%。粗蔗汁中含有 12%～16% 的蔗糖。通常每 100kg 甘蔗可得糖 12.5kg。必要时蔗汁可进行调酸，但不加石灰澄清。澄清后的蔗汁就可以送去发酵车间进行酒精发酵，发酵 8～12h，发酵醪酒精的含量为 6%～8%（体积分数）。蒸馏用四个塔，即粗馏塔、精馏塔、无水酒精制备塔和环己烷回收塔，作为燃料酒精的杂醇油则不需要分离提取。

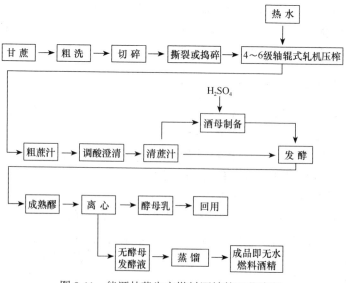

图 8-11 能源甘蔗生产燃料酒精的工艺流程

4. 以淀粉类（木薯）为原料生产燃料酒精

（1）木薯

木薯属于大戟科木薯属，是多年生的亚灌木，其地下部分结薯，薯的结构类似甘薯，故在我国又有树薯、木番薯之称。在世界范围内，木薯的收获面积大于甘薯，成为世界三大薯类作物之一。它起源于热带美洲，在其原产地有 4000 多年的栽培历史，但直到 19 世纪 20 年代才被引入中国，主要分布在长江流域以南的地区。

在热带地区的发展中国家，木薯主要用作粮食，在我国主要用作饲料和用于生产淀粉。木薯淀粉可以制造食糖、酒精、味精以及啤酒、面包、粉丝、酱料等多种产品。

木薯中淀粉含量高，是发酵生产酒精的优质原料。将木薯通过粉碎、蒸煮、糖化、发酵、蒸馏等步骤，生产优级高纯度酒精是提高木薯的综合利用水平和加工效益的有效途径。

（2）木薯生产燃料酒精的工艺流程

木薯生产燃料酒精的工艺流程如图 8-12 所示。

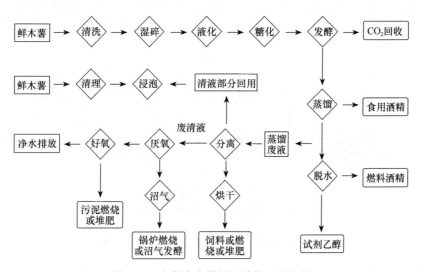

图 8-12　木薯生产燃料酒精的工艺流程

5. 纤维类为原料生产燃料酒精的技术

木质纤维素中的纤维素和半纤维素作为生产燃料酒精的原料具有很大的潜力，具体工艺包括酸解生产燃料酒精和酶解生产燃料酒精。经过几十年的研究，用生物技术的方法使用木质纤维素生产酒精的关键技术已得到很大的发展，已经接近大规模生产的水平。

纤维素类物质发酵生产燃料酒精的工艺流程，包括预处理、水解及发酵等步骤（图 8-13）。

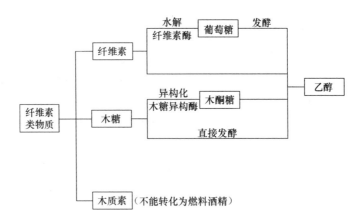

图 8-13　纤维素类物质发酵生产燃料酒精的工艺流程

（1）生物法预处理

为了打破纤维素结构以及木质素、半纤维素对纤维素的包裹，实现纤维素、半纤维素和木质素的相对分离，提高水解剂对原料的可及性和催化效率，需要对纤维素原料进行预处理。常用的纤维素原料预处理方法可分为物理方法、化学方法、物理化学方法及生物方法 4 类。纤维素酶乙醇生物转换工艺路线如图 8-14 所示。这里主要介绍生物法预处理。

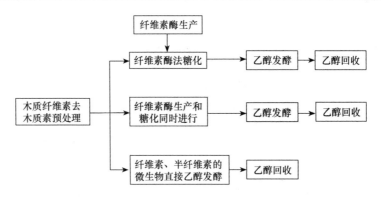

图 8-14　纤维素酶乙醇生物转换工艺路线

一些微生物可以被用来降解原料中的木质素和半纤维素，如褐色、白色和温和的腐败真菌，可以用于纤维素预处理。白色腐败真菌对于木质纤维素原料的预处理效果最好，因为这种真菌产生的细胞外酶能够降解木材的细胞壁，多酚氧化酶、漆酶、过氧化氢生产酶和苯醌还原酶能够降解木质素。该方法具有能耗低、无污染、条件温和等优点，但缺点是周期长，菌体会破坏部分纤维素与半纤维素，降低纤维素的水解率，还需要进行深入研究。

（2）酶水解糖化法

预处理后，需对生物质进行水解，使其转化成可发酵性糖，有酸水解法和酶水解法。

酶水解糖化法利用产纤维素酶微生物或者纤维素酶制品，直接将半纤维素、纤维素水解成可发酵性糖。该方法具有反应条件温和、效率高、能耗低、选择性强、环保效果好等优点，显示出良好的应用价值和前景，其关键在于纤维素酶的获得和利用。

纤维素酶通常是几种酶的混合物，形成高效的纤维素原料酶催化体系，其中 3 种主要的纤维素酶如下：

1）内β-葡聚糖酶（EG 内切-1,4-*D*-葡聚糖苷水解酶或 EC 3.3.1.4），主要作用于纤维素中低结晶度的区域，随机产生短链分子，形成大量非还原性末端。

2）外β-葡聚糖酶或纤维二糖酶（CBH-1,4-β-*D*-聚糖、纤维二糖水解酶或 EC 3.2.1.91），进一步从随机的短链中降解分子，以纤维二糖为单位由末端进行水解。

3）β-葡萄糖苷酶（EC 3.2.1.21），可将纤维二糖水解成葡萄糖。此外，还有多种酶能够作用于半纤维素和纤维素，协助完成纤维素原料的水解。

2001 年美国 Iogen 公司在纤维素酶的开发上有了较大突破，建立了世界上最大的纤维素处理装置。该装置处理量为每年 12 万～15 万 t，燃料酒精产量为每年 300 万～400 万 L。预计成本可以降到 0.29 美元/L，可以与以谷物淀粉为原料生产的酒精竞争。

产纤维素酶的微生物有真菌、酵母菌和细菌。根据处理原料和工艺的不同，选用的菌种也有所差异。目前研究人员正致力于开发纤维素酶的高产菌株。选用的产酶真菌有木霉、曲霉、白地霉等，还有假丝酵母、复膜孢酵母、丝孢酵母、汉森酵母，由于木霉菌株有产酶量大和酶体系比较齐全的优点，因此也成为选用较多的纤维素产酶菌株之一，如里氏木霉（*T.reesei*）。

（3）酶水解发酵工艺

酶水解发酵工艺包括直接发酵法、间接发酵法与同步糖化发酵法等工艺。

1）直接发酵法。该方法以合适的酒精发酵菌株直接利用纤维素发酵得到酒精，具有工艺简单、操作简便的优点，其难点在于得到高效的酒精发酵菌株。王丹等人对 4 株 *Neurospora* 和 4 株 *Fusarium oxysporum* 菌的纤维素酶生产、直接转化纤维素生成酒精的能力进行了研究，筛选出 1 株酒精产量较高的菌株（*CrassaAS* 3.1602），并对其生长、纤维素酶生产和转化纤维素生成酒精的过程进行了研究，结果表明，该菌株具有较高的直接转化纤维素生产酒精的能力，初步优化后的酒精产量和转化率分别达到 6.7g/L 和 33.5%。

嗜热菌（40～65℃）和极端嗜热菌（65℃以上）能直接利用纤维素生产乙醇，不需要经过酸解和酶解前处理过程。研究最多的是利用热纤梭菌，它是嗜热产芽孢的严格厌氧菌，革兰氏染色呈阳性，能分解纤维素，并能使纤维二糖、葡萄糖、果糖等发酵。目前看来，它是将纤维素直接转化为酒精的最有效的菌种。但热纤梭菌产生乙醇也存在一些问题：碳水化合物发酵不完全，乙酸、乳酸、氢的形成导致乙醇产率较低；纤维素发酵速度慢，容积生产力较低；终产物乙醇和有机酸对细胞有相当大的毒性。利用混合菌发酵，能解决酒精产率不高和有机酸等副产物的存在问题。例如，热纤梭菌能分解纤维素，但乙醇产率较低（约 50%）；热硫化氢梭菌不能利用纤维素，但乙醇产率却相当高，两者混合发酵的乙醇产率可达 70%，并且可将乙醇与乙酸的比值提高 10 倍以上。

2）间接发酵法。间接发酵法又称为两段发酵法，是目前研究最多的发酵工艺。该方法分为两个阶段：第一阶段以纤维素酶将纤维素降解为葡萄糖；第二阶段由酵母菌等将所得糖液无氧发酵生成酒精。为了克服乙醇产物的抑制，必须不断地将其从发酵罐中移出，采取的方法有减压发酵法、快速发酵法和阿尔法-拉伐公司的 bioatile 法。对细胞进行循环利用，可以克服细胞浓度低的问题。筛选在高糖浓度下存活并能利用高糖的微生物突变株，以及使菌体分阶段逐步适应高基质浓度，以克服基质抑制。

3）同步糖化发酵法。针对间接发酵法的不足，尤其是糖化过程的抑制作用，Gauss 等人提出在同一个反应罐中进行水解糖化和发酵的同步糖化发酵工艺（SSF），可使间接发酵第一阶段的葡萄糖产物一经产生就直接被发酵菌体利用产出酒精，从而消耗第一阶段的反馈抑制作用。在工艺生产上，该方法具有降低能耗、简化设备、提高纤维素水解率、减少酶消耗量、提高产量、缩短生产时间和反应器小型化等优点。这是目前十分有效的方法，但存在一些如糖化和发酵温度不协调等抑制因素。

在纤维素酶的糖化过程中，纤维素酶的最适温度约为 50℃，而酵母发酵控制温度在 37～40℃；最终产物乙醇对纤维素酶和微生物的活性、中间产物木糖对水解过程都有抑制作用。这些问题的解决方法包括选用耐热酵母菌或耐热酵母菌与普通酵母菌混合发酵以解决最适温度差异问题；通过基因工程在酒精发酵菌中引入利用木糖的基因，减弱木糖的抑制作用；采用非等温同步糖化发酵法（NSSF），使两个阶段保持各自的最适温度，同时减少反应体系的能量损失、节约纤维素酶、提高乙醇产率。

我国将继续加大对新型能源的开发力度，这必将促进生物燃料产业的发展。为了避免对粮食生产安全构成威胁，发展燃料乙醇也正从以粮食为主的原料路线向以非粮食为主的原料路线进行转型。在发展生物燃料乙醇的同时，必须要遵循"三个不得"与"四个坚持"，即不得消耗粮食、不得占用耕地、不得破坏生态环境，坚持科学利用、坚持以人为本、坚持环境生态保护、坚持可持续发展。

四、生物制沼气

（一）沼气的概述

沼气是由农作物秸秆、树木落叶、人畜粪便、工业有机废物和废水等有机物在厌氧条件下，经过微生物发酵作用生成的以甲烷为主的可燃气体。由于这种气体最先是在沼泽中发现的，所以称为沼气。每立方米沼气完全燃烧后的发热量约相当于 3.3kg 原煤产生的热量，是一种清洁、高效、可再生的绿色燃料。

沼气发酵是指有机物（如碳水化合物、脂肪、蛋白质等）在一定温度、湿度和厌氧环境下，经过沼气菌群发酵（消化），生成沼气、沼液（消化液）、沼渣（消化污泥）的过程，也称为厌氧消化。

能够产生沼气的原料来源极其广泛，包括各种工农业有机废水、废弃物，甚至能源作物。厌氧产沼气过程在新能源提供、废物处理、减少温室气体的排放、改善土壤环境、构建可持续发展的社会等方面有着巨大的应用潜力，并发挥着越来越重要的作用。沼气已在供热、热电联产、车用燃料、并入天然气管道等方面展现出良好的应用前景。

（二）沼气的生产

一般情况下，沼气的产生是有机物在隔绝空气和保持一定的温度、pH 等条件下，经过微生物的发酵分解作用产生的。

微生物分解有机物的过程，大体分为两步：第一步，复杂的有机物转化为低级脂肪酸，如丁酸、丙酸、乙酸等；第二步，将第一步的产物转化为甲烷和二氧化碳，其总反应可表示为：

$$(C_6H_{10}O_5)_n + nH_2O \xrightarrow{\text{微生物}} 3nCO_2\uparrow + 3nCH_4\uparrow + \text{热量}$$

有机物　　　水　　　　　　二氧化碳　　甲烷

在上述过程中，起发酵分解作用的微生物并不是一种，参与沼气发酵的微生物统称为沼气微生物，其中包括不产甲烷菌和产甲烷菌，不产甲烷菌又可分为发酵性细菌和产氢产乙酸细菌。

在沼气发酵过程中，这些微生物按照各自的营养需要，起着不同的物质转化作用。复杂的有机物被降解成甲烷，是它们共同作用的结果，如图8-15所示。

图8-15　沼气发酵微生物的类群

（三）制取沼气的条件

由于沼气是微生物发酵分解有机物产生的，微生物的生命活动越旺盛，产生的沼气就越多；相反，微生物的生命活动受到阻碍，产气就会减少，甚至不产气。因此，人们在制取沼气时，要求产气量高，就必须给微生物的生命活动创造一个良好的环境。

1. 严格厌氧环境

分解有机物产生沼气的微生物，都是厌氧微生物，它们的一切生命活动（包括生长、发育、繁殖、代谢等）都不需要氧气。相反，氧气对它们还有损害，因此，严格的厌氧环境是沼气发酵的先决条件。

2. 菌种的选择与富集培养

沼气富集菌种足，活性高，则启动快、产气好、质量好。

菌种来源广泛，沼气池的沼渣、沼液，粪坑底的污泥，屠宰场的阴沟泥都是很好的接种物。有时需要的接种量很大，一时又难以采集到，可以采取富集培养的方法：选择活性较强的污泥，加入要发酵的原料，使其逐渐适应，然后逐步扩大到需要的数量。

3. 合理配料

原料是沼气发酵的基础，发酵前需准备充足的原料。农村的沼气发酵原料多采用粪便与秸秆混合的原料。注意粪便与秸秆两种原料合理的搭配，尽可能多用粪便原料，加上良好的菌种，便能使发酵启动快，产气迅速。

4. 适当的温度

适当的温度是沼气发酵的一个关键因素。沼气微生物的代谢活动随温度上升而更加旺盛。发酵温度一般分为三个温度区：10～28℃为常温发酵区，30～38℃为中温发酵区，45～55℃为高温发酵区。中温和高温发酵要进行保温，且需补充能源，农村一般难以采用。农村沼气池都属常温发酵，发酵温度随气温变化而变化。

5. 适当的酸碱度

沼气微生物的生长、代谢需要的 pH 为 6.5～7.5，pH 在 6.4 以下和 7.6 以上都会对产气产生抑制作用。pH 在 5.5 以下时，产甲烷菌的活动完全受到抑制。一个正常的沼气池，有足量的菌种，便有自动调节的能力。如果原料配制不当，接种质量又差时，就有可能出现有机酸大量积累，pH 下降而自身调节不了的现象。当 pH 过高或过低时，需要进行人工调节。调节方法有以下几种：一是经常换料（少量），以稀释发酵液中的挥发酸，提高 pH；二是向池中添加适量草木灰水或稀释的氨水来调节；三是 pH 过高时适当加入牛、马粪便，并加水冲淡。

6. 适当搅拌

沼气池在不搅拌的情况下，发酵料会分为 3 层：上层结壳、中层清液、下层沉渣，这不利于微生物与发酵料的均匀接触，妨碍发酵产气。搅拌是打破发酵料分层，促进发酵产气的有效方法。

搅拌方法有人工搅拌、机械搅拌、气搅拌和液搅拌等。人工搅拌方式比较适合农家小型沼气池采用；后 3 种多在大中型沼气工程中应用。

（四）沼气发酵工艺

由于用于沼气的有机物种类多、温度差别大、进料方式不同，因此沼气发酵工艺类型也较多。

1. 按发酵温度分类

1）常温发酵（或自然温度发酵）。发酵温度随季节变化，发酵产气速率随四季温度升降而升降，夏季产气高，冬季产气低。但所需条件简单，故农村沼气池大多属于此类型。

2）中温发酵。发酵温度维持在 30～35℃，中温发酵中微生物比较活跃，有机物降解较快，产气率较高，适于处理温暖的废水、废物。

3）高温发酵。高温发酵温度维持在 45～55℃，该温度下沼气微生物特别活跃，有机物分解消化快，产气率高，适于处理高温的废水、废物。

2. 按进料方式分类

1）连续发酵工艺。此发酵工艺的特点是连续定量地添加新料液、排出旧料液，以维持稳定的发酵条件及产气率。适于处理来源稳定的工业废水和城市污水。

2）半连续发酵工艺。此类沼气发酵的特点是定期添加新料液、排除旧料液，间歇补充原料，以维持比较稳定的产气率。我国农村地区的三结合沼气池多属于此类。

3）批量发酵工艺。其特点是成批投入发酵原料，运转期间不投入新料，待发酵周期结束后出料，再投入新料发酵。此工艺产气率不稳定，适用于城市垃圾坑填式沼气发酵。

3. 半连续发酵工艺

沼气发酵工艺多种多样，这里主要介绍我国农村地区三结合沼气池所采用的发酵工艺（即半连续发酵工艺）。

（1）半连续发酵工艺流程

半连续发酵工艺流程如图 8-16 所示。

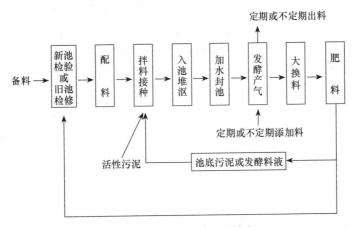

图 8-16　半连续发酵工艺流程

（2）半连续发酵工艺操作程序

1）备料。新建沼气池或旧池大换料前，必须准备好充足的发酵原料，一口家用沼气池，每年至少要准备 500kg 的农作物秸秆做发酵原料，人畜粪便应全部入池。农作物秸秆要做到"夏收冬用，秋收春用"。沼气池换料时间应与农事季节相适应，在南方一般在春季和秋季各大换料一次，在北方一般在春季换料一次。准备入池的秸秆应先行切成 3～5cm 长段。

2）新池检验或旧池检修。新池进料前，必须做好沼气池的检漏。旧池大换料时，在出完旧料进新料之前，要进行旧池检修，发现破损的地方要严格按照防漏施工方法进行修复，必须保证池体完全密封，发酵运转能正常进行。

3）配料。主要有两点：一是适宜的原料碳氮比，每立方米料液中，农村沼气发酵比较适宜的碳氮比为 13：30；二是适宜的料液浓度，南方夏天以 6% 为宜，冬天以 10% 为宜，北方可取 10% 左右。

4）拌料接种。准备好足够的菌种是发酵成功启动的一个关键因素。豆腐厂、食品厂、糖厂、屠宰场等的阴沟污泥，都是良好的菌种来源。最好对接种物进行富集、驯化，这样可以加快发酵启动。接种物以占原料量的 30% 以上为宜。

5）入池堆沤。拌好的发酵原料，从顶盖口投入，边投入边压实，尽量减少原料在发酵过程中的上浮结壳现象。堆沤时间，一般以夏季 2～3d，冬季 3～5d 为宜。堆沤时，不要封池盖，以利于好氧菌和兼性菌的活动，以加快堆沤速度。

6）加水封池。池内堆沤过程中，由于好氧菌和兼性菌的作用，发酵温度不断上升，一般在堆沤期内温度可达到 40～60℃，此时便可在进、出料口处加水。加水完毕，用 pH 试纸检查料液的酸碱度，一般 pH 在 6 以上时，即可封池。若 pH 低于 6，可加入适量的草木灰或氨水调整 pH 在 6 左右时再封池。封池后，即可将输气管、开关、炉具和灯具安装好，并关闭开关。

7）点火试气。一般封池后 2～3d，所产沼气即可点燃。试气宜在炉具和灯具上点火试气，以确保安全。若可以点燃，则次日即可使用。若不能点燃，可把池内气体放掉，次日再试。

8）日常管理。日常管理工作直接影响发酵质量，其主要工作有以下两个方面：

① 及时加新料。一般在投料封池后一个月左右开始进入日常管理。对于三结合沼气池，除了人畜粪便自流入池内进行补料外，还应根据产气情况适当添加一些切碎或粉碎的农作物秸秆。对于非三结合沼气池，5～6d 加料一次，每次加料量占总料液的 4%～5%。进出料的原则是先出后进，进出料量基本相等。在添加料液时，切忌大量用水，以免降低发酵料的浓度，影响产气效果。若添加的新料以秸秆为主，粪便原料减少，即粪便与秸秆的比例低于 2:1 时，要适当添加氮素来调节碳氮比。大约每立方米发酵料液，添加碳酸铵 0.6kg 或尿素 0.3kg，将要添加的碳酸铵或尿素装入塑料袋内，扎紧袋口，用大头针在袋底刺上数十个小孔，投入并固定在进料口下端，使其缓慢溶解溢出，供沼气微生物利用。

② 搅拌。装有搅拌装置的沼气池，每天搅拌 1～2 次，每次 5～6min；无搅拌装置的沼气池，可用长柄竹木工具，从进、出料口插入池内来回搅拌，每天一次，每次数十下。或从水压池取出料液，再从进料管口倒入池内，每次 250～300kg，每天一次。沼气池使用一段时间后，池内浮渣结壳严重，则应打开活动盖，破碎结壳层然后再封盖使用。

对于人畜粪便单一原料的三结合沼气池，其工艺流程和操作程序要简单很多。做好新池检漏和旧池检修工作之后，主要是接种投料工作。最好用粪坑污泥和粪水或沼气池的沼渣液作菌种，发酵启动快且质量较好。投料加水后，水位要高出进、出料管口 10cm 以上，以免沼气跑逸损失。有其他畜粪入池时，要先把干粪浸湿打碎后再入池，以免物料上浮结壳。搅拌的主要作用是使随上浮粪粒的气泡释放出来，同时使粪粒下沉，减少结壳并提高原料利用率。沼气池使用一段时间后，发现产气量下降，结壳层太厚时，应打开活动盖，清除浮渣，然后再封盖继续投入使用。

五、生物制氢

（一）氢的概述

氢是宇宙中最丰富的元素，也是所有元素中最奇特的元素，是最简单和最轻的元素，它是宇宙中一种基本的物质。从整个宇宙来看，氢的分布最为广泛。

能源短缺和环境污染是当今世界面临的挑战性课题，而氢气以其高燃烧值、清洁无污染、适用范围广泛等诸多优点，成为 21 世纪十分理想的能源，是公认的洁净燃料。

（二）生物制氢机制

1. 与制氢有关的酶

能够产氢的微生物主要有两个类群：光合生物和发酵细菌。在这些微生物体内存在着特殊的氢代谢系统，其中固氮酶和氢酶发挥了重要作用。

固氮酶是一种多功能的氧化还原酶，主要成分是钼铁蛋白和铁蛋白，存在于能够发生固氮作用的原核微生物（如固氮菌、光合细菌和藻类等）中，能够把空气中的氮转化生成 NH_4^+ 或氨基酸。

氢酶是一种多酶复合物，存在于原核和真核生物中，其主要成分是铁硫蛋白，分为放氢酶和吸氢酶两种。有的微生物同时含有这两种氢酶，如某些光合细菌；而有的微生物中则只含吸氢酶，如某些好氧固氮菌。在原核生物中，菌体产生氢气主要是由固氮酶催化进行的，氢酶主要发挥吸氢酶的作用。而在真核生物（如藻类）中，氢气代谢主要由氢酶起催化作用。

2. 生物制氢作用

制氢技术有多种，传统方法都存在着耗能大、效率低等问题，与其相比，生物制氢技术具有清洁、节能和不消耗矿物资源等突出优点。生物体能进行自身复制、繁殖，还可以通过光合作用进行物质和能量转换，这种转换系统可以在常温、常压下通过酶的催化作用得到氢气。

生物制氢的想法是由刘易斯（Lewis）于 1996 年提出的，20 世纪 70 年代的能源危机引起了人们对生物制氢的关注，并开始了进一步的研究。

（1）光合生物产氢

能够产氢的光合生物包括光合细菌和藻类。目前研究较多的产氢光合细菌主要有深红红螺菌、红假单胞菌、液胞外硫红螺菌、类球红细菌、荚膜红假单胞菌等。光合细菌属于原核生物，催化光合细菌产氢的酶主要是固氮酶。

一般情况下，光合细菌产氢需要充足的光照和严格的厌氧条件。但也有实验显示，光合细菌还能在暗黑条件下产氢，如紫色非硫细菌在暗黑条件下发酵时，能依靠丙酮酸、甲酸裂解酶系统代谢丙酮酸产氢。Matsunaga 等采用微厌氧的、明暗交替的二段式光生物反应器连续发酵 150h，利用非硫光合细菌 *Rhodovulum sp.* 产氢，每 6h 在每个反应器中通入 12μmol 的微量氧气，在微量氧、暗条件下，菌体的呼吸作用受到促进而产生大量的 ATP；然后在明条件下，由于高浓度 ATP 的存在，可显著提高固氮酶的活性，产氢量是绝对厌氧条件下的 4 倍。与连续光照反应器相比，二段式光生物反应器的光产率显著提高。

许多藻类（如绿藻、红藻、褐藻等）能进行氢代谢，目前研究较多的主要是绿藻。这些藻类属真核微生物，含光合系统 PS I 和 PS II，不含固氮酶，氢代谢全部由氢酶调节。

利用光合细菌和藻类的相互作用发酵产氢可简化对生物质的热处理，降低成本，增加氢气产量。Ike 等研究了光合细菌球形红细菌（*Rhodobacter sphaeroides* RV）和乳酸杆菌（*Lactobacillus amylocorus*）共同发酵三种藻类生物质，即莱茵衣藻（*Chlamydomonas reinhardtii*）、蛋白核小球藻（*Chlorella pyrenoidosa*）和杜氏盐藻（*Dunaliella salina*）。藻类的主要光合储存物是淀粉，经乳酸杆菌预处理可完全水解为乳酸。乳酸是理想的产氢物质，从而为 *Rhodobacter sphaeroides* RV 提供了很好的产氢底物。最终，1mol 葡萄糖可产生 5mol 氢。Ike 等还利用光合细菌（*Rhodovulum marinum*）与乳酸杆菌一起发酵莱茵衣藻的淀粉葡萄糖，结果 1mol 淀粉葡萄糖可产氢高达 8mol。这一结果使直接利用海水中的藻类制氢成为可能。

另一种能够进行光合产氢的微生物是蓝藻。蓝藻又称为蓝细菌，与高等植物一样含有光合系统 PS I 和 PS II，但其细胞特征是原核，属于原核植物。蓝藻中含有氢酶，能够催化生物光解水产氢。此外，有些蓝藻也能进行由固氮酶催化的产氢，固氮酶主要存在于异形胞中。异形胞是蓝藻丝状体中的一种特化细胞，是在缺氮条件下由普通细胞经过细胞壁加厚形成的没有内含物的细胞，这种加厚的细胞壁能够防止氧气的进入，使异形胞中保持近乎无氧状态，从而使固氮酶发挥活性。

对于光合生物产氢技术来说，能够充分利用太阳光是很重要的问题，这需要合理地设计反应器。

（2）发酵细菌产氢

能够发酵有机物产氢的细菌包括专性厌氧菌和兼性厌氧菌，如丁酸梭状芽孢杆菌、大肠埃希氏杆菌、产气长杆菌、褐球固氮菌、白色瘤胃球菌、根瘤菌等。与光合细菌一样，发酵型细菌也能够利用多种底物在固氮酶或氢酶的作用下将底物分解制取氢气，这些底物包括甲酸、乳酸、丙酮酸及各种短链脂肪酸、葡萄糖、淀粉、纤维素二糖、硫化物等。一般发酵细菌的发酵型是丁酸型和丙酸型，如葡萄糖经丙酮丁醇梭菌和丁酸梭菌进行的丁酸—丙酮发酵，可伴随生成氢气。

任南琪等采用其研制的生物制氢反应器，以碳水化合物为供氢体，产生出一种新型生物发酵类型——乙醇型发酵，末端发酵产物主要为乙醇、乙酸、氢气、二氧化碳及少量的丁酸和丙酸。发酵气体中含氢气（40%～49%）和二氧化碳（51%～60%）。二氧化碳经碱液洗脱塔吸收后，可制得 99.5%以上的氢气。产甲烷菌也可用来制氢。这类菌在利用有机物产甲烷的过程中，首先生成中间物氢气、二氧化碳和乙酸，最终被产甲烷菌利用生成甲烷。有些产甲烷菌可利用这一反应在氢酶的催化下生成氢气。

（3）光合生物与发酵细菌的混合培养产氢

光合生物与发酵细菌可利用的底物在工业有机酸废水和城市垃圾中大量存在，因此，生物制氢技术的发展对废物的利用以及环境建设都会有很大的促进作用。由于不同菌体利用底物的高度特异性，其所能分解的底物成分是不同的。底物的彻底分解处理并制取氢气与从其中分离的纯菌发酵制氢相比，结果表明厌氧活性污泥发酵制氢具有产氢量高、持续时间长、反应条件温和等优点，最大产氢能力为 76.4mL/（g·h）。因此，将许多菌种混合使用，可使生态系统的稳定性提高，产氢量显著增加。

在菌体培养方面，目前常用的是固定化细胞技术。微生物细胞固定化后，其产氢酶系统的稳定性提高，连续产氢能力增加。李建政等在对产气肠杆菌 E.82005 菌株进行的连续流非固定化实验（反应器有效容积为 100mL）中，获得 120mL/（L·h）的产氢率。当采用多孔玻璃做载体对菌体进行固定化实验时，产氢率提高到 850mL（L·h）。

任南琪等认为固定化技术也有不可忽视的不足之处，如注入制氢成本高、颗粒内部传质阻力大、反馈抑制和阻遏作用强以及占据空间大等。经改进，在利用有机废水制氢时，与产氢菌伴生的其他菌种能产生果酱样的糖类物质，可以自然实现菌株固定，从而实现利用流动废水持续产生氢气。

纵观生物技术研究的各阶段，比较而言，对藻类及光合细菌的研究要远多于对发酵产氢细菌的研究。传统观点认为，微生物体内的产氢系统（主要是氢化酶）很不稳定，只有进行细胞固定化，才可能实现持续产氢。因此，目前生物制氢研究中大多采用纯菌种的固定化技术。然而，该技术也有不可忽视的不足之处：首先，细菌的包埋技术是一种很复杂的工艺，且要求有与其相适应的菌种生产及菌体固定化材料的加工工艺，这使制氢成本大幅度增加；此外，细胞固定化形成的颗粒其内部传质阻力较大，使细胞代谢产物在颗粒内积累而对生物产生反馈抑制和阻遏作用，从而使生物产氢能力降低；包埋剂或其他基质的使用，势必会占据大量的有效空间，使生物反应器的生物持有量受到限制，从而限制了产氢率和总产量的提高。

现有试验大多数为实验室内进行的小型试验，采用批式培养方法居多，利用连续流培养产氢的报道很少。试验数据也为短期的试验结果，连续稳定运行期超过 40d 的研究实例少见报道。即便是瞬时产氢率提高，长期连续运行能否获得较高产氢量还有待探讨，因此，生物技术要达到工业化水平还需努力。

要使生物制氢技术尽快达到工业化水平，未来的研究应注意以下 4 个方面：

1）应充分重视对发酵产氢微生物的研究。从实现工业化生产的可能性来看，发酵微生物比光合生物具有更大的优越性，而目前的研究主要倾向于光合生物产氢。

2）为了降低运行及管理费用，利用能自固定的、产氢能力较高的厌氧活性污泥混合菌种，并寻求菌种培养容易、启动快的方法，将是未来的主攻方向之一。

3）利用高浓度有机废水制取氢气，并注重耐酸菌种的选育。生物技术的特征之一是可利用廉价的有机物替代"石油"等矿物原料，因而探讨包括有机废水在内的不同有机物的生物制氢可行性及其控制对策意义重大。另外，由于有机废水发酵制氢过程中，将有大量有机挥发酸相伴产生，导致生物介质的 pH 降低，选育和使用耐酸的产氢发酵菌种，可节约甚至完全节省因 pH 调节对碱的大量需求，从而使制氢成本降低。

4）研制可以扩大工业化生产规模的生物制氢反应设备。现有国外研究成果均为试管内或三角瓶中进行的实验室试验阶段，这些成果要转化为工业化生产还有许多工程类问题需要解决。

 本章小结

本章内容结构如图 8-17 所示。

图 8-17　本章内容结构

思考题

1. 举例说明酶在疾病诊断方面的应用。
2. 举例说明发酵技术在食品工业上的应用。
3. 举例说明酶制剂在食品工业上的应用。
4. 举例说明基因工程在食品工业上的应用。

第九章　生物安全性

知 识 导 入

生物技术在全球范围内取得了突飞猛进的发展，生物安全与生物技术和人类社会的进步息息相关，逐渐成为全球社会普遍关注的热点，生物技术的发展离不开生物安全管理。对于生物技术药物而言，由于其种类繁多、性质各异、机理复杂，并多具有明显的免疫原性等特点，使其安全性研究变得更加复杂和重要。

第一节　转基因生物的潜在威胁

转基因生物安全是近年来在媒体上出现频率较高的概念。从整体意义上来说，转基因生物安全不仅仅是技术问题，近年来国际上对转基因生物的争论，已扩大到了政治、经济、贸易、社会、伦理等多个层面，争论的热点和焦点是农业转基因生物引发的环境安全与食用安全问题。目前国际上对转基因食品的安全性还有争论，但目前还没有明确的科学证据表明转基因食品对人体有害。虽然没有发现转基因食品对人体有害，但本着对人类负责的态度，许多政府部门和科学家对转基因食品"可能存在的潜在危险"比较关注，人们担心转基因活生物体及其产品作为食品进入市场，可能对人体产生某些毒理作用和过敏反应，其营养成分的变化、转基因成分加工产生的变化，有可能对人体产生某些负面影响。

目前对转基因技术的主要担心有含有抗虫害基因的食品是否会威胁人类健康、转基因产品对环境的影响、转基因产品是否会破坏生物多样性、转基因产品带来的伦理问题等。

一、对自然环境的影响

基因工程的发展和进步，已经为人类带来了美好的前景，部分解决了人类的粮食、医药以及环境等问题。但是这些转基因产品是否对人类和环境造成危害，已经引起全社会的广泛关注。对自然环境的影响主要表现以下几个方面。

1. 不可控制，无法逆转

转基因生物是实验室中创造出来的生命，不是自然的生命体，是无法通过进化自然产生的，即转基因生物对地球的生态系统来说，都属于外来品种，转基因生物像其他生物一样，可以有繁殖、与近亲交配的能力，可以透过花粉传播及其他方法将体内的特性传给近亲生物，转基因生物一旦进入地球环境之中，它们就会在地球环境中继续繁衍，人类无法控制，一旦出错，将无法挽回。

2. 危害生态平衡

转基因的生物由于是人工改造的，在生存上比同类的生物显得更强势，如被植入人类生长激素的三文鱼比普通三文鱼的个体要大 3 倍以上，而且生长速度更快。研究生态的学者们担心，强势的转基因生物会令自然界原有的品种绝种，破坏生物多样性。

例如，通过转基因技术可以发展出抗虫的农作物，但这些改造过的生物可能会为其他生物带不可预知的危害，包括蝴蝶、瓢虫等，最终导致生态平衡的破坏，甚至产生一场自然大灾害。

3. 基因污染危及粮食安全

转基因农作物会透过花粉将基因传播给近亲植物，科学家称其为基因流，这会令其他植物也出现转基因农作物（如抗除草剂）的特征，扰乱生态的自然规律。如果抗除草剂的基因传播到杂草，更会使"超级杂草"出现，危害粮食生产。

二、对人体健康的影响

转基因生物产品作为商品对人体健康可能带来的影响，一直是人们关心的问题。转基因生物作为食品进入人体，很可能出现某些毒理作用和过敏反应，如 1998 年 8 月，英国罗威特研究所的普兹泰教授发现老鼠食用转基因土豆之后免疫系统受到破坏，普兹泰进一步推论，很多消费者食用没有经过严格鉴定的转基因食品也可能出现一样的症状；美国报道过转基因西红柿导致厨师过敏的事件；德国报道的转基因猪虽然比正常猪大 1 倍，出肉量也多 1 倍，但"百病缠身"，患有胃肿瘤、肺炎、心力衰竭和关节畸形，因此人食用后也存在患病的可能。而这些影响一般需要经过很长时间才能表现和监测出来。此外，转基因微生物可能与其他生物交换遗传物质，产生新的有害生物或增强有害生物的危害性，最终引起疾病的流行。

第二节　转基因作物与食品的安全性

一、转基因作物与食品的概念

传统的育种技术是通过植物种内或近缘种间的杂交将优良性状组合到一起，从而创造产量更高或品质更佳的新品种。这一技术对 21 世纪农业生产的飞速发展做出了巨大贡献，但其限制因素是基因交流范围有限，很难满足农业生产持续高速发展的要求。转基因植物是指利用重组 DNA 技术将克隆的优良目的基因导入植物细胞或组织，并在其中进行表达，从而使植物获得新的性状。这一技术克服了植物有性杂交的限制，基因交流的范围无限扩大，可将从细菌、病毒、动物、人类、远缘植物甚至人工合成的基因导入植物，所以其应用前景十分广阔，如将抗草甘膦的基因转入大豆，使大豆对这种除草剂产生抗性，从而显著简化了控制大豆杂草的措施。

从狭义上，通过基因工程将一种或几种外源基因转移至某种特定生物体（动物、植物和微生物等）中，并使其有效地表达出相应的产物（多肽或蛋白质），这样的生物体直接作为食品或以其为原料加工生产的食品称为转基因食品。这里所指的外源基因，通常为受体生物体中原本没有的。因此转移了外源基因的生物体会因产生原来不存在的多肽或蛋白质而出现新的生物学和生理特性，专业上称为新的表现型。一种生物体新的表现型的产生除可采用转基因技术外，还可采用对生物体本身进行基因修饰的办法。一个基因修饰后会改变"模样"，其表达产物与不修饰时不同，在效果上等同于转基因，这是广义上的转基因食品。

例如，人们可以用鲜鱼的基因帮助西红柿、草莓等普通植物来抵御寒冷；把某些细菌的基因接入玉米、大豆的植株中，就可以更好地保护它们不受害虫侵袭。而以这些转基因生物为原料加工生产的食品就是转基因食品。转基因技术能够提高农作物的抗病虫害和抗杂草能力，减少农药和除草剂的使用，使农作物的生产成本显著降低；同时还可以培育出营养成分更高，有晚熟、保鲜功能的转基因农产品。

二、转基因食品的类型

世界上第一种转基因食品是 1993 年投放美国市场的西红柿。随后的几年中，动物来源的、植物来源的和微生物来源的转基因食品发展非常迅速，各种类型的转基因食品应运而生。尽管至今还未对转基因食品进行系统分类，但根据转基因的功能可以大致将其分为以下几种类型：

1）增产型。农作物增产与其生长分化、肥料、抗逆、抗虫害等因素密切相关，故可转移或修饰相关的基因以达到增产效果。

2）控熟型。通过转移或修饰与控制成熟期有关的基因可以使转基因生物成熟期延迟或提前，以适应市场需求。最典型的例子是延熟速度慢，不易腐烂，易储存。

3）高营养型。许多粮食作物缺少人体必需的氨基酸，为了改善粮食作物，可以从改造种子储藏蛋白的基因入手，使其表达的蛋白质具有合理的氨基酸组成。现已培育成功的有转基因的玉米、土豆和菜豆等。

4）保健型。通过转移病原体抗原基因或毒素基因至粮食作物或果树中，人们吃了这些粮食和水果，相当于在补充营养的同时服用了疫苗，起到预防疾病的作用。有的转基因食物可防止动脉粥状硬化和骨质疏松。一些防病因子也可由转基因牛羊的奶中得到。

5）新品种型。通过不同品种间的基因重组可形成新品种，由其获得的转基因食品可能在品质、口味和色香方面具有新的特点。

6）加工型。由转基因产物作原料加工制成，种类繁多。

三、转基因作物与食品的安全评价

转基因作物与食品的安全性主要包括两个方面：转基因食品的安全性和转基因作物对生态环境的可能危害。在安全评价方面应该遵循两个原则：一是实质等同的原则；二是个案分析的原则。

1. 转基因植物的环境安全性

环境安全性评价的核心问题是转基因植物释放到田间后，是否会将所转基因再转移到野生植物中，是否会破坏自然生态环境，打破原有生物种的动态平衡，包括以下几个方面：

1）转基因植物演变成农田杂草的可能性。植物在获得新的基因后会不会增加其生存竞争性，在生长势、越冬性、种子产量和生活力等方面是否比非转基因植株强。若转基因植物可以在自然生态条件下生存，势必会改变自然的生物种群，打破生态平衡。从目前在水稻、玉米、棉花、马铃薯、亚麻、芦笋等转基因植物的田间试验结果来看，转基因植物在生长势、越冬能力等方面并不比非转基因植株强，也就是说大多数转基因植物的生存竞争力并没有增加，故一般不会演变为农田杂草。

2）基因漂流到近缘野生种的可能性。在自然生态条件下，有些栽培植物会和周围生长的近缘野生种发生天然杂交。从而将栽培植物中的基因转入野生种中。若在这些地区种植转基因植物，则转入基因可以漂流到野生种中，并在野生近缘种中传播。在进行转基因植物安全性评价时，我们应从两个方面考虑这一问题。一个是转基因植物释放区是否存在可以与其杂交的近缘野生种。若没有，则基因漂流就不会发生。例如，在加拿大种植转基因棉花，因没有近缘野生种存在则不可能发生基因转移。同样，在中国种植转基因玉米，因没有野生大刍草，所以也不会发生基因漂流。另一个可能是存在近缘野生种，基因可从栽培植物转移到野生种中。这时就要分析考虑基因转移后会有什么效果。如果是一个抗除草剂基因，发生基因漂流后会使野生杂草获得抗性，从而增加杂草控制的难度。特别是若多个抗除草剂基因同时转入一个野生种，则会带来灾难。但若是品质相关基因等转入野生种，由于不能增加野生种的生存竞争力，所以影响也不大。

3）对生物类群的影响。在植物基因工程中所用的许多基因是与抗虫或抗病性有关的，其直接作用对象是生物。例如，转入 Bt 杀虫基因的抗虫棉，其目标昆虫是棉铃虫和红铃虫等植物害虫，若大面积和长期使用，昆虫有可能对抗虫棉产生适应性或抗性，这不仅会使抗虫棉的应用受到影响，而且会影响 Bt 农药制剂的防虫效果。为了解决这个问题，在抗虫棉推广时一般要求种植一定比例的非抗虫棉，以延缓昆虫产生抗性。除了目标昆虫外，我们还要考虑转基因植物对非靶昆虫的影响。例如，有人用 Bt 蛋白饲料喂养棉田中的 6 种非靶昆虫，当杀虫蛋白浓度高于控制目标昆虫浓度 100 倍时，对非靶昆虫均未出现可见的生长抑制。此外，Bt 蛋白对有益昆虫如蜜蜂、瓢虫等都无毒性。

2. 转基因食品的安全性

食品安全性也是转基因植物安全性评价的一个重要方面。1993 年经济合作与发展组织（OECD）提出了食品安全性评价的实质等同性原则，即评价转基因食品安全性的目的，不是要了解该食品的绝对安全性，而是评价它与非转基因的同类食品比较的相对安全性。如果转基因植物生产的产品与传统产品具有实质等同性，则可以认为是安全的。例如，转病毒外壳蛋白基因的抗病毒植物及其产品与田间感染病毒的植物生产的产品都带有外壳蛋白，这类产品应该认为是安全的。若转基因植物生产的产品与传统产品不存在实质等同性，则应进行严格的安全性评价。在进行实质等同性评价时，一般需要考虑以下两个主要方面。

1）有毒物质：必须确保转入外源基因或基因产物对人畜无毒。例如，转 Bt 杀虫基因玉米除含有 Bt 杀虫蛋白外，与传统玉米在营养物质含量等方面具有实质等同性。要评价它作为饲料或食品的安全性，则应集中研究 Bt 蛋白对人畜的安全性。目前已有大量的实验数据证明 Bt 蛋白只对少数目标昆虫有毒，对人畜绝对安全。

2）过敏源：在自然条件下存在着许多过敏源。在基因工程中如果将控制过敏源形成的基因转入新的植物中，则会对过敏人群造成不利的影响。所以，转入过敏源基因的植物不能批准商品化。例如，美国有人将巴西坚果中的 2S 清蛋白基因转入大豆，虽然使大豆的含硫氨基酸增加，但也未获批准进入商品化生产。此外还要考虑营养物质和抗营养因子的含量等。

第三节　国际上转基因作物与食品安全管理的现状

转基因食品的安全性问题已经涉及了政治和贸易问题。转基因食品部分解决了食品供给这一人类生存的首要问题，但某些国家基于社会经济考虑，禁止或限制转基因食品的出口，设置新的技术性贸易壁垒，以保护自己的生物工程产业。发达国家凭借先进的生物工程技术水平，在专利权方面导致新的垄断，如"终止子技术"专利就使得农民无法留种，使生物工程技术公司能够谋取高额利润，在国际上引起了很大争议。如果对类似的经济安全问题不加以解决，转基因食品的专利权垄断同样会加剧贸易两极分化，导致经济不平衡，从而引发地区冲突，全球政治动荡。

总体而言，美国和加拿大对转基因植物的管理较为宽松。美国在 2000 年种植的转基因作物面积有 3030 万公顷，占当年全世界转基因作物种植面积的 70%，品种多达 40 种。美国、加拿大和阿根廷，这三国种植的转基因作物占全世界的 98%。与此形成鲜明对照的是欧洲国家，欧盟不少成员国一直禁止经营转基因作物，如法国、希腊、意大利等，即使允许少量经营，也有严格限制。比利时联邦政府就下令摧毁了一块数十公顷的转基因玉米试验田，原因是该试验田没有按要求同普通农田保持距离，可能对正常的农作物造成"污染"。欧盟于 1990 年制定了规范转基因作物的基本法规，但允许种植的转基因作物只有大豆、玉米和油菜等 11 种作物，耕种面积占世界转基因作物种植面积的 0.3%。

目前，全球许多国家均已制定了转基因生物及其产品的安全管理法规和条例，一个全球性的监督管理网络正在逐步形成并发挥着日益重要的作用，但是由于各个国家对生物技术，特别是基因工程技术在认识和理解上存在较大的差异，导致各国转基因食品安全管理的指导思想和行动策略都有较大的差异。目前国际上对转基因食品有两种较具代表性的管理模式：一种是以美国、加拿大等转基因食品生产和出口大国为代表的以产品为基础的管理模式，他们认为基因工程技术与传统生物技术无本质区别，管理应针对生物技术产品，而不是生物技术本身；另一种是以技术为基础的管理模式，欧盟认为基因重组技术本身具有潜在的危险性，只要与基因重组相关的活动，都要进行安全性评价并接受管理。不同的管理模式直接影响各个国家以及广大消息者对转基因食品的接受、准入、管理的政策和态度。

例如，美国是在原有联邦法律的基础上增加转基因生物的内容，分别由农业部动植物检疫局、环保署及食品药品监督管理局负责环境与食品两个方面的安全性评价及审批。欧洲国家，特别是英国、法国、德国等在农业生物技术领域都开展了广泛而深入的研究，开发出一批可用于生产的转基因作物。但直到现在，欧洲作为商品种植的转基因作物还很少。由于各国在法规和管理方面存在着很大的差异，特别是许多发展中国家尚未建立相应的法律法规，一些国际组织如 OECD、联合国工业发展组织（UNIDO）、联合国粮食及农业组织（FAO）和世界卫生组织（WHO）等在近年来都组织和召开了多次专家会议，积极进行国家间的协调，试图建立多数国家（尤其是发展中国家）能够接受的生物技术产业统一管理标准和程序。联合国环境署和生物多样性公约秘书处于 1996 年开始就《生物安全议定书》组织了多轮谈判，终于在 2000 年得以通过，共有 130 多个国家参加，我国是第 70 个签署国。该议定书的生效实施，对世界各国生物多样性保护和生物技术的发展及其产品贸易产生了重要的影响。

总之，随着对转基因生物技术带来的巨大利益和安全性问题认识的逐步深入，不少国家已从恐惧和严格的限制，逐步转向通过科学的安全性检测和评价，强化对转基因生物的安全性管理，控制转基因生物可能带来的负面影响。

第四节　生　物　武　器

一、生物武器概况

生物武器是大规模杀伤性武器之一，靠散布生物战剂制造"人工瘟疫"，使对方军队、居民、牲畜以及农作物受到感染，引起人、畜疾病流行或死亡，农作物遭受损失，从而削弱对方战斗力，破坏战争潜力。由于以往主要使用致病性细菌作为战剂，通常称为细菌武器。随着科学技术的发展，目前生物战剂已超出细菌的范畴，所以称为生物武器。

1. 生物战历史事例简述

在以往的战争中，特别是在抗生素问世以前，传染病常导致军事失利，军队发生传染病流行常造成严重减员。最早的生物战可能是开始于公元前 431 年的伯罗奔尼撒战争，战争开始不久，一种烈性传染病鼠疫传播到雅典，这种可怕的传染病在短时间内造成军队和居民的大批发病和死亡，结果古希腊战败。后来鼠疫继续流行最终毁灭了古希腊。1736 年英国人与印第安人的战争中，英国人在为驻守在 Carillon 城堡的印第安人假意提供的毯子中使用了天花病毒，使天花在城堡中蔓延，英军从而顺利夺取了 Carillon 城堡。这是比较早的符合现代概念的生物战。

在第一次世界大战和第二次世界大战期间，德军、日军曾对生物武器进行了大量的研究、生产和使用。特别是日军"731 部队"惨无人道地利用中国战俘和老百姓，进行了灭绝人性的细菌效能试验，杀害了 3000 多名我国同胞，并在中国东北、浙江、湖南、云南等地多处施放鼠疫、炭疽、霍乱等细菌或感染动物，造成多起人群炭疽感染和鼠疫流行。

1942～1943 年，英国曾在苏格兰西海岸格列纳德（Gminard）小岛上进行了炭疽芽孢杆菌气溶胶的杀伤力实验，用电力起爆 4 磅和 30 磅炸弹，释放大约 $4×10^4$ 个芽孢。45 年后污染土壤中仍能检出炭疽芽孢菌，在该岛 4hm^2 的小片土地处理上耗用了 280 t（37%）甲醛、2000t 海水及大量人力物力才彻底消除污染菌。

据估计，在第二次世界大战期间，日本、美国、苏联、德国、英国、加拿大等国家从事生物武器研究的人员，最多的达到几千人，最少的也有几十人。

1952 年，美军在朝鲜战场和中国边境地区大规模使用生物武器，所用战剂 10 余种。在一些地区出现了鼠疫、霍乱、肺型炭疽和病毒性脑炎患者。1995 年 3 月，日本的邪教组织奥姆真理教在东京的地铁里使用沙林毒气，造成 13 人死亡，1036 人住院治疗。

2001 年，美国"9.11"事件以后，9 月 18 日起又遭到多起生物恐怖袭击，主要通过邮件携带炭疽芽孢粉末，造成 17 人感染，5 人死亡。

由于科技水平的不断进步，生物武器也发生了较大变化。战剂的种类、传染性、致病性、耐药性及对外界的稳定性不断增加或提高，新的致病微生物也在不断地被研究发现，并且随着遗传工程技术的发展，可以将几种病原体的遗传成分进行杂交或重组，形成新的杀伤能力更强的生物战剂。同时，战剂的布撒方法、战剂的混合使用、降低气溶胶衰变、战剂的浓缩和生产速度等方面都有较快的发展，生物武器的破坏将越趋严重，防护越趋困难。

2. 生物武器的概念

生物武器是生物战剂及其施放装置的总称，它的杀伤破坏作用靠的是生物战剂。

生物武器的施放装置包括炮弹、航空炸弹、火箭弹、导弹弹头和航空布撒器、喷雾器等。以生物战剂杀死有生力量和毁坏植物的武器统称为生物武器。生物武器标志如图 9-1 所示。

图 9-1　生物武器标志

生物战剂是军事行动中用以杀死人、牲畜和破坏农作物的致命微生物、毒素和其他生物活性物质的统称。生物战剂是构成生物武器杀伤威力的决定因素。致病微生物一旦进入机体（人、牲畜等）便能大量繁殖，破坏机体功能，导致机体发病甚至死亡。它还能大面积毁坏植物和农作物等。生物战剂的种类很多，据国外文献报道，可以作为生物战剂的致命微生物超过 160 种，但具有引起疾病能力和传染能力的致命微生物数量不多。

3. 生物战剂的分类

1）根据生物战剂对人的危害程度，可分为致死性战剂和失能性战剂。

① 致死性战剂。病死率在 10%以上，甚至达到 50%～90%，包括炭疽杆菌、霍乱弧菌、野兔热杆菌、伤寒杆菌、天花病毒、黄热病毒、东方马脑炎病毒、西方马脑炎病毒、斑疹伤寒立克次体、肉毒杆菌毒素等。

② 失能性战剂。病死率在 10%以下，如布鲁氏杆菌、Q 热立克次体、委内瑞拉马脑炎病毒等。

2）根据生物战剂的形态和病理可分为如下几种。

① 细菌类生物战剂。主要有炭疽杆菌、鼠疫杆菌、霍乱弧菌、野兔热杆菌、布氏杆菌等。

② 病毒类生物战剂。主要有黄热病毒、委内瑞拉马脑炎病毒、天花病毒等。

③ 立克次体类生物战剂。主要有流行性斑疹伤寒立克次体、Q 热立克次体等。

④ 衣原体类生物战剂。主要有鸟疫衣原体。

⑤ 毒素类生物战剂。主要有肉毒杆菌毒素、葡萄球菌肠毒素等。

⑥ 真菌类生物战剂。主要有粗球孢子菌、荚膜组织胞浆菌等。

3）根据生物战剂有无传染性可分为如下两种。

① 传染性生物战剂。如天花病毒、流感病毒、鼠疫杆菌和霍乱弧菌等。

② 非传染性生物战剂。如土拉杆菌、肉毒杆菌毒素等。

随着微生物学和有关科学技术的发展，新的致病微生物不断被发现，可能成为生物战剂的种类也在不断增加。近年来，人类利用微生物遗传学和遗传工程研究的成果，运用基因重组技术使遗传物质重组，定向控制和改变微生物的性状，从而有可能产生新的致命力更强的生物战剂。

二、生物武器的特点

生物武器具有区别于核武器、化学武器和常规武器的杀伤特点。

（1）致命性、传染性强

生物武器一旦发生病例，易在人群中迅速传染流行，造成人员伤亡，甚至造成社会恐慌。如 1gA 型肉毒杆菌毒素可使 800 万人致死，人只要吸入 0.0003mg 的剂量就会死亡；1g 鸟疫衣原体悬浮液可使 1500 万人感染。

（2）生物专一性

生物武器可以使人、牲畜感染得病，并能危及生命，但是不破坏无生命物体，如武器、装备、建筑物等。

（3）面积效应大

现代生物武器可将生物战剂分散成气溶胶状达到杀伤目的。这种气溶胶技术在适当气象条件下可造成大面积污染，如用一架飞机运载三种武器所造成的杀伤面积：核武器（100 万吨级）为 $300km^2$，化学武器（15 t 级神经性毒剂）为 $60km^2$，生物武器（10 t 级）为 $100000km^2$。

（4）危害时间长

在适当条件下，传染性可保持数天或数月，有的生物战剂能在受感染的动物体内长期存活，甚至传代，如 Q 热病原体在毛、棉布、土壤中可存活数月，球孢子菌的孢子在土壤中可以存活 4 年，炭疽杆菌芽孢在阴暗潮湿土壤中甚至可存活 10 年。

（5）难以发现

生物战剂气溶胶无色、无味，不容易发现；投放的带菌小动物也易与当地原有品种相混淆，因此不易发现。若在夜间或多雾时使用，就更难以及时发现。

（6）有局限性

生物武器受自然因素影响较大，没有立即杀伤作用。生物战剂绝大部分为活的微生物，需要一定的生存环境，在生产、储存、运输、使用过程中，战剂的作用时间和效能都会受到影响。生物战剂的攻击效果受风速、风向、温度、湿度、降雨、降雪、日光以及地貌等条件的影响也很大。

三、武器研究的新特点

人类已知的微生物和新发现的微生物，尽管有其遗传多样性，但其生物学特性和临床致病特征基本已为大家所熟知，预防起来比较容易。而生物武器研究的新特点是利用现代生物技术的遗传工程，来改造和修饰所选用微生物的遗传基因，使其增强致病力并获得某些抗药性，或者将多种微生物的毒力因子杂交到一起，以增加诊断、预防和治疗的难度。从而提高生物武器的杀伤力和危害程度。

科学研究成果应该是造福人类的，好战集团利用先进科学为其战争目的服务，利用基因工程技术的先进技术对天然病毒进行基因改造，使其成为更具杀伤力及传播性的病毒，这类武器是现代战争中的新型生物武器，称为基因武器。它是根据军事需要，通过基因重组制造出来的新型生物战剂，因采用的是重组 DNA 技术，所以也称为 DNA 武器和遗传武器。根据其原理和作用的不同，可以将基因武器分为以下 3 类。

1. 致病或抗药的微生物

这类生物武器是指对一些不致病的微生物通过基因重组在体内"插入"致病基因，或者在一些致病的细菌或病毒中接入能对抗普通疫苗或药物的基因，从而培育出新的致病微生物或新的耐药性很强的病菌。

例如，将天然的麻风病、霍乱、鼠疫杆菌等这些致病菌基因通过基因重组改造成易存储、便携、毒性更大的生物武器。炭疽杆菌是一种引起炭疽热的病菌，青霉素的衍生物对它有治疗作用，但是如果在其体内植入一种内酰胺酶基因，就可以使青霉素类抗生素失效。

2. 攻击人类的动物

将攻击人类的物种基因转接到其他物种上，其繁育的后代将成为具有攻击性的"动物兵"。例如，将南美杀人蜂、食人蚁的"残忍"基因转接到普通的蜜蜂和蚂蚁身上，再不断地将这些带有新基因的蜜蜂、蚂蚁进行克隆，这些克隆后的蜜蜂、蚂蚁便可以成为大批量的"动物兵"。

未来，出现在战场上的可能将不仅仅是智能机器人队伍，而且还有大量的能够思考的奇形怪状的新生物。

3. 种族基因武器

基因决定了人类民族的各种特征，如肤色、头发、身高等。随着人类基因组的破译，人类将掌握不同种族、不同人群的特异性基因，这就有可能被用来研究攻击特定基因组成的种族或人群的基因武器，即种族基因武器。

例如，降低某一民族的出生率或提高其婴儿夭折率，或是压制这个群体内的某种抗体，提高其接触病菌的机会，这样就可以"无声无息地"将这个民族消灭。

针对生物武器以上特点，促使有远见的决策者投入更多的人力和财力，对可用于生物恐怖袭击的危险病原微生物的快速诊断和疫苗预防进行研究。

四、生物武器的防护

(一)生物安全防范的新思路

生物战经过多年的研究，所用的战剂已有极大的发展，目前已发展到基因武器阶段，它具有超强的毒力、抵抗力、致病性和耐药性等，使原有的检测、消毒、防治等方面全部失效。因此在制定新世纪生物安全战略时应以新的思路来制定 21 世纪的生物安全战略。在防护生物战中除了防范可能发生的生物袭击外，还要将注意力更多地放在预警等方面，特别是更加重视改善公共卫生系统的服务管理。由于潜伏期的关系，对生物攻击首先做出反应的很可能是医院和诊所中的医务工作者，而非其他的生物安全机构。医院等公共卫生机构做出反应的速度和效力，又取决于对疾病的监测能力，即能否及时地识别某些异常疾病，并快速报告给相应的主管部门。由于疾病的潜伏期往往要超过国际旅行所需的时间，因此也需要在世界范围内建立一个有效的监测网络。此外，要开发和储存足够的疫苗、抗生素、抗病毒物质等，以防大规模生物袭击等。为了迎接生物安全的挑战，必须将公共卫生部门置于与国防同等重要的地位。并要求发达国家更多加强与发展中国家的合作；同时由于生物工程技术的迅速发展，特别是一些有潜在军事用途的新技术的涌现，也要求科学工作者更加认真地讨论自身所负有的责任。

（二）常用防护方法实例

生物战剂气溶胶主要是经呼吸道侵入人体，因此，保护好呼吸道非常重要。防护的方法主要有如下几种。

1. 戴防毒面具

防毒面具的样式有很多，但主要由滤毒罐和面罩两部分组成。滤毒罐包括装填层和滤烟层。装填层内装防毒炭，用于吸附毒剂蒸气，但对气溶胶作用很小。滤烟层由滤烟纸制成，组成滤烟纸的材料包括棉纤维、石棉纤维，或超细玻璃纤维等。为了增加过滤效果，滤烟纸折叠成数十折，它的作用是过滤放射性尘埃、生物战剂和化学毒剂气溶胶，滤效可达 99.99% 以上。

2. 使用特殊型防护口罩

例如，使用由过氯乙烯超细纤维制成的防护口罩，这种口罩对气溶胶的滤效在 99.9% 以上。在紧急情况下，如果没有防毒面具或特殊型防护口罩，也可采用容易得到的材料制造简便的呼吸道防护用具，例如，脱脂棉口罩、毛巾口罩、三角巾口罩、棉纱口罩以及防尘口罩等。此外，还需要保护好皮肤，以防有害微生物通过皮肤侵入身体。通常采用的办法有穿隔绝式防毒衣或防疫衣以及戴防护眼镜等。

为了更有效地防止生物武器的危害，在可能发生生物战的时候，可以有针对性地打预防针。对于清除生物战剂而言，可以采用的办法如下。

（1）烈火烧煮

烈火烧煮是消灭生物战剂十分彻底的办法之一。

（2）药液浸喷

药液浸喷是对付生物战剂的重要办法之一。药液浸喷可利用农用喷药机械或飞机等。用做杀灭微生物的浸喷药物主要有漂白粉、"三合二"、优氯净（二氯异氰尿酸钠）、氯胺、过氧乙酸、福尔马林等。

对于施放的战剂微生物，由于它们可能附在一些物品上，既不能烈火烧煮，也不能药液浸喷，应对的办法就是用烟雾熏杀。此外，皂水擦洗和阳光照射以及泥土掩埋等也是可以采用的办法。

 **本章小结**

本章内容结构如图 9-2 所示。

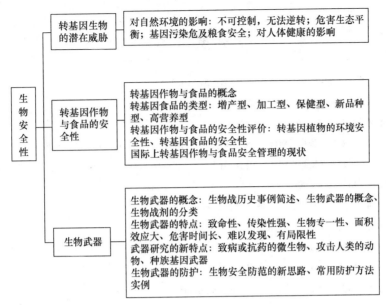

图 9-2　本章内容结构

 思考题

1. 简述生产安全性、转基因食品、生物武器、生物战剂的含义。
2. 转基因生物存在哪些潜在的威胁？
3. 转基因食品有哪些类型及特点？
4. 应从哪些方面对转基因食品进行安全评价？
5. 请列举三例历史上发生的生物战。
6. 常用的生物战剂有哪些？
7. 生物武器与核武器、化学武器和常规武器的杀伤特点有何区别？
8. 说出防护生物武器的常用方法。

参 考 文 献

曹南. 2013. 基因工程在食品中的应用分析 [J]. 湖南农机, (03).

常重杰. 2012. 基因工程 [M]. 北京：科学出版社.

陈石根. 2001. 酶学 [M]. 上海：复旦大学出版社.

戴旭东, 孟清, 刘相钦. 2012. 蛋白质剪接在蛋白质研究和蛋白质工程中的应用 [J]. 自然杂志, (01).

丁国婵. 2013. 基因工程疫苗在动物疾病防治中的应用 [J]. 当代畜牧, (18).

郭勇. 2009. 酶工程 [M]. 北京：科学出版社.

贺淹才. 2008. 基因工程概论 [M]. 北京：清华大学出版社.

黄凤洪. 2009. 生物柴油制造技术 [M]. 北京：化学工业出版社.

黄迎春. 2009. 蛋白质工程简明教程 [M]. 北京：化学工业出版社.

孔健. 2005. 农业微生物技术 [M]. 北京：化学工业出版社.

李家洲. 2004. 生物制药工艺学 [M]. 北京：中国轻工业出版社.

李万才. 2009. 生物分离技术 [M]. 北京：中国轻工业出版社.

李维平. 2010. 生物工艺学 [M]. 北京：科学出版社.

李维平. 2013. 蛋白质工程 [M]. 北京：科学出版社.

李友勇. 2004. 应用生物技术 [M]. 北京：中国农业科技出版社.

廖湘萍. 2004. 生物工程概论 [M]. 北京：科学出版社.

刘谦, 朱鑫泉. 2001. 生物安全 [M]. 北京：科学出版社.

罗贵民. 2002. 酶工程 [M]. 北京：化学工业出版社.

吕虎, 华萍. 2011. 现代生物技术导论 [M]. 2 版. 北京：科学出版社.

梅乐和. 2011. 蛋白质化学与蛋白质工程基础 [M]. 北京：化学工业出版社.

孟和宝力高. 2013. 生物技术专业发展趋势及设想 [J]. 解放军医药杂志, (02).

潘瑞炽. 2000. 植物组织培养 [M]. 北京：北京农业大学出版社.

庞俊兰. 2007. 细胞工程 [M]. 北京：高等教育出版社.

齐香君. 2004. 现代生物制药工艺学 [M]. 北京：化学工业出版社.

施巧琴. 2005. 酶工程 [M]. 北京：科学出版社.

宋思扬, 楼士林. 2009. 生物技术概论 [M]. 3 版. 北京：科学出版社.

孙明. 2013. 基因工程 [M]. 2 版. 北京：高等教育出版社.

孙毅. 2010. 基因工程的发展现状和应用前景 [J]. 科技情报开发与经济, (35).

田晖. 2009. 微生物应用技术 [M]. 北京：中国农业大学出版社.

王大成. 2002. 蛋白质工程 [M]. 北京：化学工业出版社.

王蒂. 2003. 细胞工程学 [M]. 北京：中国农业出版社.

王镜岩, 朱圣庚, 徐长法. 2002. 生物化学 [M]. 3 版. 北京：高等教育出版社.

王军志. 2008. 生物技术药物安全性评价 [M]. 北京：人民卫生出版社.

魏银萍. 2011. 发酵工程技术 [M]. 武汉：华中师范大学出版社.

吴梧桐. 1993. 生物制药工艺学 [M]. 北京：中国医药科技出版社.

夏焕章. 2006. 生物技术制药 [M]. 2版. 北京：高等教育出版社.

辛秀兰. 2006. 现代生物制药工艺学 [M]. 北京：化学工业出版社.

邢淑婕. 2008. 酶工程 [M]. 北京：高等教育出版社.

徐风彩. 2001. 酶工程 [M]. 北京：中国农业出版社.

尹利. 2011. 酶制剂生产技术 [M]. 武汉：华中师范大学出版社.

员冬梅. 2011. 细胞生物学基础 [M]. 2版. 北京：化学工业出版社.

袁仲. 2012. 食品生物技术 [M]. 武汉：华中科技大学出版社.

袁勤生, 赵键. 2006. 酶与酶工程 [M]. 上海：华东理工大学出版社.

张卉. 2010. 微生物工程 [M]. 北京：中国轻工业出版社.

张百良. 2009. 生物能源技术与工程化 [M]. 北京：科学出版社.

张洪渊, 万海清. 2006. 生物化学 [M]. 2版. 北京：化学工业出版社.

张今. 2004. 进化生物技术——酶定向分子进化 [M]. 北京：科学出版社.

张惠展. 2010. 基因工程 [M]. 2版. 北京：高等教育出版社.

张建安, 刘德华. 2009. 生物质能源利用技术 [M]. 北京：化学工业出版社.

张献龙, 唐克轩. 2005. 植物生物技术 [M]. 北京：科学出版社.

张卓然. 2004. 培养细胞学与细胞培养技术 [M]. 上海：上海科学技术出版社.

朱守一. 1999. 生物安全与防止污染 [M]. 北京：化学工业出版社.

朱志清. 2003. 植物细胞工程 [M]. 北京：化学工业出版社.

J. A. 托马斯. 2007. 生物技术与安全性评估 [M]. 3版. 林忠平, 译. 北京：科学出版社.